图书在版编目（CIP）数据

地基处理/龚晓南，陶燕丽编著. —2版. —北京：中国建筑工业出版社，2016.11

"十二五"普通高等教育本科国家级规划教材. 高校土木工程专业指导委员会规划推荐教材. 经典精品系列教材

ISBN 978-7-112-20076-4

Ⅰ.①地… Ⅱ.①龚…②陶… Ⅲ.①地基处理-高等学校-教材 Ⅳ.①TU472

中国版本图书馆 CIP 数据核字（2016）第 267783 号

"十二五"普通高等教育本科国家级规划教材

高校土木工程专业指导委员会规划推荐教材

（经典精品系列教材）

地 基 处 理

（第二版）

龚晓南　陶燕丽　编著

叶书麟　主审

＊

中国建筑工业出版社出版、发行（北京海淀三里河路 9 号）

各地新华书店、建筑书店经销

北京红光制版公司制版

北京京华铭诚工贸有限公司印刷

＊

开本：787×960 毫米　1/16　印张：15　字数：307 千字

2017 年 1 月第二版　2019 年 9 月第十五次印刷

定价：**30.00** 元（赠送课件）

ISBN 978-7-112-20076-4

（29558）

住房城乡建设部土建类学科专业“十三五”规划教材
“十二五”普通高等教育本科国家级规划教材
高校土木工程专业指导委员会规划推荐教材
（经典精品系列教材）

地 基 处 理

（第二版）

龚晓南 陶燕丽 编著
叶书麟 主审

中国建筑工业出版社

近年来，我国地基处理领域取得了许多新的成就，涌现出许多新技术和新方法。为适应新形势下地基处理技术发展的需求，本书作者根据工程实际和教学需求对2005年出版的第一版教材进行了修订。

本书继承了第一版教材的特色和体系，增加了若干新的地基处理技术，如真空联合预压法、电渗法、TRD法及桩网复合地基和桩承堤等。全书分9章，主要内容包括：绪论，复合地基理论概要，振密、挤密，置换，排水固结，灌入固化物，加筋，既有建筑物地基加固，纠倾和迁移等。各章末附有各种地基处理方法的典型工程实例，还附有思考题和习题，以便读者复习和自学。

本书可作为土木工程专业教材，也可供土木工程范围内各专业的勘查、设计、施工技术人员参考。

为支持本科程教学，本书作者制作了教材配套的教学课件，请有需要的读者发送邮件至：jiangongkejian@163.com免费索取。

* * *

责任编辑：吉万旺　王　跃
责任校对：李欣慰　李美娜

出 版 说 明

1998年教育部颁布普通高等学校本科专业目录，将原建筑工程、交通土建工程等多个专业合并为土木工程专业。为适应大土木的教学需要，高等学校土木工程学科专业指导委员会编制出版了《高等学校土木工程专业本科教育培养目标和培养方案及课程教学大纲》，并组织我国土木工程专业教育领域的优秀专家编写了《高校土木工程专业指导委员会规划推荐教材》。该系列教材2002年起陆续出版，共40余册，十余年来多次修订，在土木工程专业教学中起到了积极的指导作用。

本系列教材从宽口径、大土木的概念出发，根据教育部有关高等教育土木工程专业课程设置的教学要求编写，经过多年的建设和发展，逐步形成了自己的特色。本系列教材投入使用之后，学生、教师以及教育和行业行政主管部门对教材给予了很高评价。本系列教材曾被教育部评为面向21世纪课程教材，其中大多数曾被评为普通高等教育“十一五”国家级规划教材和普通高等教育土建学科专业“十五”、“十一五”、“十二五”规划教材，并有11种入选教育部普通高等教育精品教材。2012年，本系列教材全部入选第一批“十二五”普通高等教育本科国家级规划教材。

2011年，高等学校土木工程学科专业指导委员会根据国家教育行政主管部门的要求以及新时期我国土木工程专业教学现状，编制了《高等学校土木工程本科指导性专业规范》。在此基础上，高等学校土木工程学科专业指导委员会及时规划出版了高等学校土木工程本科指导性专业规范配套教材。为区分两套教材，特在原系列教材丛书名《高校土木工程专业指导委员会规划推荐教材》后加上经典精品系列教材。各位主编将根据教育部《关于印发第一批“十二五”普通高等教育本科国家级规划教材书目的通知》要求，及时对教材进行修订完善，补充反映土木工程学科及行业发展的最新知识和技术内容，与时俱进。

高等学校土木工程学科专业指导委员会

中国建筑工业出版社

第二版前言

近几十年来，我国经济实现了飞速发展，土木工程建设发展尤其迅速，各种工程建设对地基提出了更高的要求。我国地基处理技术发展很快，主要体现在四个方面：地基处理技术得到很大的发展，地基处理技术得到极大的普及，地基处理队伍不断扩大，地基处理水平不断提高。

地基处理领域取得了许多新的成就，涌现出许多新技术和新方法。为适应新形势下地基处理技术发展的需求，基于第一版《地基处理》，笔者编写了第二版《地基处理》，主要修改或增加了以下内容：

(1) 增加了若干新的地基处理技术，如真空联合预压法、电渗法、TRD法及桩网复合地基和桩承堤等；

(2) 对若干章节进行了较大修改或补充，如4.5节"EPS超轻质料填土法"补充了原理、设计、施工和工程实例等方面内容。

其他修改还包括参考文献和课后习题等，不予细述。第二版《地基处理》对各地基处理技术原理和设计等进行了更深入地介绍，并增加了更多工程实例，更能反映地基处理技术发展的新水平，且理论联系实践，更适合作为教学教材之用。

章节安排方面，第二版《地基处理》基本上继承了原版的特色和体系，全书分9章，分别为：绪论，复合地基理论概要，振密、挤密，置换，排水固结，灌入固化物，加筋，既有建筑物地基加固，纠倾和迁移等。在绪论中介绍地基处理目的和意义，地基处理方法分类，选用原则及设计程序等；在复合地基理论概要中简要介绍复合地基基础理论；后续章节介绍常用地基处理方法的加固机理、设计计算方法、施工工艺和工程实例等。各章编有思考题与习题供选用。各高校可因材施教，根据具体情况灵活选用教学内容。

本书由浙江大学龚晓南和浙江科技学院陶燕丽编写。在编写过程中笔者参考和引用了许多科研、高校和工程单位的研究成果和工程实例，已在参考文献中一一列出，在此表示衷心的感谢！

限于作者水平和能力，教材中难免有不当或错误之处，敬请读者批评指正，谢谢！

龚晓南

2016年10月于浙大紫金港

第一版前言

改革开放促进了我国国民经济的飞速发展，自20世纪90年代以来，我国土木工程建设发展很快。为了保证工程质量，现代土木工程建设对地基提出了更高的要求。

当天然地基不能满足建（构）筑物在地基稳定性、地基变形和地基渗透性等三个方面的要求时，需要对天然地基进行地基处理，形成人工地基，以满足建（构）筑物对地基的各种要求。

在土木工程建设领域中，与上部结构相比较，地基领域中不确定的因素多、问题复杂、难度大。据调查统计，在世界各国发生的土木工程建设中的工程事故中，源自地基问题的占多数。因此，处理好地基问题，不仅关系所建工程是否安全可靠，而且关系所建工程投资的大小。

需求促进发展，实践发展理论。在工程建设的推动下，近些年来我国地基处理技术发展很快，地基处理水平不断提高。地基处理已成为活跃的土木工程领域中的一个热点。学习、总结国内外地基处理方面的经验教训，掌握各种地基处理技术，对于土木工程师，特别是对从事岩土工程的土木工程师特别重要，对保证工程质量、加快工程建设速度、节省工程建设投资、提高土木工程师的地基处理水平具有特别重要的意义。地基处理技术已得到土木工程界的各个部门，如勘察、设计、施工、监理、教学、科研和管理部门的关心和重视。

本教材根据高校土木工程专业指导委员会组织制定的教学大纲编写。全书分九章，为：绪论、复合地基理论概要、振密、挤密、置换、排水固结、灌入固化物、加筋、既有建筑物地基加固、纠倾和迁移等。教学时数各校可根据具体情况灵活确定，教学内容请注意与相关课程的配合。书中带“*”号的内容可以不作为教学内容。

在绪论中介绍地基处理目的和意义，地基处理方法分类，选用原则及规划程序等；在复合地基理论概要中简要介绍复合地基基础理论；以后几章介绍常用地基处理方法的加固机理、设计计算方法和施工工艺等。为加深理解，适当收录一些工程实例供读者参考。各章编有思考题与习题供选用。

在编写过程中作者参考和引用了许多科研、高校和工程单位的研究成果和工程实例，在成书过程中，博士研究生金小荣和孙林娜协助部分插图的制作，史海莹和张杰协助校对工作，在此一并表示衷心的感谢。

著名地基处理专家同济大学叶书麟教授担任本书的主审，作者在此表示衷心的感谢。

限于作者水平，书中难免有不当和错误之处，敬请读者批评指正。

龚晓南

2004.12.16 于杭州景湖苑

目　录

第1章　绪　　论

1.1　地基处理的目的和意义

改革开放促进了我国国民经济的飞速发展，自20世纪90年代以来，我国土木工程建设发展很快。尤其是进入21世纪，围海造陆工程得到蓬勃发展，城市地下空间资源得到大规模开发，交通运输工程呈现高速化发展，这些工程建设的成功与地基处理技术的合理应用密切相关，也促使地基处理技术得到更大的发展、更广的普及，地基处理队伍不断扩大、水平不断提高。土木工程功能化、城市建设立体化、交通运输高速化，以及改善综合居住条件已成为现代土木工程建设的特征。为了保证工程质量，现代土木工程建设对地基提出了更高的要求。

各种建筑物和构筑物对地基的要求主要包括下述三个方面：

（1）地基稳定性问题

地基稳定性问题是指在建（构）筑物荷载（包括静、动荷载的各种组合）作用下，地基土体能否保持稳定。地基稳定性问题有时也称为承载力问题。若地基稳定性不能满足要求，地基在建（构）筑物荷载作用下将会产生局部或整体剪切破坏。地基产生局部或整体剪切破坏将影响建（构）筑物的安全与正常使用，亦会引起建（构）筑物的破坏。地基的稳定性，或地基承载力大小，主要与地基土体的抗剪强度有关，也与基础形式、大小和埋深有关。

（2）地基变形问题

地基变形问题是指在建（构）筑物的荷载（包括静、动荷载的各种组合）作用下，地基土体产生的变形（包括沉降，或水平位移，或不均匀沉降）是否超过相应的允许值。若地基变形超过允许值，将会影响建（构）筑物的安全与正常使用，严重的会引起建（构）筑物破坏。地基变形主要与荷载大小和地基土体的变形特性有关，也与基础形式、基础尺寸大小有关。

（3）地基渗透问题

渗透问题主要有两类：一类是蓄水构筑物地基渗流量是否超过其允许值，如：水库坝基渗流量超过其允许值的后果是造成较大水量损失，甚至导致蓄水失败；另一类是地基中水力比降是否超过其允许值。地基中水力比降超过其允许值时，地基土会因潜蚀和管涌产生稳定性破坏，进而导致建（构）筑物破坏。地基渗透问题主要与地基中水力比降大小和土体的渗透性有关。

当天然地基不能满足建（构）筑物在上述三个方面的要求时，需要对天然地基进行地基处理。天然地基通过地基处理，形成人工地基，从而满足建（构）筑物对地基的各种要求。

随着土木工程建设规模的扩大和要求的提高，需要对天然地基进行处理的工程日益增多。在土木工程建设领域中，与上部结构比较，地基领域中不确定因素多、问题复杂、难度大。若地基问题处理不善，将会引起严重后果；据调查统计，在全世界发生的土木工程建设工程事故中，源自地基问题的占多数。处理好地基问题，不仅关系所建工程是否安全可靠，而且影响所建工程投资大小。地基问题的顺利解决将会带来巨大的经济效益。

需求促进发展，实践发展理论。近些年来随着工程建设的发展，尤其是城市空间深度和广度上的开发，滨海区域大规模工程建设，我国地基处理技术发展很快，地基处理水平不断提高，地基处理已成为岩土工程界最为活跃的领域之一。学习、总结国内外地基处理方面的经验教训，掌握各种地基处理技术，对于土木工程师，特别是对从事岩土工程的土木工程师特别重要。提高地基处理水平对保证工程质量，加快工程建设速度，节省工程建设投资具有重大的意义。

1.2 常见软弱土和不良土

判别天然地基是否属于软弱地基或不良地基没有明确的界限，工程师们常将不能满足建（构）筑物对地基要求的天然地基称为软弱地基或不良地基。因此，天然地基是否属于软弱地基或不良地基也可以说是相对的。

在土木工程建设中经常遇到的软弱土和不良土主要包括：软黏土、人工填土、部分砂土和粉土、湿陷性土、有机质土和泥炭土、膨胀土、盐渍土、垃圾土、多年冻土、岩溶、土洞和山区地基等。下面分别加以简略介绍：

（1）软黏土

软黏土是软弱黏性土的简称。它是第四纪后期形成的海相、泻湖相、三角洲相、溺谷相和湖泊相的黏性土沉积物或河流冲积物。有的软黏土属于新近淤积物。软黏土大部分处于饱和状态，其天然含水量大于液限，孔隙比大于1.0。当天然孔隙比大于1.5时，称为淤泥；当天然孔隙比大于1.0而小于1.5时，称为淤泥质土。软黏土的特点是天然含水量高，天然孔隙比大，抗剪强度低，压缩系数高，渗透系数小。在荷载作用下，软黏土地基承载力低，地基沉降变形大，不均匀沉降也大，而且沉降稳定历时比较长，一般需要几年，甚至几十年。软黏土地基是在工程建设中遇到最多需要进行地基处理的软弱地基，它广泛地分布在我国沿海以及内地河流两岸和湖泊地区。例如：天津、连云港、上海、杭州、宁波、台州、温州、福州、厦门、湛江、广州、深圳、珠海等沿海地区，以及昆明、武汉、南京、马鞍山等内陆地区。

（2）人工填土

人工填土按照物质组成和堆填方式可以分为素填土、杂填土和冲填土三类。

素填土是由碎石、砂或粉土、黏性土等一种或几种组成的填土，其中不含杂质或含杂质较少。若经分层压实后则称为压实填土。近年开山填沟筑地、围海筑地工程较多，填土常用开山石料，大小不一，有的直径达数米，填筑厚度有的达数十米，极不均匀。人工填土地基性质取决于填土性质、压实程度以及堆填时间。

杂填土是人类活动形成的无规则堆积物，其成分复杂，性质也不相同，且无规律性。在大多数情况下，杂填土是比较疏松和不均匀的。在同一场地的不同位置，地基承载力和压缩性也可能有较大的差异。

冲填土是由水力冲填泥沙形成的填土，在围海筑地中常被采用。冲填土的性质与所冲填泥沙的来源及冲填时的水力条件有密切关系。含黏土颗粒较多的冲填土往往是欠固结的，其强度和压缩性指标都比同类天然沉积土差。以粉细砂为主的冲填土，其性质基本上和粉细砂相同。

(3) 部分砂土和粉土

主要指饱和粉砂土、饱和细砂土和砂质粉土。粒径大于 0.25mm 的颗粒不超过全重的 50%，粒径大于 0.075mm 的颗粒超过全重的 85%的称为细砂土。粒径大于 0.075mm 的颗粒不超过全重的 85%，但超过 50%称为粉砂土。粒径大于 0.075mm 的颗粒不超过全重的 50%，而粒径小于 0.005mm 的颗粒含量不超过全重的 10%，塑性指数 I_p 小于或等于 10 的称为砂质粉土。处于饱和状态的细砂土、粉砂土和砂质粉土在静载作用下虽然具有较高的强度，但在机器振动、车辆荷载、波浪或地震力的反复作用下有可能产生液化或产生大量震陷变形。地基会因地基土体液化而丧失承载能力。如需要承担动力荷载，这类地基也往往需要进行地基处理。

(4) 湿陷性土

湿陷性土包括湿陷性黄土、粉砂土和干旱或半干旱地区具有崩解性的碎石土等。是否属湿陷性土可根据野外浸水载荷试验确定。当在 200kPa 压力作用下附加变形量与载荷板宽之比大于 0.015 时称为湿陷性土。在工程建设中遇到较多的是湿陷性黄土。

湿陷性黄土是指在覆盖土层的自重应力或自重应力和建筑物附加应力综合作用下，受水浸湿后，土的结构迅速破坏，并发生显著的附加沉降，其强度也迅速降低的黄土。黄土在我国特别发育，地层多、厚度大，广泛分布在甘肃、陕西、山西大部分地区，以及河南、河北、山东、宁夏、辽宁、新疆等部分地区。当黄土作为建筑物地基时，首先要判断它是否具有湿陷性，然后才考虑是否需要地基处理以及如何处理。

(5) 有机质土和泥炭土

土中有机质含量大于 5%时称为有机质土，大于 60%时称为泥炭土。

土中有机质含量升高，强度往往降低，压缩性增大，特别是泥炭土，其含水量极高，有时可达200%以上，压缩性很大，且不均匀，一般不宜作为建筑物地基，如用作建筑物地基需要进行地基处理。

（6）垃圾土

城市废弃的工业垃圾和生活垃圾形成的地基土。垃圾土的性质很大程度上取决于废弃垃圾的类别和堆积时间。垃圾土的性质十分复杂，垃圾土成分不仅具有区域性，而且与堆积的季节有关。生活垃圾比工业垃圾更为复杂。

垃圾堆场的地基处理也已成为岩土工程师的工作内容，不仅要保持垃圾土地基稳定，而且要解决好防止垃圾污染地下水源等环境保护问题。垃圾场的再利用也已引起人们的重视。

（7）膨胀土

膨胀土是指黏粒成分主要由亲水性黏土矿物组成的黏性土。膨胀土在环境的温度和湿度变化时会产生强烈的胀缩变形。利用膨胀土作为建（构）筑物地基时，如果没有采取必要的地基处理措施，膨胀土饱水膨胀，失水收缩常会给建（构）筑物造成危害。膨胀土在我国分布范围很广，根据现有的资料，广西、云南、湖北、河南、安徽、四川、河北、山东、陕西、江苏、内蒙古、贵州和广东等地均有不同范围的分布。

（8）盐渍土

土中含盐量超过一定数量的土称为盐渍土。盐渍土地基浸水后，土中盐溶解可能产生地基溶陷，某些盐渍土（如含硫酸钠的土）在环境温度和湿度变化时，可能产生土体体积膨胀。除此以外，盐渍土中的盐溶液还会导致建筑物材料和市政设施材料的腐蚀，造成建筑物或市政设施的破坏。

盐渍土主要分布在西北干旱地区的地势低洼的盆地和平原中，盐渍土在滨海地区也有分布。

（9）多年冻土

多年冻土是指温度连续三年或三年以上保持在0℃或以下，并含有冰的土层。多年冻土的强度和变形有许多特殊性。例如，冻土中因有冰和冰水存在，故在长期荷载作用下有强烈的流变性。多年冻土在人类活动影响下，可能产生融化。因此多年冻土作为建筑物地基需慎重考虑，需要采取必要的处理措施。

（10）岩溶、土洞和山区地基

岩溶或称“喀斯特”，它是石灰岩、白云岩、泥灰岩、大理石、岩盐、石膏等可溶性岩层受水的化学和机械作用而形成的溶洞、溶沟、裂隙，以及由于溶洞的顶板塌落使地表产生陷穴、洼地等现象和作用的总称。

土洞是岩溶地区上覆土层被地下水冲蚀或被地下水潜蚀所形成的洞穴。

岩溶和土洞对建（构）筑物的影响很大，可能造成地面变形、地基陷落、发生水的渗漏和涌水现象。在岩溶地区修建建筑物时要特别重视岩溶和土洞的影响。

山区地基地质条件比较复杂，主要表现在地基的不均匀性和场地的稳定性两方面。山区基岩表面起伏大，且可能有大块孤石，这些因素常会导致建筑物基础产生不均匀沉降。另外，在山区常有可能遇到滑坡、崩塌和泥石流等不良地质现象，给建（构）筑物造成直接的或潜在的威胁。在山区修建建（构）筑物时要重视地基的稳定性和避免过大的不均匀沉降，必要时需进行地基处理。

1.3　地基处理技术发展概况

地基处理是古老而又年轻的领域。灰土垫层基础和短桩处理在我国应用历史悠久，可追溯到数千年前。而大量进行的地基处理技术是伴随现代文明而产生的。在我国，改革开放促进了基本建设持续高速发展。为了适应工程建设的要求，我国地基处理技术在改革开放以来也得到了飞速发展。表 1-1 为部分地基处理方法在我国得到应用的最早年份。从表 1-1 中可以看出大部分地基处理方法是在改革开放以后才在工程建设中得到应用的。有的地基处理方法是从国外引进的，并在工程实践中加以改造，以适应我国国情，有的则是我国工程技术人员自行研制的。

部分地基处理方法在我国应用最早年份　　表 1-1

地基处理方法	年　份	地基处理方法	年　份
普通砂井法	20 世纪 50 年代	土工合成材料	20 世纪 70 年代末
真空预压法	1980 年	强夯置换法	1988 年
袋装砂井法	20 世纪 70 年代	EPS 超轻质填料法	1995 年
塑料排水带法	1981 年	低强度桩复合地基法	1990 年
砂桩法	20 世纪 50 年代	刚性桩复合地基法	1981 年
土桩法	20 世纪 50 年代中	锚杆静压桩法	1982 年
灰土桩	20 世纪 60 年代中	掏土纠倾法	20 世纪 60 年代初
振冲法	1977 年	顶升纠倾法	1986 年
强夯法	1978 年	树根桩法	1981 年
高压喷射注浆法	1972 年	沉管碎石桩法	1987 年
浆液深层搅拌法	1977 年	石灰桩法	1953 年
粉体深层搅拌法	1983 年		

注：表中资料引自《地基处理》，第 11 卷，第 1 期，4。

自改革开放以来，我国地基处理技术发展很快，主要反映在下述几个方面。

（1）地基处理技术得到很大的发展

为了满足土木工程建设对地基处理的要求，我国引进和发展了多种地基处理新技术。例如：1977 年引进深层搅拌技术，1978 年引进强夯技术，近年又引进 TRD 工法等。在引进地基处理方法的同时，也引进了新的处理机械、新的处理材料和新的施工工艺。同时，各地还因地制宜地发展了许多适合我国国情的地基处理新技术，取得了良好的经济效益和社会效益，如真空预压技术、锚杆静压桩技术、低强度桩复合地基技术和孔内夯扩技术等。其中，综合使用多种地基处理方法，形成复合加固技术，是地基处理发展的一大趋势，如在澳门机场建设中，综合应用了换填法、排水固结法、振冲挤密法和碾压法等多种处理技术，又如真空一堆载联合预压技术，在设计、施工、监测和检测等方面发展已较为成熟，并被纳入《建筑地基处理技术规范》JGJ 79—2011 中。

我国地基处理技术发展还反映在理论上的进步。如：复合地基概念从狭义复合地基发展到广义复合地基，形成了较系统的广义复合地基理论；按沉降控制复合地基设计和复合地基优化设计思路得到发展。另外，在探讨加固机理，改进施工机械和施工工艺，发展检验手段，提高处理效果，改进设计方法等方面，每一种地基处理方法都取得显著进展；以排水固结法为例，在竖向排水通道设置方面从普通砂井、到袋装砂井、到塑料排水带的应用，施工材料和施工工艺发展很快；在理论方面，考虑井阻的砂井固结理论，超载预压对消除次固结变形的作用、真空预压固结理论以及对塑料排水带的有效加固深度等方面研究取得了不少的进展。目前，我国形成了复合地基工程应用体系，复合地基已成为一种常用的地基基础形式。

（2）地基处理技术得到极大的普及

在地基处理技术得到很大发展的同时，地基处理技术在我国得到极大的普及。由于工程实践需求的推动，地基处理领域的著作和刊物的出版，各种形式的学术讨论会、地基处理技术培训班的举行，促进了地基处理技术的普及，也促进了地基处理技术的提高。以《地基处理手册》为例，自 1988 年出版以来已出版三版，发行 12 万多册。地基问题处理恰当与否关系到整个工程质量、投资和进度，其重要性已越来越多地被人们所认识和重视。

（3）地基处理队伍不断扩大

越来越多的土木工程技术人员了解和掌握了各种地基处理技术、地基处理设计方法、施工工艺、检测手段，并在实践中应用。与土木工程有关的高等院校、科研单位积极开展地基处理新技术的研究、开发、推广和应用。从事地基处理的专业施工队伍不断增多，相关企业越来越重视地基处理新技术的研发和应用。通过工程实践，人们对各种地基处理方法的优缺点有了进一步了解，对采用合理的地基处理规划程序有了较深刻的认识，在根据工程实际选用合理的地基处理方法方面减少了盲目性。另外，在地基处理施工机械方面，研制了许多新产品，与国外的差距在逐步减小。从事地基处理科研、设计、施工、检测的专业技术队伍已经形成，并不断发展壮大。

（4）地基处理水平得到不断提高

地基处理技术在我国得到广泛的普及，地基处理水平得到不断提高。地基处理技术已得到土木工程界的各个部门，如勘察、设计、施工、监理、教学、科研和管理部门的关心和重视。地基处理技术的进步带来了巨大的经济效益和社会效益。应该说我国地基处理技术总体上已达到世界领先水平。

1.4 地基处理方法分类及适用范围

对地基处理方法进行严格的统一分类是很困难的。地基处理方法分类的原则也很多。事实上，根据同一原则进行分类，不同的专家也有不同的方法。不少地基处理方法具有多种效用，例如土桩和灰土桩既有挤密作用又有置换作用。另外，还有一些地基处理方法的加固机理以及计算方法目前还不是十分明确，尚需进一步探讨。而且，地基处理方法也在不断发展，功能不断扩大，也使地基处理方法分类变得更加困难。还有地基处理方法分类也不宜太细，类别太多。

下面根据地基处理的加固原理，将地基处理方法分为六类，再加上已有建筑物地基加固、纠倾和迁移，共八类，作一介绍：

(1) 置换

置换是指用物理力学性质较好的岩土材料置换天然地基中部分或全部软弱土体，以形成双层地基或复合地基，达到提高地基承载力、减少沉降的目的。

加固原理主要属于置换的地基处理方法有：换土垫层法、挤淤置换法、褥垫法、砂石桩置换法、强夯置换法等地基处理方法。采用石灰桩法加固地基具有多种效用，其中也有置换效用，故也将它包括在这一部分。另外，气泡混合轻质料填土法和EPS超轻质料填土法一般不是用于置换，主要用于填方。采用轻质填料代替比较重的填料。为了叙述方便，将气泡混合轻质料填土法和EPS超轻质料填土法也包括在这一部分。

(2) 排水固结

排水固结是指土体在一定荷载作用下排水固结，孔隙比减小，抗剪强度提高，以达到提高地基承载力，减少工后沉降的目的。

加固原理主要属于排水固结的地基处理方法按预压加载方法可分为：堆载预压法、超载预压法、真空预压法、真空预压与堆载预压联合作用法、电渗法，以及降低地下水位法等。属于排水固结的地基处理方法按在地基中设置竖向排水系统可分为：普通砂井法、袋装砂井法和塑料排水带法等。

(3) 灌入固化物

灌入固化物是指向土体中灌入或拌入水泥、石灰、其他化学固化浆材，在地基中形成增强体，以达到地基处理的目的。

加固原理主要属于灌入固化物的地基处理方法有：深层搅拌法、高压喷射注浆法、渗入性灌浆法、劈裂灌浆法、挤密灌浆法等。

(4) 振密、挤密

振密、挤密是指采用振动或挤密的方法使地基土体密实以达到提高地基承载力和减少沉降的目的。

加固原理主要属于振密、挤密的地基处理方法有：表层原位压实法、强夯法、振冲密实法、挤密砂石桩法、爆破挤密法、土桩和灰土桩法、夯实水泥土桩法、柱锤冲扩桩法、孔内夯扩法等。

（5）加筋

加筋是在地基中设置强度高、模量大的筋材，如：土工格栅、土工织物等，以达到提高地基承载力、减少沉降的目的。

加固原理主要属于加筋的地基处理方法有：加筋土垫层法、加筋土挡墙法和土钉墙法等。为了叙述方便，将锚杆支护法、锚定板挡土结构、树根桩法、低强度混凝土桩复合地基和钢筋混凝土桩复合地基法等加固方法也包括在这一部分。

（6）冷热处理

冷热处理是通过冻结地基土体，或焙烧、加热地基土体以改变土体物理力学性质达到地基处理的目的。

加固原理主要属于冷热处理的地基处理方法有：冻结法和烧结法两种。

（7）托换

托换是指对已有建筑物地基和基础进行处理和加固。

托换技术有：基础加宽技术、桩式托换技术、地基加固技术以及综合加固技术等。

（8）纠倾和迁移

纠倾是指对由于沉降不均匀造成倾斜的建筑物进行矫正。

纠倾技术有：加载纠倾技术、掏土纠倾技术、顶升纠倾技术和综合纠倾技术等。

迁移是将已有建筑物从原来的位置移到新的位置。

各类地基处理方法的简要原理和适用范围如表1-2所列。

地基处理方法除了根据地基处理的加固原理分类以外，还可将地基处理方法分为浅层处理技术和深层处理技术两大类；也可将地基处理方法分为物理的地基处理方法、化学的地基处理方法以及生物的地基处理方法等类别。

地基处理方法分类及其适用范围　　**表1-2**

类别	方法	简要原理	适用范围
置换	换土垫层法	将软弱土或不良土开挖至一定深度，回填抗剪强度较高、压缩性较小的岩土材料，如砂、砾、石渣等，并分层夯实，形成双层地基。垫层能有效扩散基底压力，可提高地基承载力、减少沉降	各种软弱土地基
	挤淤置换法	通过抛石或夯击回填碎石置换淤泥达到加固地基的目的，也有采用爆破挤淤置换	淤泥或淤泥质黏土地基
	褥垫法	当建（构）筑物的地基一部分压缩性较小，而另一部分压缩性较大时，为了避免不均匀沉降，在压缩性较小的区域，通过换填法铺设一定厚度可压缩性的土料形成褥垫，以减少沉降差	建（构）筑物部分坐落在基岩上，部分坐落在土上，以及类似情况
	砂石桩置换法	利用振冲法、沉管法或其他方法在饱和黏性土地基中成孔，在孔内填入砂石料，形成砂石桩。砂石桩置换部分地基土体，形成复合地基，以提高承载力，减小沉降	黏性土地基，因承载力提高幅度小，工后沉降大，已很少应用

续表

类别	方法	简要原理	适用范围
置换	强夯置换法	采用边填碎石边强夯的方法在地基中形成碎石墩体，由碎石墩、墩间土以及碎石垫层形成复合地基，以提高承载力，减小沉降	粉砂土和软黏土地基等
	石灰桩法	通过机械或人工成孔，在软弱地基中填入生石灰块或生石灰块加其他掺合料，通过石灰的吸水膨胀、放热以及离子交换作用改善桩间土的物理力学性质，并形成石灰桩复合地基，可提高地基承载力，减少沉降	杂填土、软黏土地基
	气泡混合轻质料填土法	气泡混合轻质料的重度为5～12kN/m^3，具有较好的强度和压缩性能，用作路堤填料可有效减小作用在地基上的荷载，也可减小作用在挡土结构上的侧压力	软弱地基上的填方工程
	EPS超轻质料填土法	发泡聚苯乙烯（EPS）重度只有土的$\frac{1}{100}$～$\frac{1}{50}$，并具有较好的强度和压缩性能，用作填料，可有效减小作用在地基上的荷载，减小作用在挡土结构上的侧压力，需要时也可置换部分地基土，以达到更好的效果	软弱地基上的填方工程
排水固结	堆载预压法	在地基中设置排水通道——砂垫层和竖向排水系统（竖向排水系统通常有普通砂井、袋装砂井、塑料排水带等），以缩小土体固结排水距离，地基在预压荷载作用下排水固结，地基产生变形，地基土强度提高。卸去预压荷载后再建造建（构）筑物，地基承载力提高，工后沉降小	软黏土、杂填土、泥炭土地基等
	超载预压法	原理基本上与堆载预压法相同，不同之处是其预压荷载大于设计使用荷载。超载预压不仅可减少工后固结沉降，还可消除部分工后次固结沉降	同上
	真空预压法	在软黏土地基中设置排水体系（同堆载预压法），然后在上面形成一不透气层（覆盖不透气密封膜，或其他措施），通过对排水体系进行长时间不断抽气抽水，在地基中形成负压区，而使软黏土地基产生排水固结，达到提高地基承载力，减小工后沉降的目的	软黏土地基
	真空预压法与堆载预压法联合作用	当真空预压法达不到设计要求时，可与堆载预压联合使用，两者的加固效果可叠加	同上
	电渗法	在地基中形成直流电场，在电场作用下，地基土体产生排水固结，达到提高地基承载力，减小工后沉降的目的	同上
	降低地下水位法	通过降低地下水位，改变地基土受力状态，其效果如堆载预压，使地基土产生排水固结，达到加固目的	砂性土或透水性较好的软黏土层

续表

类别	方　法	简　要　原　理	适用范围
灌入固化物	深　层 搅拌法	利用深层搅拌机将水泥浆或水泥粉和地基土原位搅拌形成圆柱状、格栅状或连续墙水泥土增强体，形成复合地基以提高地基承载力，减小沉降，也常用它形成水泥土防渗帷幕。深层搅拌法分喷浆搅拌法和喷粉搅拌法两种	淤泥、淤泥质土、黏性土和粉土等软土地基，有机质含量较高时应通过试验确定适用性
	高压喷射 注浆法	利用高压喷射专用机械，在地基中通过高压喷射流冲切土体，用浆液置换部分土体，形成水泥土增强体。按喷射流组成形式，高压喷射注浆法有单管法、二重管法、三重管法。按施工工艺可形成定喷、摆喷和旋喷。高压喷射注浆法可形成复合地基以提高承载力，减少沉降，也常用它形成水泥土防渗帷幕	淤泥、淤泥质土、黏性土、粉土、黄土、砂土、人工填土和碎石土等地基，当含有较多的大块石，或地下水流速较快，或有机质含量较高时应通过试验确定适用性
	渗入性 灌浆法	在灌浆压力作用下，将浆液灌入地基中以填充原有孔隙，改善土体的物理力学性质	中砂、粗砂、砾石地基
	劈　裂 灌浆法	在灌浆压力作用下，浆液克服地基土中初始应力和土的抗拉强度，使地基中原有的孔隙或裂隙扩张，用浆液填充新形成的裂缝和孔隙，改善土体的物理力学性质	岩基或砂、砂砾石、黏性土地基
	挤　密 灌浆法	在灌浆压力作用下，向土层中压入浓浆液，在地基形成浆泡，挤压周围土体。通过压密和置换改善地基性能。在灌浆过程中因浆液的挤压作用可产生辐射状上抬力，引起地面隆起	常用于可压缩性地基，排水条件较好的黏性土地基
	TRD工法	渠式切割水泥土连续墙工法的简称，利用链式刀具转动切削和搅拌土体，刀具立柱横向移动、底端喷射切割液和固化液，使得切割液和固化液与原位置被切削的土体进行混合搅拌，形成等厚度水泥土连续墙	适用于人工填土、黏性土、淤泥和淤泥质土、粉土、砂土、碎石土等地基
振密挤密	表层原位 压实法	采用人工或机械夯实、碾压或振动，使土体密实。密实范围较浅，常用于分层填筑	杂填土、疏松无黏性土、非饱和黏性土、湿陷性黄土等地基的浅层处理
	强夯法	采用重量为10～40t的夯锤从高处自由落下，地基土体在强夯的冲击力和振动力作用下密实，可提高地基承载力，减少沉降	碎石土、砂土、低饱和度的粉土与黏性土，湿陷性黄土、杂填土和素填土等地基
	振　冲 密实法	一方面依靠振冲器的振动使饱和砂层发生液化，砂颗粒重新排列孔隙减小，另一方面依靠振冲器的水平振动力，加回填料使砂层挤密，从而达到提高地基承载力，减小沉降，并提高地基土体抗液化能力。振冲密实法可加回填料也可不加回填料。加回填料，又称为振冲挤密碎石桩法	黏粒含量小于10%的疏松砂性土地基
	挤密砂 石桩法	采用振动沉管法等在地基中设置碎石桩，在制桩过程中对周围土层产生挤密作用。被挤密的桩间土和密实的砂石桩形成砂石桩复合地基，达到提高地基承载力，减小沉降的目的	砂土地基、非饱和黏性土地基

续表

类别	方法	简要原理	适用范围
振密挤密	爆破挤密法	利用在地基中爆破产生的挤压力和振动力使地基土密实以提高土体的抗剪强度，提高地基承载力和减小沉降	饱和净砂、非饱和但经灌水饱和的砂、粉土、湿陷性黄土地基
	土桩、灰土桩法	采用沉管法、爆扩法和冲击法在地基中设置土桩或灰土桩，在成桩过程中挤密桩间土，由挤密的桩间土和密实的土桩或灰土桩形成土桩复合地基或灰土桩复合地基，以提高地基承载力和减小沉降，有时为了消除湿陷性黄土的湿陷性	地下水位以上的湿陷性黄土、杂填土、素填土等地基
	夯实水泥土桩法	在地基中人工挖孔，然后填入水泥与土的混合物，分层夯实，形成水泥土桩复合地基，提高地基承载力和减小沉降	同上
	柱锤冲扩桩法	在地基中采用直径300～500mm，长2～5m，质量1～8t的柱状锤，将地基土层冲击成孔，然后将拌合好的填料分层填入桩孔夯实，形成柱锤冲扩桩复合地基，以提高地基承载力和减小沉降	同上
	孔内夯扩法	根据工程地质条件，采用人工挖孔，螺旋钻成孔，或振动沉管法等方法在地基成孔，回填灰土、水泥土、矿渣土、碎石等填料，在孔内夯实填料并挤密桩间土，由挤密的桩间土和夯实的填料桩形成复合地基，达到提高地基承载力，减小沉降的目的	同上
加筋	加筋土垫层法	在地基中铺设加筋材料（如土工织物、土工格栅等、金属板条等）形成加筋土垫层，以增大压力扩散角，提高地基稳定性	筋条间用无黏性土，加筋土垫层可适用各种软弱地基
	加筋土挡墙法	利用在填土中分层铺设加筋材料以提高填土的稳定性，形成加筋土挡墙。挡墙外侧可采用侧面板形式，也可采用加筋材料包裹形式	应用于填土挡土结构
	土钉墙法	通常采用钻孔、插筋、注浆在土层中设置土钉，也可直接将杆件插入土层中，通过土钉和土形成加筋土挡墙以维持和提高土坡稳定性	在软黏土地基极限支护高度5m左右，砂性土地基应配以降水措施。极限支护高度与土体抗剪强度和边坡坡度有关
	锚杆支护法	锚杆通常由锚固段、非锚固段和锚头三部分组成。锚固段处于稳定土层，可对锚杆施加预应力，用于维持边坡稳定	软黏土地基中应慎用
	锚定板挡土结构	由墙面、钢拉杆、锚定板和填土组成。锚定板处在填土层，可提供较大的锚固力。锚定板挡土结构用于填土支挡结构	应用于填土挡土结构

续表

类别	方法	简要原理	适用范围
加筋	树根桩法	在地基中设置如树根状的微型灌注桩（直径70～250mm），提高地基承载力或土坡的稳定性	各类地基
	低强度混凝土桩复合地基法	在地基中设置低强度混凝土桩，与桩间土形成复合地基，提高地基承载力，减小沉降	各类深厚软弱地基
	钢筋混凝土桩复合地基法	在地基中设置钢筋混凝土桩，与桩间土形成复合地基，提高地基承载力，减小沉降	各类深厚软弱地基
	长短桩复合地基	由长桩和短桩与桩间土形成复合地基，提高地基承载力减小沉降。长桩和短桩可采用同一桩型，也可采用两种桩型。通常长桩采用刚度较大的桩型，短桩采用柔性桩或散体材料桩	深厚软弱地基
	桩网复合地基和桩承堤	通过竖向增强体和水平向增强体共同组成承担荷载，组成加筋体系	适用于要求快速施工、对总沉降及不均匀沉降要求严格、硬土层或基岩上有软土以及新填土厚度较大等地基
冷热处理	冻结法	冻结土体，改善地基土截水性能，提高土体抗剪强度形成挡土结构或止水帷幕	饱和砂土或软黏土，作施工临时措施
	烧结法	钻孔加热或焙烧，减少土体含水量，减少压缩性，提高土体强度，达到地基处理目的	软黏土、湿陷性黄土，适用于有富余热源的地区
托换	基础加宽法	通过加大原建筑物基础底面积，减小基底接触压力，使原地基承载力满足要求，达到加固目的	原建筑物地基承载力不满足要求，但原天然地基承载力较高
	桩式托换法	在原建筑物基础下设置钢筋混凝土桩以提高承载力、减小沉降，达到加固目的。按设置桩的方法分静压桩法、树根桩法和其他桩式托换法。静压桩法又可分为锚杆静压桩法和坑式静压桩法等	原建筑物地基承载力不满足要求，但原天然地基承载力也较低
	地基加固法	通过采用高压喷射注浆法、渗入性灌浆法、劈裂灌浆法、挤密灌浆法、石灰桩法等地基加固技术，使原建筑物地基承载力满足要求，达到加固目的	原建筑物地基承载力不满足要求，但原天然地基承载力也较低
	综合托换法	将两种或两种以上托换方法综合应用达到加固目的	原建筑物地基承载力不满足要求，但原天然地基承载力也较低
纠倾与迁移	加载纠倾法	通过堆载或其他加载形式使沉降较小的一侧产生沉降使不均匀沉降减小，达到纠倾目的	对深厚软土地基较适用
	掏土纠倾法	在建筑物沉降较少的部位以下的地基中或在其附近的外侧地基中掏取部分土体，迫使沉降较少的部分进一步产生沉降以达到纠倾的目的	各类不良地基
	顶升纠倾法	在墙体中设置顶升梁，通过千斤顶顶升整幢建筑物，不仅可以调整不均匀沉降，并可整体顶升至要求标高	同上

续表

类别	方法	简要原理	适用范围
纠倾与迁移	综合纠倾法	将加固地基与纠倾结合，或将几种方法综合应用。如综合应用静压锚杆法和顶升法、静压锚杆法和掏土法	同上
	迁移	将整幢建筑物与原地基基础分离，通过顶推或牵拉，移到新的位置	需要迁移的建筑物

1.5 地基处理方法选用原则和规划程序

地基处理工程要做到确保工程质量、经济合理和技术先进。

我国地域辽阔，工程地质条件千变万化，各地施工机械条件、技术水平、经验积累以及建筑材料品种、价格差异很大，在选用地基处理方法时一定要因地制宜，具体工程具体分析，要充分发挥地方优势，利用地方资源。地基处理方法很多，每种处理方法都有一定的适用范围、局限性和优缺点。没有一种地基处理方法是万能的。要根据具体工程情况，因地制宜确定合适的地基处理方法。在引用外地或外单位某一方法时应该克服盲目性，注意地区特点。因地制宜是选用地基处理方法的一项重要的选用原则。

地基处理规划程序建议按图 1-1 所示的程序进行。在介绍地基处理规划程序时，进一步说明地基处理方法的选用原则。

首先，根据建（构）筑物对地基的各种要求和天然地基条件确定地基是否需要处理。若天然地基能够满足建（构）筑物对地基的要求时，应尽量采用天然地基。若天然地基不能满足建（构）筑物对地基的要求，则需要确定进行地基处理的天然地基的范围以及地基处理的要求。

当天然地基不能满足建（构）筑物对地基要求时，应将上部结构、基础和地基统一考虑。在考虑地基处理方案时，应重视上部结构、基础和地基的共同作用。不能只考虑加固地基，应同时考虑上部结构体形是否合理、整体刚度是否足够等。在确定地基处理方案时，应同时考虑只对地基进行处理的方案，或选用加强上部结构刚度和地基处理相结合的方案。否则不仅会造成不必要的浪费且可能带来不良后果。

在具体确定地基处理方案前，应根据天然地基的工程地质和水文地质条件、地基处理方法的原理、过去应用的经验和机具设备、材料条件，进行地基处理方案的可行性研究，提出多种技术上可行的方案。

然后，对提出的多种方案进行技术、经济、进度等方面的比较分析，并重视考虑环境保护要求，确定采用一种或几种地基处理方法。这也是地基处理方案的优化过程。

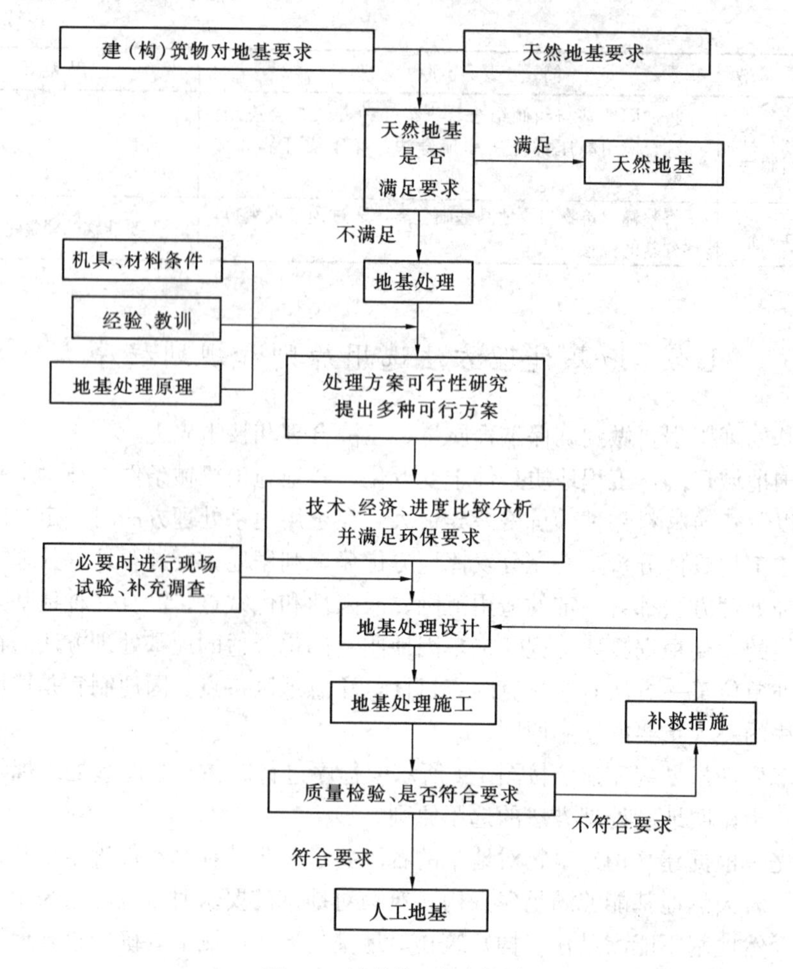

图1-1 地基处理规划程序

最后，可根据初步确定的地基处理方案，根据需要决定是否进行小型现场试验或进行补充调查。然后进行施工设计，再进行地基处理施工。施工过程中要进行监测、检测，如有需要还应进行反分析，根据情况可对设计进行修改、补充。

实践表明，以上是比较恰当的地基处理规划程序。

这里需要强调的是要重视对天然地基工程地质条件的详细了解。许多由地基问题造成的工程事故，或地基处理达不到预期目的，往往是由于对工程地质条件了解不够全面造成的。详细的工程地质勘察是判断天然地基能否满足建（构）筑物对地基要求的重要依据之一。如果需要进行地基处理，详细的工程地质勘察资料也是确定合理的地基处理方法的主要基本资料之一。通过工程地质勘察，调查建筑物场地的地形地貌，查明地质条件：包括岩土的性质、成因类型、地质年代、厚度和分布范围。对地基中是否存在明浜、暗浜、古河道、古井、古墓要了解清楚。对于岩层，还应查明风化程度及地层的接触关系，调查天然地层的地质构造，查明水文及工程地质条件，确定有无不良地质现象：如滑坡，崩塌、岩溶、土洞、冲沟、泥石流、岸边冲刷及地震等。测定地基土的物理力学性质指标，包括：天然重度、相对密度、颗粒分析、塑性指数、渗透系数、压缩系数、压缩模量、抗剪强度等。最后按照要求，对场地的稳定性和适宜性，地基的均匀性、承载力和变形特性等进行评价。

另外，需要强调进行地基处理多方案比较。对一具体工程，技术上可行的地基处理方案往往有几个，应通过技术、经济、进度等方面综合分析以及对环境的影响，进行地基处理方案优化，以得到较好的地基处理方案。

1.6 关于地基承载力表达形式的说明

我国在不同时期、不同行业的规范中对地基承载力的表达采用了不同的形式和不同的测定方法。因此，在已发表的论文、工程案例、出版的著作和已完成的设计文件中对地基承载力也采用了多种不同的形式表达。对地基承载力的表达形式主要有下述几种：地基极限承载力、地基容许承载力、地基承载力特征值、地基承载力标准值、地基承载力基本值以及地基承载力设计值等等。在介绍上述不同表述的地基承载力概念前，先介绍土塑性力学中关于条形基础 Prandtl 极限承载力解的基本概念。

条形基础 Prandtl 极限承载力解的极限状态示意图如图 1-2 所示。

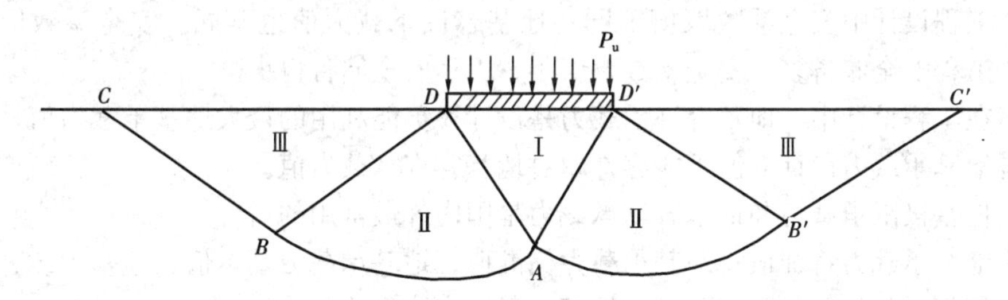

图 1-2 Prandtl 解示意图

设条形基础作用在地基上的压力为均匀分布，基础底面光滑。地基为半无限体，土体服从刚塑性假设，土体抗剪强度指标为 c、φ，并不考虑土体自重。当条形基础上荷载处于极限状态时，地基中产生的塑性流动区如图 1-2 中所示。图中Ⅰ和Ⅲ区为等腰三角形，Ⅱ区为楔形，其中 AB 和 AB' 为对数螺线。图 1-2 中 $\angle ADD'$ 和 $\angle AD'D$ 为 $\frac{\pi}{4}+\frac{\varphi}{2}$，$\angle BCD$ 和 $\angle B'C'D'$ 为 $\frac{\pi}{4}-\frac{\varphi}{2}$，$\angle ADB$ 和 $\angle AD'B'$ 为 $\frac{\pi}{2}$。

根据极限分析理论或滑移线理论，可得到条形基础极限荷载表达式为：

$$p_u = c\cot\varphi\left[\frac{1+\sin\varphi}{1-\sin\varphi}\exp\ (\pi\tan\varphi)\ -1\right] \tag{1-1}$$

式中　c——土体黏聚力；

　　φ——内摩擦角。

当 $\varphi=0$ 时，式（1-1）蜕化为

$$p_u = (2+\pi)\ c \tag{1-2}$$

土力学及基础工程中的太沙基地基承载力解等表达形式均源自该 Prandtl 解，可根据一定的条件，通过对式（1-1）进行修正获得。

地基极限承载力是地基处于极限状态时所能承担的最大荷载，或者说地基产生失稳破坏前所能承担的最大荷载。

地基极限承载力也可通过载荷试验确定。在载荷试验过程中，通常取地基处于失稳破坏前所能承担的最大荷载为极限承载力值。

对某一地基而言，一般说来其地基极限承载力值是惟一的。或者说对某一地基，其地基极限承载力值是一确定值。

地基容许承载力是通过地基极限承载力除以安全系数得到的。影响安全系数取值的因素很多，如安全系数取值大小与建筑物的重要性、建筑物的基础类型、采用的设计计算方法以及设计计算水平等因素有关，还与国家综合实力、生活水平以及建设业主的实力等因素有关。

因此，一般说来对某一地基而言其地基容许承载力值不是惟一的。

工程设计中安全系数取值不同，地基容许承载力值也不同。安全系数取值大，工程安全储备多；安全系数取值小，工程安全储备也少。

在工程设计中，地基容许承载力是设计人员能利用的最大地基承载力值，或者说地基承载力设计取值不能容许超过地基容许承载力值。

地基极限承载力和地基容许承载力是国内外最常用的概念。

地基承载力特征值、地基承载力标准值、地基承载力基本值、地基承载力设计值等都是与相应的规范配套的地基承载力表达形式。

现行《建筑地基基础设计规范》GB 50007—2011 采用的地基承载力表达形式是地基承载力特征值，对应的荷载效应为标准组合。在条文说明中对地基承载力特征值的解释为“用以表示正常使用极限状态计算时采用的地基承载力值，其涵义即为在发挥正常使用功能时所允许采用的抗力设计值”。规范中还对地基承载力特征值的试验测定作出了具体规定。

《建筑地基基础设计规范》GBJ 7—89 采用地基承载力标准值、地基承载力基本值和地基承载力设计值等表达形式。地基承载力标准值是按该规范规定的标准试验方法经规范规定的方法统计处理后确定的地基承载力值。也可以根据土的物理和力学性质指标，根据规范提供的表确定地基承载力基本值，再经规范规定的方法进行折算后得到地基承载力标准值。对地基承载力标准值，经规范规定的

方法进行基础深度、宽度等修正后可得到地基承载力设计值，对应的荷载效应为基本组合。这里的地基承载力设计值应理解为工程设计时可利用的最大地基承载力取值。

在某种意义上可以将上述规范中所述的地基承载力特征值和地基承载力设计值理解为地基容许承载力值，而地基承载力标准值和地基承载力基本值是为了获得上述地基承载力设计值的中间过程取值。

笔者认为学生掌握了地基极限承载力、地基容许承载力以及安全系数这些最基本的概念，就不难在此基础上理解各行业现行及各个时期的规范内容，并能够使用现行规范进行工程设计。

因此，本教材以采用极限承载力和容许承载力的概念为主，有时也采用地基承载力特征值的概念，在引用的工程实例中也保留了原来的地基承载力设计值和地基承载力标准值等概念。

思考题与习题

1. 简述地基处理的目的和意义。

2. 简述土木工程建设中常见软弱土和不良土的类别和工程特性。

3. 按地基处理加固原理，常用地基处理方法可分为哪几类？简述各类加固方法的加固原理。

4. 简述地基处理规划程序。

5. 为什么因地制宜是选用地基处理方法的一项重要原则？

第2章　复合地基理论概要

2.1　概　　述

天然地基采用各种地基处理方法处理形成的人工地基大致上可以分为两大类：均质地基和复合地基。人工地基中的均质地基是指天然地基土体在地基处理过程中得到全面的土质改良，地基中土体的物理力学性质是比较均匀的。人工地基中的复合地基是指天然地基在地基处理过程中部分土体得到增强，或被置换，或在天然地基中设置加筋材料，加固区是由基体（天然地基土体）和增强体两部分组成的人工地基。复合地基中地基土体性质是不均匀的。很多地基处理方法是通过形成复合地基来达到提高人工地基承载力和减小沉降的目的。

在介绍具体的地基处理技术以前，先在这一章介绍复合地基理论概要。复合地基是一个新概念，而且还处在不断发展之中。复合地基一词国外最早见于1960年左右，国内还要晚一些。随着复合地基技术在土木工程建设中的推广应用，复合地基概念和复合地基理论也得到较大的发展。

复合地基技术近年来在我国得到重视、发展是与我国工程建设对它的需求分不开的。1990年在河北承德，中国建筑学会地基基础专业委员会在黄熙龄院士主持下召开了我国第一次以复合地基为专题的学术讨论会。会上交流、总结了复合地基技术在我国的应用情况，有力地促进了复合地基理论和实践在我国的发展。笔者在复合地基引论（地基处理，1991～1992）和《复合地基》（1992，浙江大学出版社）中较系统总结了国内外复合地基理论和实践方面的研究成果，提出了基于广义复合地基概念的复合地基定义和复合地基理论框架，总结了复合地基承载力和沉降计算思路和方法。1996年中国土木工程学会土力学及基础工程学会地基处理学术委员会在浙江大学召开了复合地基理论和实践学术讨论会，总结成绩、交流经验，共同探讨发展中的问题，促进了复合地基理论和实践水平的进一步提高。近年来复合地基理论研究和工程实践日益得到重视，复合地基在我国已成为一种常用的地基基础形式。

随着地基处理技术和复合地基理论的发展，近些年来，复合地基技术在我国各地得到广泛应用。目前在我国应用的复合地基类型主要有：由多种施工方法形成的各类砂石桩复合地基、水泥土桩复合地基、低强度桩复合地基、土桩、灰土桩复合地基、钢筋混凝土桩复合地基、薄壁筒桩复合地基、加筋土地基等。目前复合地基技术在房屋建筑（包括高层建筑）、高等级公路、铁路、堆场、机场、堤坝等土木工程建设中得到广泛应用。复合地基技术的推广应用产生了良好的社会效益和经济效益。

根据地基中增强体的方向，复合地基可分为竖向增强体复合地基和水平向增强体复合地基两大类。竖向增强体复合地基习惯上称为桩体复合地基。根据桩体材料性质，桩体复合地基又可分为散体材料桩复合地基和粘结材料桩复合地基两类，粘结材料桩复合地基根据桩体刚度大小又可分为柔性桩复合地基和刚性桩复合地基两类。

复合地基分类如下所示：

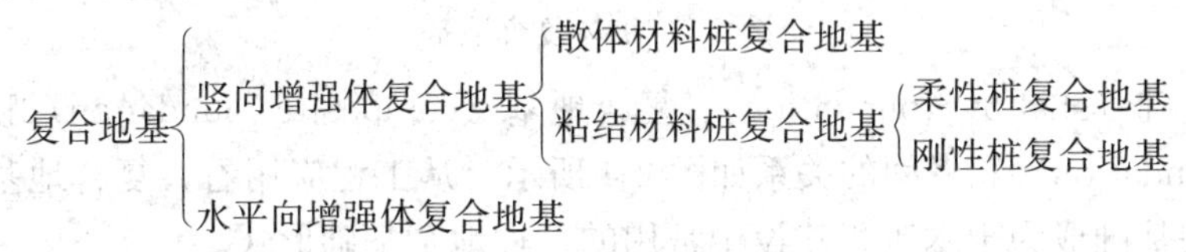

下面通过分析浅基础、桩基础和复合地基在荷载作用下的荷载传递路线来认识复合地基的本质，讨论浅基础、桩基础和复合地基三者间的关系。

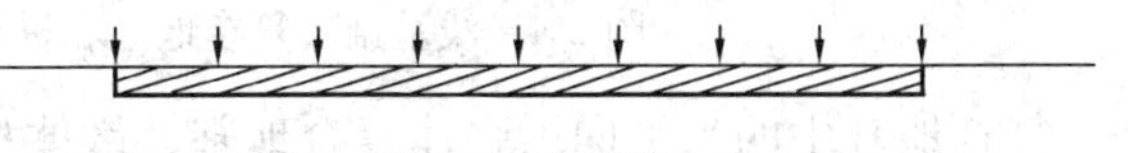

图 2-1 浅基础

对浅基础，荷载通过基础直接传递给地基土体，如图 2-1 所示；桩基础可分为摩擦桩基础和端承桩基础两类。对摩擦桩基础，荷载通过基础传递给桩体，桩体主要通过桩侧摩阻力将荷载传递给地基土体；对端承桩基础，荷载通过基础传递给桩体，桩体主要通过桩端端承力将荷载传递给地基土体。因此，对桩基础，荷载通过基础传递给桩体，再通过桩体传递给地基土体，如图 2-2 所示。对桩体复合地基，荷载通过基础将一部分荷载直接传递给地基土体，另一部分通过桩体传递给地基土体，如图 2-3 所示。从荷载传递路线看，复合地基的本质是桩和桩间土共同直接承担荷载。

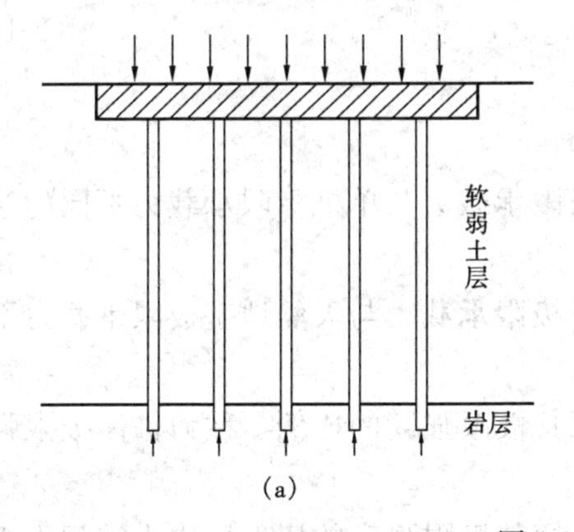

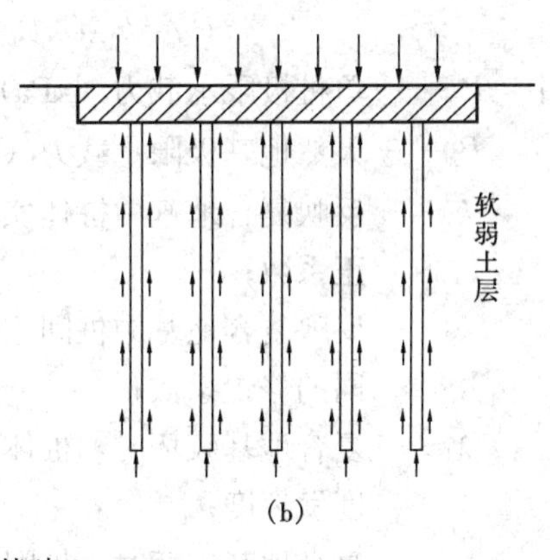

图 2-2 桩基础

(a) 端承桩基础；(b) 摩擦桩基础

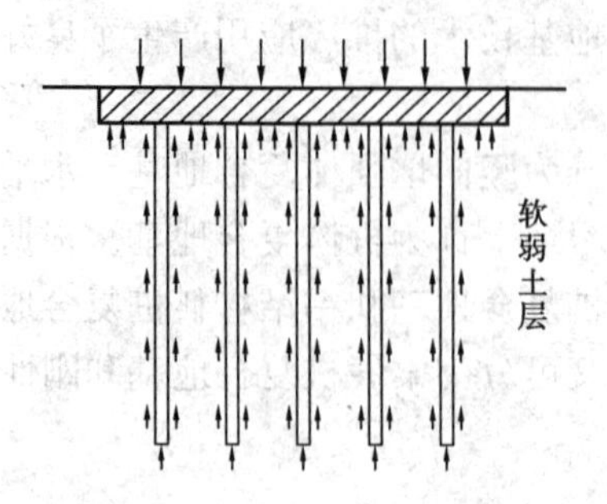

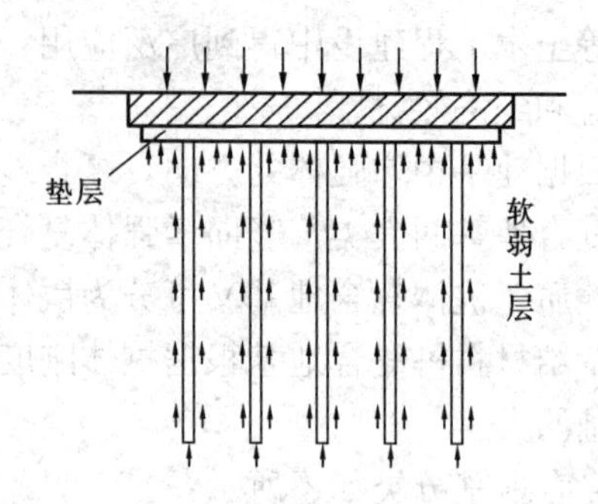

图 2-3 桩体复合地基

浅基础（shallow foundation）、复合地基（composite foundation）和桩基础（pile foundation）三者间的关系如图 2-4 所示。从工程应用看，复合地基已与浅基础和桩基础成为土木工程建设中常用的三种地基基础形式。

浅 基 础 —— 复 合 地 基 —— 桩 基 础

图 2-4 浅基础，复合地基和桩基础的关系

复合地基中的水平向增强体复合地基、散体材料桩复合地基、柔性桩复合地基和刚性桩复合地基的荷载传递机理是不同的，它们的设计计算方法也不同，在以下几节分别加以介绍。

2.2 桩体复合地基承载力计算

桩体复合地基承载力的计算思路通常是先分别确定桩体的承载力和桩间土承载力，然后根据一定的原则叠加这两部分承载力得到复合地基的承载力。复合地基的极限承载力 P_{cf} 可用下式表示：

$$P_{cf}=k_1\lambda_1 mP_{pf}+k_2\lambda_2(1-m)P_{sf} \tag{2-1}$$

式中 P_{pf}——单桩极限承载力（kPa）；

P_{sf}——天然地基极限承载力（kPa）；

k_1——反映复合地基中桩体实际极限承载力与单桩极限承载力不同的修正系数；

k_2——反映复合地基中桩间土实际极限承载力与天然地基极限承载力不同的修正系数；

λ_1——复合地基破坏时，桩体发挥其极限强度的比例，称为桩体极限强度发挥度；

λ_2——复合地基破坏时，桩间土发挥其极限强度的比例，称为桩间土极限强度发挥度；

m——复合地基置换率，$m=\frac{A_p}{A}$，其中 A_p 为桩体面积，A 为对应的加固面积。

桩体极限承载力可通过现场试验确定。如无试验资料，对刚性桩复合地基和柔性桩复合地基，桩体极限承载力也可采用类似摩擦桩极限承载力计算式估算，其表达式为：

$$P_{pf}=(\Sigma f S_a L_i+A_p R)/A_P \tag{2-2}$$

式中 f——桩周土的极限摩擦力；

S_a——桩身周边长度；

L_i——按土层划分的各段桩长，对柔性桩，桩长大于有效桩长时，计算桩长应取有效桩长值；

R——桩端土极限承载力；

A_p——桩身横断面积。

按式（2-2）计算桩体极限承载力外，尚需计算桩身材料强度允许的单桩极限承载力，即

$$P_{pf}=q \tag{2-3}$$

式中 q——桩体极限抗压强度。

由式（2-2）和式（2-3）计算所得的二者中取较小值为桩体的极限承载力。

对散体材料桩复合地基，桩体极限承载力主要取决于桩侧土体所能提供的最大侧限力。

散体材料桩在荷载作用下，桩体发生鼓胀，桩周土进入塑性状态，可通过计算桩间土侧向极限应力计算单桩极限承载力。其一般表达式可用下式表示：

$$P_{pf}=\sigma_{ru}K_p \tag{2-4}$$

式中 σ_{ru}——桩侧土体所能提供的最大侧限力，kPa；

K_p——桩体材料的被动土压力系数。

计算桩侧土体所能提供的最大侧向极限力常用方法有 Brauns（1978）计算式，圆筒形孔扩张理论计算式等，这里只介绍 Brauns（1978）计算式。

Brauns（1978）计算式是为计算碎石桩承载力提出的，其原理及计算式也适用于一般散体材料桩情况。Brauns 认为，在荷载作用下，桩体产生鼓胀变形。桩体的鼓胀变形使桩周土进入被动极限平衡状态，桩周土极限平衡区如图 2-5（a）所示。在计算中，Brauns 作了下述几条假设：

（1）桩周土极限平衡区位于桩顶附近，滑动面呈漏斗形，桩体鼓胀破坏段长度等于 $2r_0\tan\delta_p$，其中 r_0 为桩体半径，$\delta_p=45°+\varphi_p/2$，φ_p 为散体材料桩桩体材料的内摩擦角；

（2）桩周土与桩体间摩擦力 $\tau_M=0$，极限平衡土体中，环向应力 $\sigma_\theta=0$；

（3）不计地基土和桩体的自重。

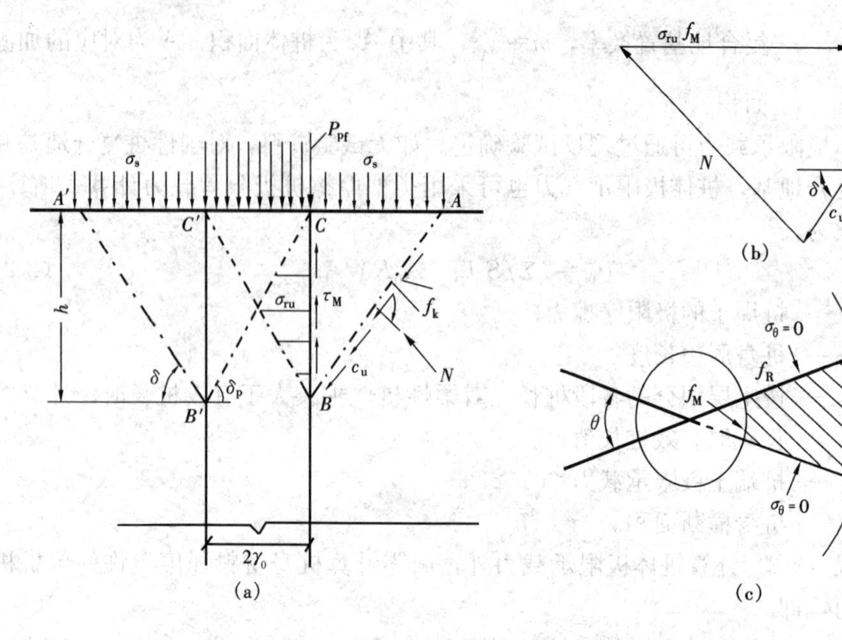

图 2-5　Brauns（1978）计算图式

在上述假设的基础上，作用在图 2-5（c）中阴影部分土体上力的多边形如图 2-5（b）所示。图中 f_M、f_K 和 f_R 分别表示阴影部分所示的平衡土体的桩周界面、滑动面和地表面的面积。根据力的平衡，可得到在极限荷载作用下，桩周土上的极限应力 σ_{ru} 为：

$$\sigma_{ru}=\left(\sigma_s+\frac{2c_u}{\sin 2\delta}\right)\left(\frac{\tan\delta_p}{\tan\delta}+1\right) \tag{2-5}$$

式中　c_u——桩间土不排水抗剪强度；

δ——滑动面与水平面夹角；

σ_s——桩周土表面荷载，如图 2-5（a）所示；

δ_p——$45°+\varphi_p/2$，其中 φ_p 为桩体材料内摩擦角。

将式（2-5）代入式（2-4），可得到桩体极限承载力为：

$$P_{pf}=\sigma_{ru}\tan^2\delta_p=\left(\sigma_s+\frac{2c_u}{\sin 2\delta}\right)\left(\frac{\tan\delta_p}{\tan\delta}+1\right)\tan^2\delta_p \tag{2-6}$$

滑动面与水平面的夹角 δ 要按下式用试算法求出：

$$\frac{\delta_s}{2c_u}\tan\delta_p=-\frac{\tan\delta}{\tan 2\delta}-\frac{\tan\delta_p}{\tan 2\delta}-\frac{\tan\delta_p}{\sin 2\delta} \tag{2-7}$$

当 $\sigma_s=0$ 时，式（2-6）可改写为：

$$P_{pf}=\frac{2c_u}{\sin 2\delta}\left(\frac{\tan\delta_p}{\tan\delta}+1\right)\tan^2\delta_p \tag{2-8}$$

夹角 δ 要按下式用试算法求得：

$$\tan\delta_p = \frac{1}{2}\tan\delta\ (\tan^2\delta - 1) \tag{2-9}$$

设桩体材料内摩擦角 $\varphi_p = 38°$（碎石内摩擦角常取为 38°），则 $\delta_p = 64°$。由式（2-9）试算得 $\delta = 61°$，代入式（2-8）可得 $P_{pf} = 20.8c_u$。这就是计算碎石桩承载力的 Brauns 理论简化计算式。

复合地基极限承载力计算式（2-1）中天然地基极限承载力除了直接通过载荷试验，以及根据土工试验资料，查阅有关规范确定外，常采用 Skempton 极限承载力公式进行计算。Skempton 极限承载力公式为：

$$P_{sf} = c_u N_c \left(1 + 0.2\frac{B}{L}\right)\left(1 + 0.2\frac{D}{L}\right) + \gamma D \tag{2-10}$$

式中 D——基础埋深；

c_u——不排水抗剪强度；

N_c——承载力系数，当 $\varphi = 0$ 时，$N_c = 5.14$；

B——基础宽度；

L——基础长度。

已知桩体极限承载力 P_{pf} 和桩间土极限承载力 P_{sf}，则可根据式（2-1）得到复合地基极限承载力 P_{cf} 值。

复合地基的容许承载力 P_{cc} 计算式为：

$$P_{cc} = \frac{P_{cf}}{K} \tag{2-11}$$

式中 K——安全系数。

当复合地基加固区下卧层为软弱土层时，按复合地基加固区容许承载力计算基础的底面尺寸后，尚需对下卧层承载力进行验算。要求作用在下卧层顶面处附加应力 p_0 和自重应力 σ_r 之和 p 不超过下卧层土的容许承载力 $[R]$，即

$$p = p_0 + \sigma_r \leqslant [R] \tag{2-12}$$

为了简化起见，实用上附加应力 p_0，可以采用压力扩散法计算。

桩体复合地基承载力特征值表达式可采用下式表示：

$$f_{spk} = K_1\lambda_1 m f_{pk} + K_2\lambda_2\ (1-m)\ f_{sk} \tag{2-13}$$

式中 f_{spk}——复合地基承载力特征值（kPa）；

f_{pk}——桩体承载力特征值（kPa）；

f_{sk}——天然地基承载力特征值（kPa）；

K_1——反映复合地基中桩体实际的承载力特征值与单桩承载力特征值不同的修正系数；

K_2——反映复合地基中桩间土实际的承载力特征值与天然地基承载力特征值不同的修正系数；

λ_1——复合地基达到承载力特征值时，桩体实际承担荷载与桩体承载力特征值的比例；

λ_2——复合地基达到承载力特征值时，桩间土实际承担荷载与桩间土承载力特征值的比例；

m——复合地基置换率。

注意式（2-13）中 K_1、K_2 和 λ_1、λ_2 的取值与式（2-1）是不相同的。

2.3　水平向增强体复合地基承载力计算*

水平向增强体复合地基主要包括在地基中铺设各种加筋材料，如土工织物、土工格栅等形成的复合地基。加筋土地基是最常用的形式。复合地基工作性状与加筋体长度、强度，加筋层数，以及加筋体与土体间的黏聚力和摩擦系数等因素有关。水平向增强体复合地基破坏具有多种形式，影响因素也很多。到目前为止，许多问题尚未完全搞清楚，水平向增强体复合地基的计算理论尚不成熟。这里只介绍 Florkiewicz（1990）承载力公式，以供借鉴。

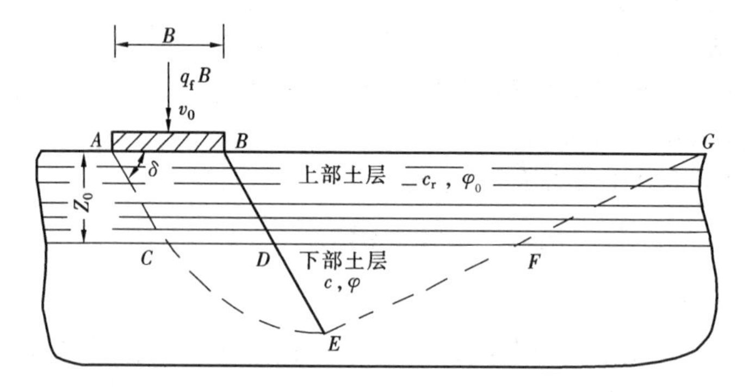

图 2-6　水平向增强体复合地基基础上的条形基础

图 2-6 表示一水平向增强体复合地基上的条形基础。刚性条形基础宽度为 B，下卧层为厚度为 Z_0 的加筋复合土层，其视黏聚力为 c_r 和内摩擦角为 φ_0，复合土层下的天然土层黏聚力为 c，内摩擦角为 φ。Florkiewicz 认为基础的极限荷载 $q_f B$ 是无加筋体（$c_r=0$）的双层土体系的常规承载力 $q_0 B$ 和由加筋引起的承载力提高值 $\Delta q_f B$ 之和，即

$$q_f = q_0 + \Delta q_f \tag{2-14}$$

复合土层中各点的视黏聚力 c_r 值取决于所考虑的方向，其表达式为(Schlosser 和 Long，1974)：

$$c_r = \sigma_0 \frac{\sin\delta\cos(\delta - \varphi_0)}{\cos\varphi_0} \tag{2-15}$$

式中　δ——考虑的方向与加筋体方向的倾斜角；

σ_0——加筋体材料的纵向抗拉强度。

采用极限分析法分析；地基土体滑动模式取 Prandtl 滑移面模式，当加筋复合土层中加筋体沿滑移面 AC 断裂时，地基破坏，此时刚性基础速度为 v_0，加筋体沿 AC 面断裂引起的能量消散率增量为：

$$D=AC\cdot c_r v_0\frac{\cos\varphi_0}{\sin(\delta-\varphi_0)}=\sigma_0 v_0 Z_0\cot(\delta-\varphi_0) \tag{2-16}$$

忽略了 $ABCD$ 区和 $BGFD$ 区中由于加筋体存在（$c_r\neq0$）能量消耗率增量的增加。根据上限定理，可得到承载力提高值表示式如下：

$$\Delta q_f=\frac{D}{v_0 B}=\frac{Z_0}{B}\sigma_0\cot(\delta-\varphi_0) \tag{2-17}$$

式中，δ 值根据 Prandtl 的破坏模式确定。

2.4 复合地基沉降计算

在各类实用计算方法中，通常把复合地基沉降量分为两部分，如图 2-7 所示。图中 h 为复合地基加固区厚度，z 为荷载作用下地基压缩层厚度。加固区的压缩量为 s_1，加固区下卧层土体压缩量为 s_2。于是，复合地基的总沉降量 s 表达式为：

$$s=s_1+s_2 \tag{2-18}$$

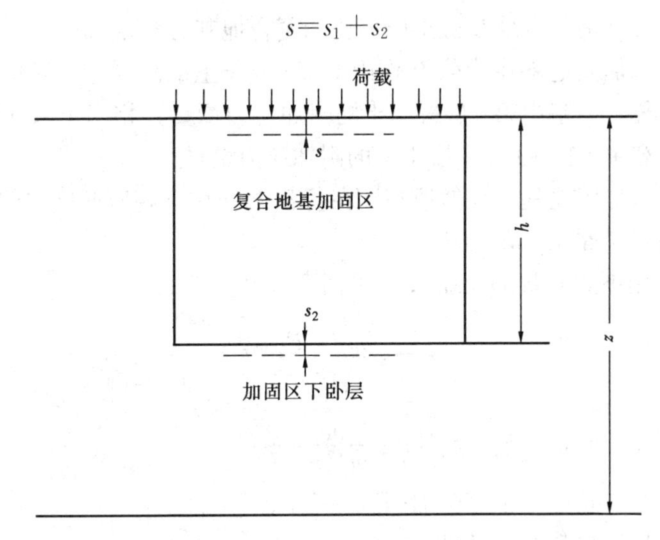

图 2-7 复合地基沉降计算模式

加固区土层压缩量 s_1 可采用复合模量法、应力修正法和桩身压缩量法计算。

（1）复合模量法（E_c 法）

将复合地基加固区中增强体和基体两部分视为一复合土体，采用复合压缩模量 E_{cs} 来评价复合土体的压缩性。采用分层总和法计算复合地基加固区土层压缩量 s_1，表达式为：

$$s_1 = \sum_{i=1}^{n} \frac{\Delta P_i}{E_{csi}} H_i \tag{2-19}$$

式中　ΔP_i——第 i 层复合土上附加应力增量；

E_{csi}——第 i 层复合土层的复合压缩模量；

H_i——第 i 层复合土层的厚度。

E_{csi} 复合压缩模量表达式为：

$$E_{cs} = mE_p + (1-m) E_s \tag{2-20}$$

式中　E_p——桩体压缩模量；

E_s——土体压缩模量；

m——复合地基面积置换率。

（2）应力修正法（E_s 法）

在该法中，根据桩间土承担荷载 p_s 和桩间土的压缩模量，采用分层总和法计算 s_1：

$$s_1 = \sum_{i=1}^{n} \frac{\Delta P_{si}}{E_{si}} H_i = \mu_s \sum_{i=1}^{n} \frac{\Delta P_i}{E_{si}} H_i = \mu_s s_{1s} \tag{2-21}$$

式中　μ_s——应力修正系数，$\mu_s = \frac{1}{1+m(n-1)}$；

n、m——分别为复合地基桩土应力比和复合地基置换率；

Δp_i——未加固地基在荷载 P 作用下第 i 层土上的附加应力增量；

Δp_{si}——复合地基中第 i 层桩间土的附加应力增量，相当于未加固地基在荷载 P_s 作用下第 i 层土上的附加应力增量；

s_{1s}——未加固地基（天然地基）在荷载 P 作用下相应厚度内的压缩量。

（3）桩身压缩量法（E_p 法）

在荷载作用下，桩身的压缩量 s_p 可用下式计算：

$$s_p = \frac{(\mu_p p + P_{bo})}{2E_p} l \tag{2-22}$$

式中　μ_p——应力修正系数，$\mu_p = \frac{n}{1+m(n-1)}$；

l——桩身长度，也等于加固区厚度 h；

E_p——桩身材料变形模量；

P_{bo}——桩底端承力密度。

加固区土层的压缩量表达式为：

$$s_1 = s_P + \Delta \tag{2-23}$$

式中　s_P——桩身压缩量；

Δ——桩底端刺入下卧层土体中的刺入量。

若刺入量 $\Delta=0$，则桩身压缩量就是加固区土层压缩量。

复合地基加固区下卧层土层压缩量 s_2 通常采用分层总和法计算。在分层总和法计算中，作用在下卧层土体上的荷载或土体中附加应力是难以精确计算的。目前在工程应用上，常采用下述方法计算：

（1）压力扩散法

压力扩散法计算加固区下卧层上附加应力示意图如图 2-8（a）所示。复合地基上荷载密度为 P，作用宽度为 B，长度为 D，加固区厚度为 h，复合地基压力扩散角为 β，则作用在下卧土层上的荷载 P_b 为：

$$P_b=\frac{BDP}{(B+2h\tan\beta)(D+2h\tan\beta)} \tag{2-24}$$

对条形基础，仅考虑宽度方向扩散，则式（2-24）可改写为：

$$P_b=\frac{BP}{(B+2h\tan\beta)} \tag{2-25}$$

复合地基压力扩散角不同于双层地基压力扩散角，其值比双层地基压力扩散角小。

（2）等效实体法

等效实体法计算加固区下卧层上附加应力示意图模式如图 2-8（b）所示。复合地基上荷载密度为 P，作用面长度为 D，宽度为 B，加固区厚度为 h，f 为等效实体侧平均摩阻力密度，则作用在下卧土层上的附加应力 P_b 为：

$$P_b=\frac{BDP-(2B+2D)hf}{BD} \tag{2-26}$$

对条形基础，上式可改写为：

$$P_b=P-\frac{2h}{B}f \tag{2-27}$$

在计算中要重视等效实体平均侧摩阻力密度的合理选用。

（3）改进 Geddes 法

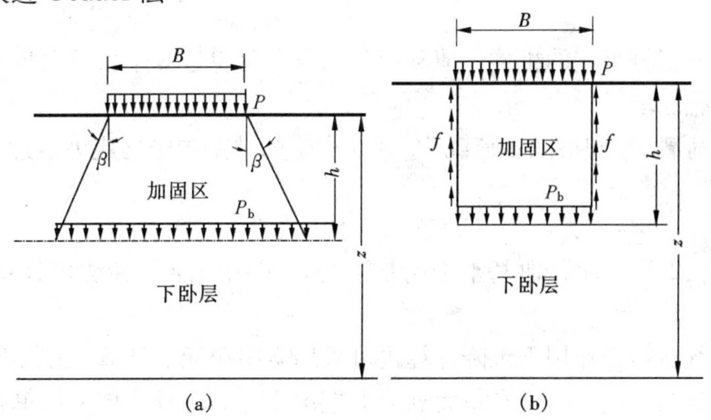

图 2-8 压力扩散法和等效实体法

（a）压力扩散法；（b）等效实体法

黄绍铭等（1991）建议采用下述方法计算复合地基土层中应力。复合地基总荷载为 P，桩体承担 P_p，桩间土承担 $P_s=P-P_p$。桩间土承担荷载 P_s 在地基中所产生的竖向应力 $\sigma_{z,Ps}$，其计算方法和天然地基中应力计算方法相同，可应用布辛奈斯克解。桩体承担的荷载 P_p 在地基中所产生的竖向应力采用 Geddes 法计算。然后叠加两部分应力得到地基中总的竖向应力。再采用分层总和法计算复合地基加固区下卧层压缩量 s_2。

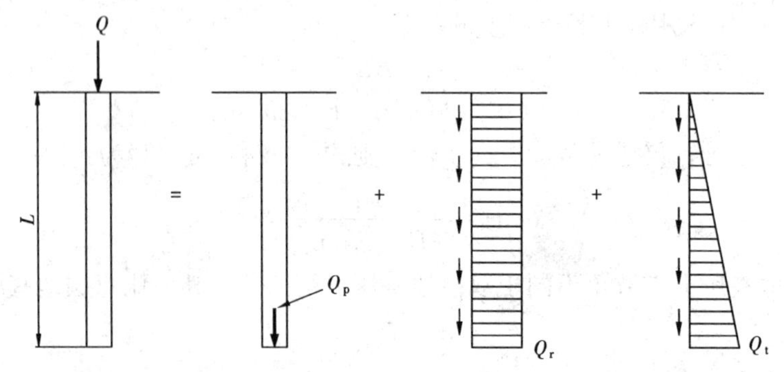

图 2-9　单桩荷载分解为三种形式荷载的组合

S. D. Geddes（1966）认为长度为 L 的单桩在荷载 Q 作用下对地基土产生的作用力，可近似视作如图 2-9 所示的桩端集中力 Q_p，桩侧均匀分布的摩阻力 Q_r 和桩侧随深度线性增长的分布摩阻力 Q_t 等三种形式荷载的组合。S. D. Geddes 根据弹性理论半无限体中作用一集中力的 Mindlin 应力解积分，导出了单桩的上述三种形式荷载在地基中产生的应力计算公式。地基中的竖向应力 $\sigma_{z,Q}$ 可按下式计算：

$$\sigma_{z,Q}=\sigma_{z,Q_p}+\sigma_{z,Q_r}+\sigma_{z,Q_t}=Q_pK_p/L^2+Q_rK_r/L^2+Q_tK_t/L^2 \tag{2-28}$$

式中，K_p，K_r 和 K_t 为竖向应力系数，其表达式较繁冗，详见文献（Geddes，1966）。

对于由 n 根桩组成的桩群，地基中竖向应力可对这 n 个根桩逐根采用式（2-28）计算后叠加求得。

由桩体荷载 P_p 和桩间土荷载 P_s 共同产生的地基中竖向应力表达式为：

$$\sigma_z=\sum_{i=1}^{n}(\sigma_{z,Q_p^i}+\sigma_{z,Q_r^i}+\sigma_{z,Q_t^i})+\sigma_{z,Ps} \tag{2-29}$$

根据式（2-29）计算地基土中附加应力，采用分层总和法可计算复合地基沉降。

复合地基在荷载作用下沉降计算也可采用有限单元法计算。在几何模型处理上大致可以分为二类：一类在单元划分上把单元分为两种，增强体单元和土体单元，并根据需要在增强体单元和土体单元之间设置或不设置界面单元；另一类是在单元划分上把单元分为加固区复合土体单元和非加固区土体单元，复合土体单元采用复合体材料参数。

各类复合地基沉降计算采用上述何种方法为宜，需具体问题具体分析。

2.5 基础刚度和垫层对桩体复合地基性状影响

在建筑工程中，无论是条形基础，还是筏形基础，基础刚度都很大，可称为刚性基础。在交通工程中，人们发现路堤下的桩体复合地基性状与建筑工程中刚性基础下复合地基性状有较大差别。为叙述方便，将类似土堤下的桩体复合地基称为柔性基础下复合地基。当复合地基各种参数都相同时，在荷载作用下，柔性基础下复合地基的桩土荷载分担比要比刚性基础下复合地基的桩土荷载分担比小，也就是说刚性基础下复合地基中桩体承担的荷载要比柔性基础下复合地基桩体承担的大。现场试验研究表明（吴慧明，2002）：柔性基础下桩体复合地基和刚性基础下桩体复合地基破坏模式不同。当荷载不断增大时，柔性基础下桩体复合地基破坏是由土体先破坏造成的，而刚性基础下桩体复合地基破坏是由桩体先破坏造成的。桩体复合地基极限承载力大小与基础刚度有关。其他条件相同情况下，刚性基础下复合地基比柔性基础下复合地基的极限承载力大。在应用式（2-1）计算复合地基极限承载力时，对刚性基础下复合地基，$\lambda_1=1.0$，λ_2 小于 1.0；而对柔性桩基础下复合地基，$\lambda_2=1.0$，λ_1 小于 1.0。试验成果还表明：在相同的条件下，柔性基础下复合地基的沉降比刚性基础下复合地基沉降要大。

柔性基础下桩体复合地基沉降较大的原因有两个方面：一是土中应力大，二是桩会向上刺入像土堤这样的柔性基础。

为了提高柔性基础下复合地基桩土荷载分担比，减小复合地基沉降，可在复合地基和柔性基础之间设置刚度较大的垫层，如灰土垫层、土工格栅碎石垫层等。不设较大刚度的垫层的柔性基础下桩体复合地基应慎用。

为了改善刚性基础下复合地基性状，常在复合地基和刚性基础之间设置柔性垫层。柔性垫层一般为砂石垫层。设置柔性垫层可减小桩土荷载分担比，同时可改善复合地基中桩体上端部分的受力状态。柔性垫层的存在使桩体上端部分中竖向应力减小，水平向应力增大，造成该部分桩体中剪应力减小，这对改善低强度桩的桩体受力状态是非常有利的。设置柔性垫层可增加桩间土承担荷载的比例，较充分利用桩间土的承载潜能。

刚性基础下复合地基桩土荷载分担比与设置的砂石垫层的厚度有关，垫层愈厚，桩土荷载分担比愈小。垫层厚度达到一定数值后，继续增加垫层厚度，桩土荷载分担比并不会继续减小。在实际工程中，还需考虑工程费用。综合考虑，通常采用 300～500mm 厚的砂石垫层。

思考题与习题

1. 简述复合地基的定义和分类。

2. 简述复合地基与浅基础、桩基础在荷载传递路线方面的差别，试说明什么是复合地基的本质。

3. 简述桩体复合地基承载力的计算思路。

4. 简述复合地基沉降计算方法。

5. 评述刚性基础下桩体复合地基和柔性基础下桩体复合地基性状的差异。

6. 分析垫层对复合地基性状的影响。

第3章　振密、挤密

3.1　概　　述

振密、挤密是指通过夯击、振动或挤压使地基土体密实，土体抗剪强度提高，压缩性减小，以达到提高地基承载力和减小沉降为目的的一类地基处理方法。主要有原位压实法，强夯法，挤密砂石桩法，爆破挤密法，土桩、灰土桩法，夯实水泥土桩法，柱锤冲扩桩法以及孔内夯扩法等。在本章主要介绍强夯法，挤密砂石桩法，土桩、灰土桩法，夯实水泥土桩法以及孔内夯扩法。

振密、挤密法一般适用于非饱和土地基或土体渗透性较好的地基。在夯击、振动或挤压作用下，地基土体将被压缩，体积变小，土的抗剪强度提高。采用振密、挤密法加固渗透性很小的饱和软黏土地基时，在振动和挤压作用下，地基土体中的水难以及时排出。在不排水条件下，饱和土体的体积是不变的。因此，采用振密、挤密法难以使渗透性很小的饱和软黏土地基得到加固。饱和软黏土地基在振动和挤压力作用下，地基土体中超孔隙水压力提高，而且土体结构可能产生破坏，形成“橡皮土”。当出现“橡皮土”现象后，地基承载力不仅不会提高，而且可能降低。因此，采用振密、挤密法加固地基时应重视其的适用范围。

一般说来，属于振密、挤密法加固地基的地基处理方法所需用的施工设备比较简单，使用加固材料少，有的加固方法甚至不需要使用加固材料，因此采用振密、挤密法加固地基的加固费用低。对需要进行加固的地基如能采用振密、挤密法进行加固时，应优先考虑使用振密、挤密法。在采用振密、挤密法加固地基时，应考虑振密、挤密法施工对周围环境可能产生的不良影响。

3.2　强　夯　法

3.2.1　加固机理和适用范围

强夯法是利用重锤（一般为100～600kN），在高处（一般为6～40m）自由落体落下强力夯击地基土体，进行地基加固的处理方法。强夯法处理地基首先由法国Menard技术公司于20世纪60年代创用。1978年我国交通部一航局科研所及协作单位在天津首先展开试验研究，并获得成功。由于强夯法施工设备简单、效果显著、工效高且加固费用低，很快得到推广。强夯法利用落锤产生巨大夯击能（一般为800～18000kN·m）在地基中产生冲击波和动应力，对地基土进行振密、挤密。我国目前施工能力已达8000kN·m。图3-1为一强夯加固地基现场。采用强夯法加固地基可减小地基土体的压缩性，提高地基土体的强度，消除湿陷性黄土的湿陷性，提高砂土地基抗液化能力等。

图3-1 强夯法加固现场

强夯法利用重夯锤、高落距产生的高夯击能给地基一冲击力，在地基中产生冲击波，振密、挤密地基土体。当夯击时，夯锤对地基浅部土体进行冲切，土体结构破坏，形成夯坑，并对夯坑周围土体进行动力挤压，夯坑四周地表可能产生隆起。某工程测得单点夯夯坑夯沉量及周围地表隆起情况如图 3-2 所示。在强夯夯击作用下地基土体中超孔隙水压力升高。某工程单点夯时地基中超孔隙水压力沿深度分布情况如图 3-3 所示，地基中超孔隙水压力分布沿水平方向分布情况如图 3-4 所示。

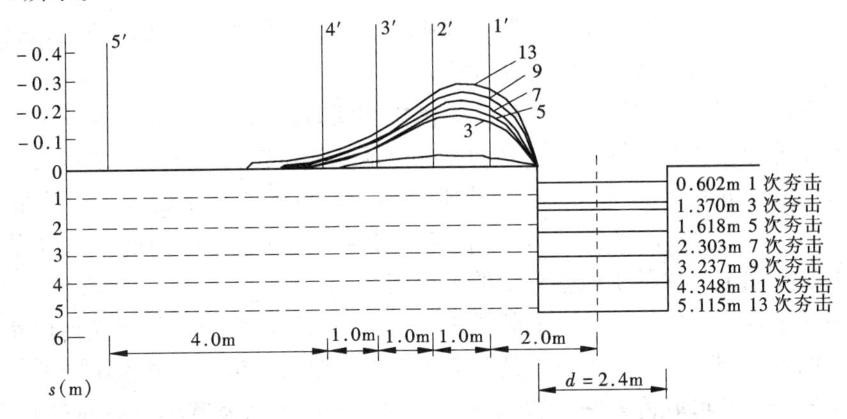

图 3-2 单点夯夯坑夯沉量及地表隆起图

(引自陈友文、张孔修，1992)

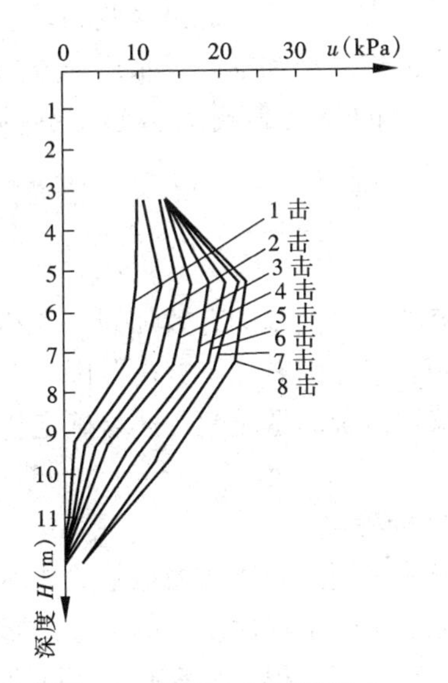

图 3-3 单点夯时超孔隙水压力沿深度分布图

(引自陈友文、张孔修，1992)

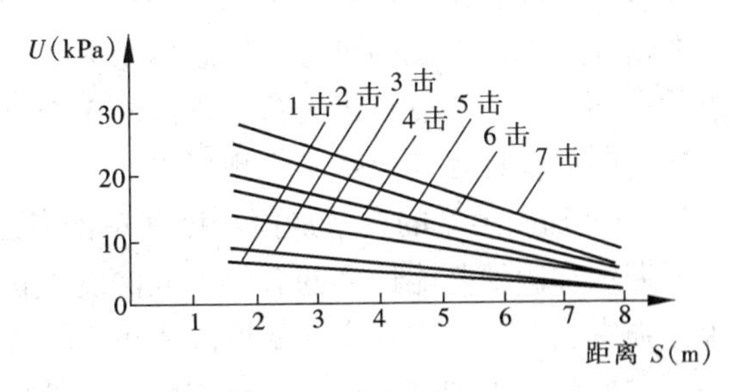

图 3-4 单点夯时超孔隙水压力沿水平方向分布图

(引自陈友文、张孔修，1992)

对非饱和土地基，强夯冲击力对地基土的压密过程同实验室的击实试验类似，挤密、振密效果是明显的；对饱和无黏性土地基，在冲击力作用下，土体可能发生液化，其压密过程同爆破挤密和振动压密过程类似，挤密、振密效果也是明显的。对饱和黏性土地基，在锤击作用下，在夯击点附近地基土体结构破坏，产生触变，在一定范围内地基土体中将产生超孔隙水压力。饱和黏性土地基采用强夯加固效果取决于土体触变恢复和地基土中超孔隙水压力能否消散，土体能否产生排水固结。淤泥和淤泥质土在强夯作用下土体结构强度破坏后土体强度难以恢复，而且土体渗透系数小，地基土体中产生的超孔隙水压力极难消散，故对淤泥和淤泥质土地基不宜采用强夯法加固。

强夯法常用来加固碎石土、砂土、低饱和度的黏性土、素填土、杂填土、湿陷性黄土等地基。对于饱和度较高的黏性土地基等，如有工程经验或试验证明采用强夯法有加固效果的也可采用。通常认为强夯挤密法只是适用于塑性指数 $I_p \leqslant 10$ 的土。对淤泥与淤泥质土地基不宜采用强夯法加固，国内已有数例报道采用强夯法加固饱和软黏土地基失败的工程实例。

对于设置有竖向排水系统的软黏土地基，是否适用强夯法处理在工程界和学术界有两种不同意见。一种意见认为通过设置较厚的砂垫层，并采用轻锤、低能量、多遍夯击，可取得较好的加固效果，并有工程实例报道。另一种意见认为，夯击时在地基土体中产生的超孔隙水压力极难消散，容易形成“橡皮土”，不宜采用。

强夯法加固地基至今还没有一套成熟的理论计算方法，通常通过经验和现场试验得到设计施工参数。强夯法加固理论需要在实践中总结和提高。采用强夯法加固地基过程中由于振动、噪声等对周围环境产生的不良影响应引起足够的重视。

3.2.2　设计

强夯法加固地基设计包括下述内容：确定强夯法加固地基的有效加固深度和单击夯击能，选用夯锤的重量、形状以及夯击落距，确定强夯施工夯击范围、夯击点的平面布置、每点夯击击数、强夯施工夯击遍数以及间歇时间，还有确定垫层厚度。强夯设计还应包括施工现场测试设计。

1. 强夯加固地基的有效加固深度和单击夯击能的确定

强夯法加固地基能达到的有效加固深度直接影响采用强夯法加固地基的加固效果。强夯法有效加固深度主要取决于单击夯击能和土的工程性质。单击夯击能的确定主要与锤重和落距有关，也与地基土性质、夯锤底面积等因素有关。强夯加固地基有效加固深度 H 的影响因素比较复杂，一般应通过试验确定。在试验前也可采用修正 Menard 公式估算。修正 Menard 公式为：

$$H=K\sqrt{\frac{Wh}{10}} \tag{3-1}$$

式中　W——锤重（kN）；

h——落距（m）；

K——修正系数，一般为 0.34～0.8。

式（3-1）是工程实用经验公式。修正系数的取值，依靠地区经验的积累。

强夯法的有效加固深度（m）　　**表 3-1**

单击夯击能（kN·m）	碎石土、砂土等粗颗粒黏土	粉土、黏性土、湿陷性黄土等细颗粒土
1000	5.0～6.0	4.0～5.0
2000	6.0～7.0	5.0～6.0
3000	7.0～8.0	6.0～7.0
4000	8.0～9.0	7.0～8.0
5000	9.0～9.5	8.0～8.5
6000	9.5～10.0	8.5～9.0
8000	10.0～10.5	9.0～9.5

注：强夯法的有效加固深度从最初起夯面算起。

《建筑地基处理技术规范》JGJ 79—2012 规定，强夯法加固地基有效加固深度应根据现场试夯或当地经验确定，在缺少试验资料或经验时，可按表 3-1 提供的强夯法的有效加固深度预估。

根据地基加固设计要求确定强夯法加固深度，然后根据要求的加固深度选用强夯施工应采用的单击夯击能。

2. 夯锤和落距的选用

单击夯击能确定后，可根据要求的单击夯击能和施工设备条件确定夯锤重量和落距。夯锤重量确定后还需确定夯锤尺寸以及选用强夯自动脱钩装置。

起重设备可用履带式起重机、轮胎式起重机以及专用的强夯机械。

强夯设备的自动脱钩装置由工厂定型生产。夯锤挂在脱钩装置上，当起重机将夯锤吊到设计高度时，自动脱钩装置可使锤自由下落对地基进行夯击。

夯锤材质可用铸钢，也可用钢板为壳，壳内灌混凝土制成。夯锤底平面一般为圆形。夯锤中需要设置若干个上下贯通的气孔。在夯锤中设置上下贯通的气孔，既可减小起吊夯锤时的吸力，又可减少夯击时落地前瞬间气垫的上托力。夯锤底面积大小取值与夯锤重量和地基土体性质有关，通常取决于表层土质，对砂性土地基一般采用 2～4m^2，对黏性土地基一般采用 3～6m^2。

3. 夯击范围和夯击点布置

采用强夯法处理地基时，强夯加固的范围应大于建（构）筑物基础范围。通常要求强夯加固范围每边超出基础外缘一定的宽度。超出范围宽度为设计强夯加固深度的 1/3～1/2，并不小于 3m。

夯击点布置一般可采用三角形或正方形布置。第一遍夯击点间距可取5～9m，以后每遍夯击点间距可以与第一遍相同，也可适当减小。对加固深度要求较深或采用的单击夯击能较大的工程，所选用的第一遍夯击点间距可适当增大。

图3-5（a）、（b）分别表示两种夯击点布置形式及夯击次序。在图3-5（a）中，夯完一遍共需夯13个夯击点，分三次完成：第一次夯5点，夯点采用4.2m×4.2m正方形布置；第二次夯4点，夯点采用也是4.2m×4.2m正方形布置；第三次夯4点，夯点采用3m×3m正方形布置。分三次夯完一遍后，13个夯击点布置形式为2.1m×2.1m正方形布置。在图3-5（b）中，夯一遍共需夯9个夯击点，也分三次完成：第一次夯4点，夯点采用6m×6m正方形布置；第二次夯1点，以大面积计，第二次夯点采用也是6m×6m正方形布置形式；第三次夯4点，夯点采用4.2m×4.2m正方形布置。分三次完成夯一遍后，9个夯击点布置为3m×3m正方形布置。

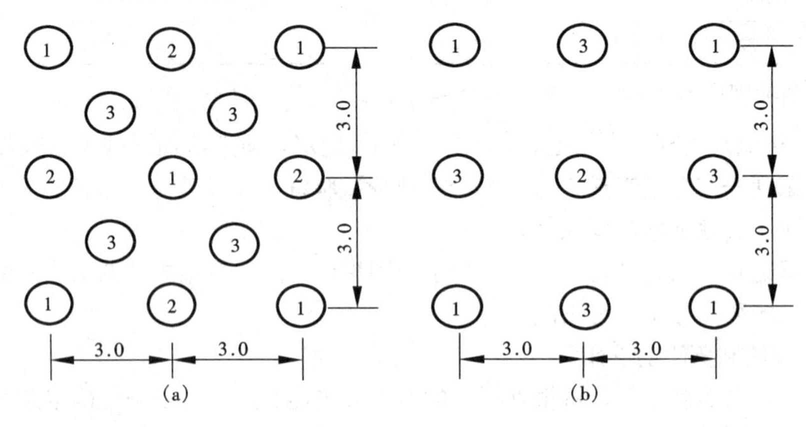

图3-5 夯击点布置及夯击次序

4. 夯击击数和夯击遍数

每遍每夯点夯击击数可通过试验确定。一般以最后二击的平均夯沉量小于某一数值作为标准。如当单击夯击能小于4000kN·m时，最后二击平均夯沉量不宜大于50mm；当单击夯击能为4000～6000kN·m时，最后二击平均夯沉量不宜大于100mm；当单击夯击能大于6000kN·m时，最后二击平均夯沉量不宜大于200mm。每遍每夯点夯击击数也可采用连续二击的沉降差小于某一数值作为标准。

夯击遍数应视现场地质条件和工程要求确定，也与每遍每夯击点夯击数有关。夯击遍数一般可采用2～3遍，最后再以低能量对整个加固场地满夯1～2遍。

5. 间歇时间

间歇时间是指两遍夯击之间的时间间隔。时间间隔大小取决于地基土体中超孔隙水压力消散的快慢。对渗透性好的地基，强夯在地基中形成的超孔隙水压力消散很快，夯完一遍，第二遍可连续夯击，不需要间歇时间。若地基土渗透性较差，强夯在地基土体中形成的超孔隙水压力消散较慢，二遍夯击之间所需间歇时间要长，黏性土地基夯完一遍一般需间歇3～4星期才能进行下一遍夯击。

6. 垫层设计

强夯施工设备较重，要求强夯施工场地能支承较重的强夯起重设备。强夯施工前一般需要铺设垫层，使地基具有一层较硬的表层能支承较重的强夯起重设备，并便于强夯夯击能的扩散，同时也可加大地下水位与地表的距离，有利于强夯施工。对场地地下水位在－2m深度以下的砂砾石层，无需铺设垫层可直接进行强夯；对地下水位较高的饱和黏性土地基与易于液化流动的饱和砂土地基，都需要铺设垫层才能进行强夯施工，否则，地基土体会发生流动。铺设垫层的厚度可根据场地的土质条件、夯锤的重量和夯锤的形状等条件确定。砂砾石垫层厚度一般可取0.5～2.0m。当场地土质条件好、夯锤较小或形状构造合理时，也可采用较薄的垫层厚度。

7. 现场测试设计

根据需要现场测试可包括下述内容：

（1）地面沉降观测

每夯击一次应及时测量夯击坑及夯坑周围地面的沉降、隆起。通过每一夯击后夯击坑的沉降量控制夯击击数。通过地面沉降观测可以估计强夯处理地基的效果。

（2）孔隙水压力观测

对黏性土地基，为了了解强夯加固过程中地基中超孔隙水压力的消散情况，要求沿夯击点等距离不同深度以及等深度不同距离埋设孔隙水压力测头，测量在夯击和间歇过程中地基土体中孔隙水压力沿深度和水平距离变化的规律。从而确定夯击点的影响范围，合理选用夯击点间距、夯击间歇时间等。

（3）强夯振动影响范围观测

如需了解强夯对周围环境的影响，可通过测试地面振动加速度了解强夯振动的影响范围。通常将地表的最大振动加速度等于$0.98m/s^2$（即认为是相当于7度地震烈度）的位置作为设计时振动影响的安全距离。为了减小强夯振动对周围建筑物的影响，可在夯区周围设置隔振沟。

（4）深层沉降和侧向位移测试

为了了解强夯处理过程中深层土体的位移情况，可在地基中设置深层沉降标测量不同深度土体的竖向位移和在夯坑周围埋设测斜管测量土体侧向位移沿深度的变化。通过对地基深层沉降和侧向位移的测试可以有效地了解强夯处理的有效加固深度和强夯的影响范围。

3.2.3 施工

强夯施工机械宜采用带有自动脱钩装置的履带式起重机或其他强夯专用设备。采用履带式起重机时，可在臂杆端部设置辅助门架，或采用其他安全措施，防止落锤时起重机架产生倾覆。

当强夯施工所产生的振动对邻近建筑物或设备可能产生有害影响时，应设置监测点，并采取隔振、防振措施。

强夯法加固地基施工一般可按下列步骤进行：

(1) 清理并平整施工场地。

(2) 铺垫层。对地下水位较高的黏性土地基与易于液化的粉细砂地基强夯前需铺设砂石垫层，垫层厚度一般为0.5～2.0m。对地下水位在2m深度以下的砂砾石地基，可以直接进行夯击，无需铺设垫层。

(3) 夯点放线定位。

(4) 对第一遍第一次夯击点进行夯击。在夯击前和夯击后需测量夯点处和夯点周围地面标高，每夯击一次测量一次。按设计规定夯击次数及控制标准，完成一个夯点的夯击。移动夯击点对第一遍夯击点依次进行夯击。

(5) 按设计要求顺序完成第一遍夯击。

(6) 完成第一遍夯击后，用推土机填平夯坑，并测量场地高程。

(7) 在规定间歇时间后，按上述步骤（3）～（6）进行第二遍夯击。

(8) 按上述步骤完成设计要求的夯击遍数。最后用低能量满夯，将场地表层松土夯实，并测量夯后场地高程。

强夯施工时应对每一夯击点的夯击能量、夯击次数和每次夯沉量等做好现场记录。在夯击过程按设计要求进行监测。

3.2.4 质量检验

强夯法处理地基加固效果检验可根据地基工程地质情况及地基处理要求选择下列几种方法中的两种或两种以上方法进行：室内土工试验、现场十字板试验、动力触探试验、静力触探试验、旁压仪试验、波速试验和载荷试验等。通过强夯加固前后测试结果的比较分析可了解强夯加固地基效果。

3.2.5 工程实例（根据参考文献［22］编写）

1. 工程概况

某工程位于厦门市湖里区，场地南侧约40m处为疏港路，北侧为规划路，东西两侧为空地。场地原始地貌为：南侧部分为坡地，其余大部分处于沟谷冲洪积阶地，地势低洼。后因城市建设需要，场地被大面积回填改造，强夯加固前工地现场地势平缓，并大致由东向西倾斜，地面绝对标高为6.35～11.95m，最大高差约 5.60m。拟强夯加固面积约 30000m^2，要求地基经强夯处理后地基承载力达到 150kPa 以上。

2. 工程地质条件

场地地基主要由素填土、砂质黏土、局部淤泥、含泥中砂、残积土及强风化花岗岩等组成。素填土未作专门的压实处理，密实程度较低，均匀性差；砂质黏土力学强度由一般至较高，但厚度不均，部分地段较薄，且局部下伏有软弱土层；局部淤泥压缩性高，强度低；含泥中砂大多呈松散状态，且在地震基本烈度7 度时会产生轻微液化现象。

3. 强夯机具及技术参数的确定

（1）单击夯击能和有效加固深度的确定

强夯有效加固深度按下列公式估算：

$$H=K\sqrt{\frac{Wh}{10}} \tag{3-2}$$

式中 H——加固影响深度（m）；

W——夯锤质量（kN）；

h——落距（m）；

K——折减系数，一般黏性土取 0.5，砂性土取 0.7，黄土取 0.35～0.50。

本工程单击夯击能选用 1500kN·m 能级强夯，根据试验分析初步确定折减系数 K＝0.45，设计强夯有效加固深度为 5.5m。

（2）夯锤和落距的选用

本工程采用起重能力为 15t 的履带式起重机。脱钩器是二杠杆机构，当锤提到预定高度，通过拉解在控制杆的绳，锤即自动下落。夯锤重量采用 15t，夯锤采用钢板为壳，壳内灌混凝土制成，夯锤底面采用球形。

（3）夯击范围和夯击点布置

本工程强夯加固范围为超出建筑物基础边线 4m。夯击点布置为梅花形布置，间距为 4m×4m。

（4）夯击击数和夯击遍数

夯击能采用 1500kN·m，每遍每点夯击击数为 8～10 击，夯击遍数采用 2 遍。

（5）间歇时间

本工程间歇时间取 6 天。

4. 强夯加固效果

强夯加固施工后对场地地基强夯加固效果进行检验。检验方法主要采用轻型、重型动力触探及标贯试验，共布置测点 24 个，其中重探、标贯试验各 6 个，轻探 12 个。为比较地基土夯前与夯后物理及力学性能指标的变化，在夯后的测试过程中，取一定数量的原状土进行试验分析。地基土在夯前、夯后的物理力学指标对比见表3-2所示。

夯前夯后地基土体物理力学指标比较　表3-2

地基土编号		取土高程(m)		天然重度($kN\cdot m^{-3}$)		干重度($kN\cdot m^{-3}$)		孔隙比		压缩模量(MPa)	
夯前	夯后	夯前	夯后	夯前	夯后	夯前	夯后	夯前	夯后	夯前	夯后
zk8-y1	zk1-y1	7.85	6.35	18.7	20.1	15.3	16.8	0.97	0.82	5.05	5.68
zk31-y1	zk3-y1	7.93	6.53	16.9	19.4	13.6	15.7	0.75	0.69	4.02	4.74
zk18-y1	zk5-y2	8.14	6.66	16.9	18.7	13.6	15.5	0.97	0.72	4.98	5.68
zk33-y1	zk7-y2	7.88	6.35	18.2	20.1	14.8	16.8	0.82	0.59	4.56	4.95
zk46-y1	zk9-y1	8.22	6.72	17.9	19.7	13.9	15.9	0.93	0.68	4.02	4.67

强夯前后土体物理力学参数比较表明，夯后土体干密度比夯前明显增大，土体孔隙比比夯前显著减小，压缩模量E_S值比夯前明显增大，各项指标达到了设计要求，采用强夯加固效果明显，满足设计要求。

3.3　挤密砂石桩法

3.3.1　加固机理和适用范围

通过在地基中设置砂石桩（也包括设置只由碎石组成的碎石桩和只由砂组成的砂桩），并在地基中设置桩体过程中对桩间土进行挤密，形成挤密砂石桩复合地基，以达到提高地基承载力，减小沉降目的的一类地基处理方法，统称为挤密砂石桩法（包括挤密碎石桩法和挤密砂桩法）。

在地基中设置挤密砂石桩最常用的方法有振冲法和振动沉管法两种。采用振冲法施工通常采用碎石填料，形成振冲挤密碎石桩复合地基；采用振动沉管法施工既可采用碎石填料形成振动挤密碎石桩复合地基，也可采用砂石填料形成振动挤密砂石桩复合地基。采用振动沉管法施工时若采用砂作为填料，则形成挤密砂桩复合地基。

挤密砂石桩法常用于处理砂土、粉土和杂填土地基。在桩体设置过程中，桩间土体被有效振密、挤密。挤密砂石桩复合地基具有承载力提高幅度大、沉降小的优点。

这里顺便分析挤密砂石桩和置换砂石桩的区别。在饱和软黏土地基中无论采用振冲法设置碎石桩，还是采用振动沉管法设置砂石桩桩体，在桩体设置过程中，桩间土体不能被有效压密。因此，在饱和软黏土地基中设置砂石桩主要是置换作用，所以称为置换砂石桩。饱和软黏土地基中的置换碎石桩，由于桩周土体不能提供较大的约束力，所以碎石桩单桩承载力较低；由于桩间土不能得到有效压密，桩间土承载力也得不到提高。有时由于在桩体设置过程中施工扰动，桩间土承载力还可能降低。因此在饱和软黏土地基中采用置换碎石桩复合地基，地基承载力提高幅度不大。而且在荷载作用下，碎石桩是良好的竖向排水体，复合地基中的桩间土体将产生固结沉降，造成复合地基工后沉降大，而且沉降历时较长。近年来置换砂石桩复合地基在地基处理工程中已很少使用。与置换砂石桩复合地基不同，挤密砂石桩复合地基中的桩间土能提供较大的侧限力，因此碎石桩单桩承载力较高；而且在施工过程中挤密了桩间土，桩间土也有较高的承载力。挤密砂石桩复合地基承载力提高幅度大，复合模量高，而且抗液化能力强，因此具有很好的加固效果。

3.3.2 设计

采用挤密砂石桩法加固地基设计内容包括施工方法的选用，桩长、桩径、复合地基置换率、加固范围和桩位布置的确定，地基沉降计算以及质量检验方法等。

1. 施工方法的选用

在地基中设置砂石桩可采用多种方法，如振冲法、振动沉管法等。可根据工程地质条件、施工设备条件、拟采用的桩径、桩长，并根据经济指标分析决定选用施工方法。

2. 桩长

主要根据工程地质条件确定，应让砂石桩穿过主要软弱土层，以满足控制沉降要求。对可液化地基，应满足抗液化设计要求。挤密砂石桩桩长不宜小于4.0m。

3. 复合地基置换率设计

可根据经验进行挤密砂石桩复合地基初步设计，然后通过现场试验提供设计参数，包括砂石桩桩径、单桩承载力和桩间土地基承载力等。根据现场试验提供的设计参数，修改完善设计。

复合地基置换率 m 表达式为：

$$m=\frac{p_{cf}+\lambda p_{sf}}{p_{pf}+\lambda p_{sf}} \tag{3-3}$$

式中 p_{cf}——工程要求复合地基极限承载力（kPa）；

p_{pf}——砂石桩单桩极限承载力（kPa），可根据经验公式估计，再通过现场试验测定；

p_{sf}——桩间土地基极限承载力（kPa），可根据经验公式估计，再通过现场试验测定；

λ——桩间土地基承载力修正系数，根据工程地质条件以及施工工艺确定。

4. 加固范围和桩位布置

挤密砂石桩处理范围宜在基础外缘扩大1～3排桩。对可液化地基，在基础外缘扩大宽度不小于可液化土层厚度的1/2，并应不小于5m。

桩位布置一般可采用三角形布置或正方形布置。

5. 垫层

挤密砂石桩法加固地基宜在桩顶铺设一砂石垫层，一般可取300～500mm厚。

6. 沉降计算

挤密砂石桩复合地基沉降可采用分层总和法计算。挤密砂石桩加固范围内复合土体压缩模量 E_c 可采用下式计算：

$$E_c = mE_p + (1-m)E_s \tag{3-4}$$

式中 E_p——砂石桩体压缩模量；

E_s——挤压后桩间土压缩模量，可由原位试验测定；

m——复合地基置换率。

若计算沉降不能满足要求，一般宜增加桩长，以减小沉降量。

7. 质量检验方法

挤密砂石桩复合地基一般要求通过复合地基载荷试验确定地基承载力。

砂石桩质量检验方法与采用的施工方法有关，将在施工部分介绍。

3.3.3 施工及质量检验

挤密砂石桩施工方法主要有振冲法和振动沉管法。近年发展的一些新方法也可用于设置挤密砂石桩，如柱锤冲扩桩法、各种孔内夯扩法。柱锤冲扩桩法采用柱锤冲击成孔，回填砂石，边填边夯，则可在地基中设置挤密砂石桩。该法在华北地区得到较多应用，加固深度一般小于6m。孔内夯扩法是通过在孔内，将回填砂石桩体进行夯扩，达到振密、挤密地基的一类地基处理方法的总称。孔内夯扩法将在3.5节专门介绍。这里只介绍振冲法和振动沉管法。

1. 振冲法

（1）原理和适用土质

振冲密实法对砂层的加固作用来源于两方面，一是由振冲器的强力振动使饱和砂层发生液化，砂颗粒重新排列，孔隙减少，二是振冲器的水平振动力以及回填料对砂层产生挤压加密。

适用振冲法处理的土质为：小于0.005mm的黏粒含量不超过10%的粗砂、中砂地基。若砂土黏粒含量大于30%，挤密效果会明显降低。图3-6给出了适用于振冲挤密的砂土颗粒级配范围，可分为A、B、C三个区，其中B区砂土挤密效果最好；若砂土级配曲线全部位于C区，不推荐采用振冲密实法进行处理；若级配曲线主要部分位于B区，小部分位于C区，可考虑用振冲挤密法加固；级配曲线位于A区的砾砂、密实砂、胶结砂，将大大降低振冲器的贯入速率，

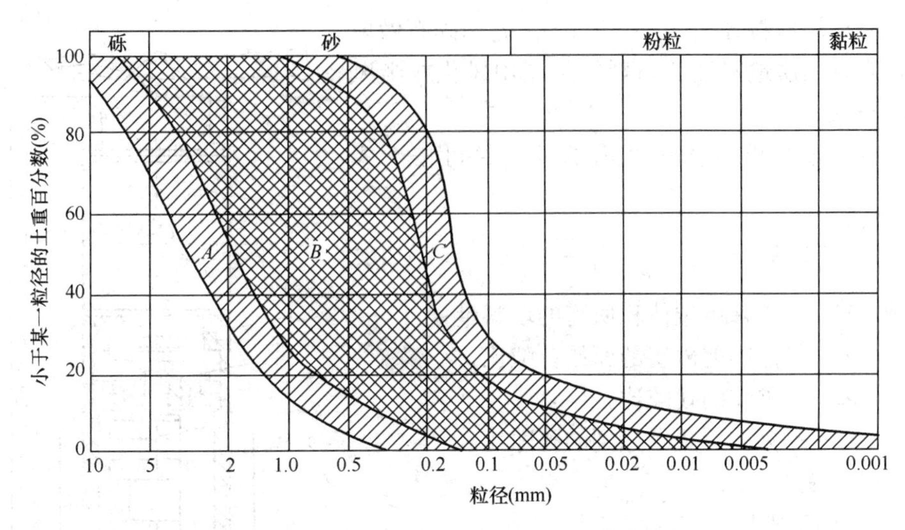

图 3-6　适用于振冲密实的颗粒级配曲线范围

对振冲密实法的经济性具有不利影响。另外，若砂层中夹有黏土薄层或有机质含量较高，振冲挤密效果将降低。

（2）孔位布置和间距

振冲孔位布置常用等边三角形或正方形两种，对大面积挤密处理，用等边三角形布置比正方形布置可以得到更好的挤密效果。

振冲孔位间距根据砂土颗粒组成、密实要求、振冲器功率确定。砂的粒径越细，密实要求越高，孔位间距越小。对于大面积砂层挤密处理时，振冲孔间距可用下式估算：

$$d = \alpha\sqrt{V_{\mathrm{P}}/V} \tag{3-5}$$

式中　d——振冲孔间距（m）；

α——系数，正方形布置为 1，等边三角形布置为 1.075；

V_{P}——单位桩长的平均填料量，一般为 0.3～0.5m^3；

V——原地基为达到规定密实度单位体积所需的填料量，可按式（3-6）计算。

（3）振冲器和填料选择

振冲法施工采用的振冲器可根据工程地质条件、设计桩长、桩径等情况选用不同功率的振冲器。振冲器常用型号有 30kW、55kW、75kW 等。

填料一方面可填充振冲器上提后在砂层中可能留下的孔洞，另一方面对砂层产生挤压加密。对于中粗砂，振冲器上提后孔壁极易塌落自行填满下方的孔洞，可以不加填料就地振密，而对粉细砂，宜加填料才能获得较好振密效果。桩体填料可采用粗砂、砾石、碎石、矿渣等，填料粒径视选用振冲器不同而异。常用填料粒径选用范围为：采用 30kW 振冲器施工时，一般采用填料粒径为 20～80mm；采用 55kW 振冲器施工时，填料粒径为 30～100mm；采用 75kW 振冲器施工时，填料粒径为40～150mm。若用碎石做填料，宜选用质地坚硬的石料，不能用风化或半风化的石料。

砂土地基单位体积所需的填料量可按下式计算：

$$V=\frac{(1+e_{\mathrm{P}})(e_0-e_1)}{(1+e_0)(1+e_1)} \tag{3-6}$$

式中 V——砂基单位体积所需的填料量；

e_0——振冲前砂层的原始孔隙比；

e_{p}——桩体的孔隙比；

e_1——振冲后要求达到的孔隙比。

（4）施工工艺

1）施工机具

振冲法施工主要机具有振冲器、吊机和水泵。振冲器的构造见图3-7。

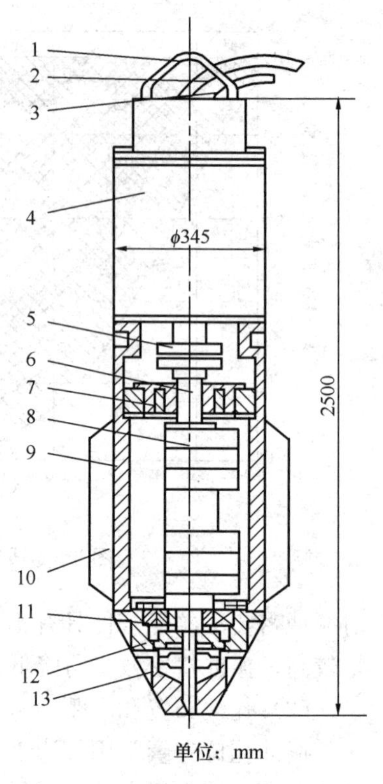

图3-7 振冲器构造示意图

1—吊具；2—水管；3—电缆；4—电机；5—联轴器；6—轴；7—轴承；8—偏心块；9—壳体；10—翅片；11—轴承；12—头部；13—水管

2）正式施工前的现场实验

现场试验目的是确定正式施工时采用的施工参数，如振冲孔间距、造孔制桩时间、控制电流、填料量等。

3）振密施工

对粉细砂地基，宜采用加填料的振密工艺；对中粗砂地基可用不加填料就地振密的方法。在粉细砂层中振冲，造孔时水压和水量都不必很大。水压一般采用400～600kPa，供水量一般采用200～400L/min。在疏松粉细砂层中造孔比较容易，一般不会发生塌孔；通常控制造孔速率约每分钟1～2m，使孔周砂土有足够的振密时间。在施工过程中应根据具体情况及时调节水压和水量。孔底达设计深度后，将水压和水量减少至维持孔口有一定量回水但没有大量细颗粒带走。

采用振冲法在地基中设置碎石桩步骤如图3-8所示，具体如下：

①清理平整施工现场，布置桩位；

②施工机具就位，将振冲器对准桩位，升降振冲器的机械可用起重机、自行井架式施工平车或其他设备；

③启动供水泵和振冲器，将振冲器徐徐沉入地基土中，直到设计深度；

④分层填料，每次填料厚度不宜大于0.5m，利用振冲器进行振密制桩，当电流达到规定的密实电流和达到规定的留振时间后，将振冲器提升30～50cm，然后重复制桩直至桩顶；

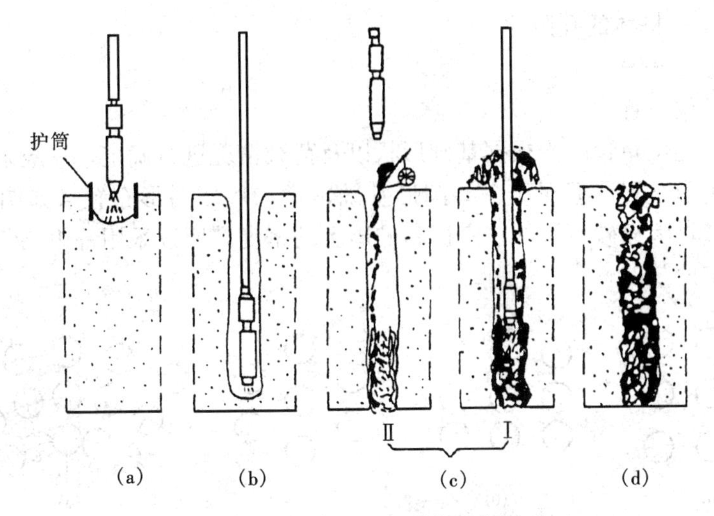

图 3-8 振冲法施工顺序示意图

(a) 定桩位；(b) 造孔；(c) 填料和振实制桩；(d) 制桩完毕

⑤关闭振冲器和水泵，移位至下一个桩位。

其中填料有连续下料法和间断下料法两种，前者造孔后不提出振冲器，在孔口直接投料，依靠振冲器的水平振动力将填料挤入周围土中；后者造孔后将振冲器提出孔口，往孔内倒入一批填料，再将振冲器下降至孔底进行振密。连续下料法制成的桩体的密实度较均匀，而间断下料法的施工速率较快。每次加填料不宜超过 1～2m 桩长的设计用料量，且在整个制桩过程中，应保证均匀供料。

(5) 效果检验

砂土密实效果的检验，通常采用标准贯入试验、动力触探试验或旁（横）压试验间接推求砂层的密实程度，也可用现场开挖取样，直接测定和计算挤密后砂层的重度、孔隙比、相对密度等指标。振冲碎石桩的质量检验可采用单桩载荷试验和碎石桩复合地基载荷试验。

大面积砂土地基经振冲挤密后的平均孔隙比可按下式估算：

$$e' = \frac{\zeta d^2(H \pm h)}{\frac{\zeta d^2 H}{1+e_0} + \frac{V_p}{1+e_p}} - 1 \tag{3-7}$$

式中 e'——砂层挤密后的平均孔隙比；

ζ—— 面积系数，正方形布置时为 1，等边三角形布置时为 0.866；

d——振冲孔间距；

H——砂层厚度；

h——振密后地面隆起量（取“+”号）或下沉量（取“−”号）；

V_p——每根振冲桩的填料量；

e_0——砂层的原有孔隙比；

e_p ——桩体的孔隙比。

2. 振动沉管法

(1) 桩位布置

砂石桩孔位布置应当根据基础形状以及荷载情况进行确定，一般采用正方形或等边三角形布置，但对于一些圆形基础常常采用放射形布置（如图 3-9）。对于砂土地基，因靠砂石桩的挤密提高桩周土的密度，所以采用等边三角形更有利于均匀挤密地基。

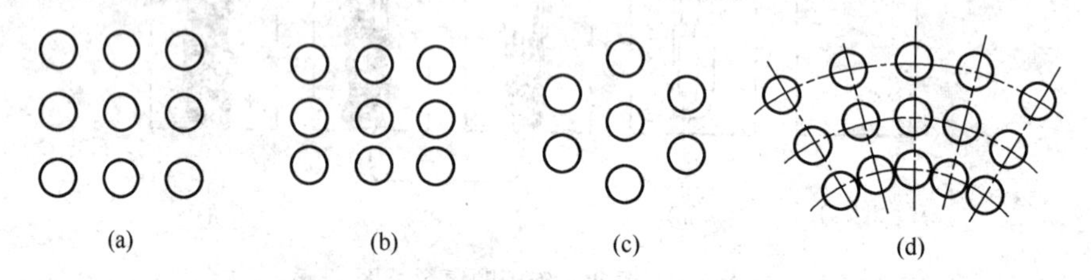

图 3-9　桩位布置

(a) 正方形；(b) 矩形；(c) 等边三角形；(d) 放射形

(2) 桩长和桩径

砂石桩桩长可根据工程地质条件和具体工程要求通过计算确定：

1) 当松软土层厚度不大时，砂石桩桩长宜穿过松软土层；

2) 当松软土层厚度较大时，对按稳定性控制的工程，砂石桩桩长应不小于最危险滑动面以下 2m 的深度；对按变形控制的工程，砂石桩桩长应满足处理后地基变形量不超过建筑物的地基变形允许值并满足软弱下卧层承载力的要求；

3) 对可液化的地基，砂石桩桩长应当在 15m（天然地基）以内，并穿透可液化地基；

4) 砂石桩的单桩载荷试验表明，在桩顶 4 倍桩径范围内将发生侧向膨胀，因此桩长一般不宜小于 4m。

采用振动沉管法成桩时，砂石桩直径一般为 0.3～0.8m。小直径桩管挤密质量较均匀但施工效率低；大直径桩管需要较大的机械能力，工效高，但过大的桩径使每根桩要承担的挤密面积大，通过一个孔要填入的填料多，不易使桩周土挤密均匀。

(3) 填料选择

桩体材料可用碎石、卵石、角砾、圆砾、砾砂、粗砂、中砂或石屑等硬质材料，含泥量不得大于 5%，填料最大粒径不宜大于 50mm。材料在桩孔内的填料量应通过现场试验确定，估算时可按设计桩孔体积乘以充盈系数确定，可取 1.2～1.4。如施工时地面有下沉或隆起现象，则填料数量应根据现场具体情况予以增减。

(4) 桩距设计

首先根据工程对地基加固的要求（如提高地基承载力、减少变形或抗地震液化等），确定要求达到的密实度和孔隙比，并考虑桩位布置形式和桩径大小，计算桩的间距。对粉土和砂土地基，桩距不宜大于砂石桩直径的4.5倍。在初步设计时，砂石桩的间距s可按如下公式计算：

正方形布置

$$s = 0.89d\sqrt{\frac{1+e_0}{e_0-e_1}} \tag{3-8}$$

等边三角形布置

$$s = 0.95d\sqrt{\frac{1+e_0}{e_0-e_1}} \tag{3-9}$$

式中 d——砂石桩直径（m）；

e_0——处理前土的孔隙比；

e_1——挤密处理后土的孔隙比。

假定在松散砂土中打入砂石桩或砂桩能起到100%的挤密效果，亦即成桩过程中地面没有隆起或下沉现象，被加固的砂土没有流失，有则e_1与m（桩的面积与被处理的地基土面积之比）的关系为：

$$\frac{1+e_1}{1+e_0} = 1-m \tag{3-10}$$

式中 m——置换率，$m=A_p/A$；

A_p——砂石桩的截面面积；

A——单桩承担的处理面积。

以上公式是假设地面标高在施工前后没有变化得出的。实际上，很多工程都采用振动沉管法施工，对砂土和粉土地基有振密和挤密双重作用，施工后地面下沉量可达100～300mm。因此，有必要通过一个修正系数来考虑施工过程中的振密作用，这样上述根据式（3-8）和式（3-9）计算结果可通过ξ修正，当考虑振动下沉密实作用时，ξ取1.1～1.2；不考虑振动下沉密实作用时，ξ取1.0。

（5）沉管施工采用振动沉管法在地基中设置挤密砂石桩步骤

首先利用振动桩锤将桩管振动沉入到地基中的设计深度，在沉管过程中对桩间土体产生挤压。然后向管内投入砂石料，边振动边提升桩管，直至拔出地面。通过沉管振动使填入砂石料密实，在地基中形成砂石桩，并挤密振密桩间土。采用振动沉管法在地基中设置砂石桩的施工顺序示意图如图3-10所示。

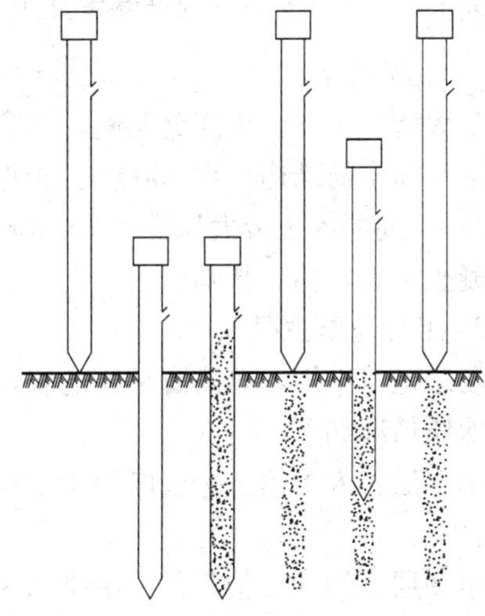

图3-10 振动沉管法施工顺序示意图

振动沉管法施工主要设备有振动沉拔桩机、下端装有活瓣桩靴的桩管和加料设备。桩管直径可根据桩径选择，一般规格为325mm、375mm、425mm、525mm等。桩管长度一般要大于设计桩长1～2m。

振动沉管挤密砂石桩施工步骤如下：

1）清理平整现场，布置桩位。

2）振动沉管机具就位，桩管垂直对准桩位。

3）启动振动桩锤，将下端装有活瓣桩靴的桩管振动沉入地基中，达到设计深度。

4）从桩管上端的投料漏斗加入砂石料（挤密砂桩，加砂料；挤密碎石桩，加碎石料；挤密砂石桩，加砂石料），为保证顺利下料到桩管中，可加适量水。

5）边振动边拔管直到桩管拔出地面。

对逐步拔管法，当桩管沉入到设计深度后，一次投料。然后连续边振边拔，直至拔出地面。对重复压拔管法，当桩管沉入到设计深度，分几次投料。每投一次料，连续边振边拔一段高度后，再边振边向下压管，下压高度、时间由设计或试验确定。然后再投一次料，接着边振边拔一段高度后，再边振边向下压管。这样重复施工直至到地面。

6）移动桩机至下一桩位。

（6）质量检验

振动沉管挤密砂石桩施工质量检验同振冲法施工质量检验，可采用单桩载荷试验和复合地基载荷试验确定地基承载力。对桩体质量可采用动力触探试验检测，对桩间土可采用标准贯入、静力触探等原位测试方法检测。

3.3.4 工程实例（根据参考文献［23］编写）

1. 工程概况

某大厦位于烟台长江路北侧，总高为21层，大厦高度为72.6m。主楼为钢筋混凝土筒中筒结构，重25000t。箱形基础，箱基底面积为25m×40m，箱基埋深7.3m，局部入土最大深度为10.16m。主楼左、右侧紧连裙楼，裙楼为二层钢筋混凝土框架，独立基础。

2. 工程地质情况

场地地势平坦，属滨海平原地貌。场地回填部分标高为海拔4.10～4.40m，工程地质情况如下：

第1层：人工填土。层厚约1.8～2.5m，其下分布有20～30cm厚的原耕植土层。

第2层：细砂。灰黄色，层厚0.9～2.10m，湿-饱和，松散-稍密。

第3层：粉土。深灰-黑灰色，层厚4.0～7.0m，含有机质及云母，局部夹细砂层，饱和，软塑-流塑状态。

第4层：细砂。灰色，层厚0.8～2.9m，长石-石英质，含云母，颗粒不均，饱和，稍密-松散。

第5层：粉土。灰绿色，层厚1.30～3.50m，混砂，局部地段含少量氯化铁，局部地段与灰绿色细砂成互层状，饱和、可塑。

第6层：粉质黏土。黄褐色，层厚4.50～6.40m，含氧化铁及云母，饱和，软塑-流塑。

第7层：粉土。褐黄色，含氧化铁及云母，局部地段夹砂层，饱和，可塑。

第8层：粉质黏土。黄褐-褐黄色，层厚2.3～5.9m，含氧化铁及云母，夹粉土薄层，饱和，可塑，层底标高−23.4m。

第9层：中砂。黄褐色，层厚0.8～2.4m，长石-石英质，粗粒不均，饱和，密实，层底标高−24.5m。

第10层：砾砂。黄褐色，层厚2.2～4.20m，长石-石英质，粗粒不均，混卵石，饱和，密实，层底标高−28.87～29.91m。

第11层：卵石。主要由石英砂岩组成，亚圆形，一般粒径30～60mm。最大粒径大于100mm，充填砂，饱和，密实，层厚大于16.3m。

各土层的物理力学性质指标见表3-3。

各土层物理力学性质指标 **表3-3**

土层	土层名称	w (%)	e	w_L (%)	I_p	I_L	$a_{1\sim2}$ ($10^{-2}kPa^{-1}$)	E_{s1-2} (10^2kPa)	c (10^2kPa)	φ (°)	K (cm/s)	f_k (kPa)
1	新填土											—
2	细砂											120
3	含淤泥质粉土	28	0.787	27	7.8	0.96	0.022	60	0.09		9.8×10^{-8}	100
4	细砂											140
5	粉土	21	0.615	23	7.6	0.77	0.030	65	0.27	24.7	7.9×10^{-8}	180
6	粉质黏土	29	0.811	30	12.7	0.93	0.028	55	0.31	17.4	1.8×10^{-8}	150
7	粉土	25	0.690	26	6.4	0.89	0.004	120	0.12	33.7		250
8	粉质黏土	23	0.649	28	11.8	0.61	0.015	80	0.42	26.3		180
9	中砂											300
10	砾砂											400
11	卵石											500

勘察场地内地下水位距地表－2.6m，属于潜水类型。根据国家地震区划，工程场地为7度地震烈度区，厚度15m范围内第3层粉土土质不均，黏粒含量为6%～13%，平均为9.1%，标贯击数$N_{63.5}$=2～10击，平均5击，在7度地震烈度下，属于中等液化土层。第4层细砂标贯击数平均11击，结合静力触探结果综合分析，该层可按非液化层考虑；第5层粉土黏粒含量介于10%～15%之间，平均12%，标贯击数4～15击，平均6.5击，属非液化土层。

3. 振冲碎石桩复合地基设计

这里只介绍主楼振冲碎石桩复合地基设计。

（1）复合地基承载力设计

主楼及箱基荷重：250000kN（原设计20层时荷载）；

箱基底板尺寸：25.5m×40.5m；

基底压力：242kPa；

在风载及地震荷载下箱基最大和最小压力：P_{max}=320kPa，P_{min}=180kPa。

箱基底板整体弯曲弯矩：M_g=285440kN·m。

因工程急于开工，不容许先做试验后进行布桩设计。经协商同意后，先凭经验进行设计，在振冲碎石桩施工期间进行振冲碎石桩复合地基加固效果测试。若第3层含淤泥质粉土在振冲施工后测试复合地基承载力达不到242kPa时，可考虑主楼作减荷措施，但要求振冲碎石桩复合地基承载力$p_{sp,k}$不得低于220kPa。

根据工程地质情况，确定对第3、4、5、6层土进行处理。其中第3层含淤泥质粉土抗剪强度低，压缩性最大，而且是7度地震可发生中等液化危害的软弱层。若以此层进行布桩设计，则其余各层均可满足要求。

参照同类地质条件下振冲碎石桩复合地基已有测试参数，振冲后第3层桩间土承载力取f_{sk}=120kPa，振冲碎石桩承载力取f_{pk}=120kPa。现设计要求复合地基承载力$f_{sp,k}$=120kPa，则振冲碎石桩复合地基置换率m为：

$$m=\frac{f_{sp,k}-f_{sk}}{f_{pk}-f_{sk}}=0.433$$

考虑到国内首次在深厚软弱地基上采用振冲碎石桩复合地基上建造20层高层建筑，实践经验不足，为增大安全度和施工方便，采用正方形布桩，以四角桩中心距为1.5m×1.5m，并在形心中点增布一桩为加固单元。按碎石桩直径Φ=80cm计算，得复合地基置换率m=0.444。

布桩范围：主楼的东、西侧紧靠裙楼，裙楼基础下也布有振冲碎石桩，不需布置箱基外围护桩；主楼南侧、北侧外围均布置三排围护桩。主楼地基振冲碎石桩施工前，预先挖除地面土层厚度为2.0m的土层形成基坑，由坑底起算，主楼碎石桩设计桩长16.5m，进入第7层土层顶。考虑施工地面隆起影响，要求施工桩长17.0m，局部桩长为10.0m。箱基基坑开挖后，有效桩长12.0m，局部为6.0m，主楼区共布桩1085根，计振冲碎石桩总长为17652m。按布桩单元尺寸在箱基范围满堂布桩，并在箱基底板下铺 30cm 厚夯实碎石垫层。

(2) 复合地基沉降量计算

振冲碎石桩复合地基沉降量用分层总和法计算，振冲施工后地基压缩层深度内土体压缩模量当量值取 $\overline{E}_s=16.8\text{MPa}$，振冲碎石桩复合地基最终沉降量为：

$$S=\varphi_c \Sigma S_i=9.10\text{cm}$$

满足地基变形要求。

(3) 排水通道的设计

考虑箱基下被压缩土层在楼体荷载作用下的排水固结，以及地震发生时地基中超静孔隙水压的消散，在箱基下全面设置了厚 30cm 的干铺碎石排水层，排水层直通主楼外侧布置的 4 个 3m×3m 的直通地面的碎石排水井。

4. 振冲碎石桩复合地基测试

在西裙房西北部振冲碎石桩施工 15 天后，进行 1 号振冲碎石桩复合地基静载测试。静载压板面积 1.5m×1.5m。测试时开挖面积为 8m×5m、深 2.5m 的试坑，在地下水位以下 0.5m。因试坑渗水量较大，采取在试坑角部挖积水坑，人工边淘水边试压。载荷板下第 2 层细砂层厚 0.82m，以下为第 3 层含淤泥质粉土层，层厚 6.8m。实测载荷板下四根角桩桩径 $\Phi=0.75\text{m}$，中心桩桩径 $\Phi=0.65\text{m}$，压板下置换率为 $m=0.344$。试压加载到第 10 级，板压为 500kPa 时，压板总沉降量 9.62cm，但压板沉降仍能稳定。第 5 级载荷板压 250kPa 时，沉降量 2.92cm。取 $s/b=0.02$，复合地基承载力基本值已满足 250kPa 设计要求。

主楼地基振冲碎石桩施工结束后即开始箱基范围轻型井点分组降水，边降水边开挖。开挖到箱基基底标高后，在主楼箱基础坑内东南部任选一振冲碎石桩加固单元为 2 号静载试压点。2 号静载试压仍做 1.5m×1.5m 复合地基静载测试，压板标高距自然地面−6.2m。压板下为第 3 层粉淤泥质粉土层厚 0.6m，其下为第 4 层为细砂层，厚 2.4m。实测压板所压四角振冲桩桩径为 $\Phi=0.8\text{m}$，中心桩桩径 $\Phi=0.60\text{m}$，置换率为 $m=0.348$。试压加载到第 10 级，板压为 500kPa 时，压板总沉降 2.72cm。取 $S/b=0.01$，则复合地基承载力基本值为 350kPa，满足设计 250kPa 要求。

对桩间土做了静力触探试验，对振冲碎石桩桩体做了重（Ⅱ）型动力触探试验。

大厦主楼沉降观测情况如下：

1989 年 6 月初，大厦主楼箱基及地下室钢筋混凝土浇筑完毕后即开始进行主楼箱基沉降观测。初始沉降比较大，建筑完 2 层筒体时，箱基沉降总量约 1.4cm。以后沉降很小。逐层浇筑直到浇完第 11 层，箱基沉降仍无明显增量。在此情况下建设单位决定在主楼增建一层标准层，即原设计主楼总高 20 层增为 21 层。1989 年 12 月，主楼主筒 21 层建筑完毕，重量约 20300t。此时箱基总沉降量为 2.63cm。1991 年 8 月，工贸大厦全部装修竣工，箱基总沉降量 4.47cm。

投入使用后箱基底压力达到250kPa。经过五年时间观测，从1990年8月主楼装修完毕后，振冲碎石桩复合地基的沉降即告稳定。其后经过四年多时间的观测，几乎没有沉降增量。

3.4　土桩、灰土桩和夯实水泥土桩法

3.4.1　加固机理和适用范围

采用挤土成孔或非挤土成孔方式在地基中成孔，然后分层回填填料，逐层夯实成桩。根据回填填料不同，分别称为土桩、灰土桩和夯实水泥土桩法。用土回填称为土桩法，用石灰拌土制备成的灰土回填称为灰土桩法，用水泥拌土制备成的水泥土回填称为夯实水泥土桩法，用粉碎后的建筑垃圾加水泥和土回填称为渣土桩等。在夯击回填料成桩过程中不仅夯实了桩体，而且挤密了桩间土，达到地基加固的目的。

土桩、灰土桩和夯实水泥土桩法适用于处理地下水位以上的素填土、杂填土、黏性土以及湿陷性黄土等地基。当处理以消除地基土湿陷性为主要目的时宜采用土桩挤密法。当处理以提高地基承载力或增强其水稳性为主要目的时，宜采用灰土挤密桩法和水泥土桩法。当地基土含水量大于24%，饱和度大于65%时，不宜选用土桩、灰土桩法和夯实水泥土桩法。

3.4.2　设计

加固地基的目的不同，设计方法也不同。加固地基的目的主要是消除湿陷性黄土地基的湿陷性，还是主要提高地基承载力、减小沉降，两者的地基处理的设计思路是不同的。下面分别加以叙述。

1. 主要用于消除地基湿陷性的挤密土桩地基设计

主要用于消除地基湿陷性时多采用挤密土桩加固，有时也可采用灰土挤密桩法。设计内容包括施工方法和填料的选用，确定桩径和桩长、处理范围、桩位布置和桩距的确定以及地基沉降计算。

（1）施工方法选用

根据工程地质和施工设备条件选用施工方法，如采用沉管法、爆破法、冲击法等。沉管法、爆破法、冲击法等施工方法介绍见3.4.3施工部分。

（2）确定桩径和桩长

采用桩孔直径要合理。桩孔直径过小，则桩数增加，工作量增大；采用桩孔直径过大，相应桩间距增大，则可能造成不能有效挤密桩间土，消除湿陷性效果欠佳。目前，我国土桩、灰土桩桩孔直径一般选用300～450mm。

桩长选用可按下述原则：对非自重湿陷性地基，桩长一般要求至地基压缩层

下限，或穿过附加压力与土自重压力之和大于湿陷起始压力的全部土层；对自重湿陷性黄土地基，桩长要求至非湿陷性土层顶面。

桩长还应满足沉降量控制要求。

通常土桩、灰土桩的处理深度为6～15m。若只要求处理厚度5m以内土层，采用挤密桩加固综合效果不如采用强夯法、重锤夯实法以及换土填层法加固综合效果好；而当加固土层大于15m时受成孔设备条件限制，很少采用挤密桩加固，而往往采用其他方法加固。

（3）处理范围

加固范围按下述原则确定：对非自重湿陷性黄土地基，加固范围每边超出基础宽度不小于0.25b（b为基础短边宽度），并不应小于0.5m；对自重湿陷性黄土地基，每边超出基础宽度不应小于0.75b，并不小于1.0m。

局部处理时通常不考虑防渗隔水作用。整片处理时通常要求具有防渗隔水作用，每边超出建筑物外墙基础处缘的处理宽度应大于基础局部处理宽度，通常按压力扩散角或按处理土层厚度的1/2确定，并不应小于2m。这样可防止水从处理与未处理土层的交界面渗入地基，提高整片处理地基的加固效果。

（4）桩位布置和桩距设计

为使桩间土得到均匀挤密，桩位应尽量按等边三角形布置。有时为了适应基础尺寸，合理减少桩孔排数和孔数，也可采用正方形和矩形排列方式。

桩距应通过试验或计算确定，一般为桩径的2.0～2.5倍。土桩和灰土桩的挤密效果与桩距有关，常用平均挤密系数$\bar{\eta}_c$表示桩间土的挤密程度。平均挤密系数$\bar{\eta}_c$按下式计算：

$$\bar{\eta}_c=\frac{\bar{\rho}_{d1}}{\bar{\rho}_{dmax}} \tag{3-11}$$

式中 $\bar{\rho}_{d1}$——成孔挤密深度内，桩间土的平均干密度（t/m^3）；

$\bar{\rho}_{dmax}$——桩间土最大干密度（t/m^3），通过击实试验确定。

为消除黄土的湿陷性，对重要工程采用挤密桩处理后的桩间土平均挤密系数$\bar{\eta}_c$不宜小于0.93；一般工程不应小于0.90。

当等边三角形排列桩孔时，桩间距可按下式计算：

$$s=095d\sqrt{\frac{\bar{\eta}_c\rho_{dmax}}{\bar{\eta}_c\rho_{dmax}-\bar{\rho}_d}} \tag{3-12}$$

式中 s——桩孔间距（m）；

d——桩孔直径（m）；

$\bar{\eta}_c$——桩间土成孔挤密后平均挤密系数，对重要工程不宜小于0.93；一般工程不应小于0.90；

ρ_{dmax}——桩间土最大干密度（t/m^3），通过击实试验确定；

$\bar{\rho}_d$——地基挤密前土的平均干密度（t/m^3）。

（5）桩孔填料选用

填料选用应首先保证工程要求，确保桩孔填料夯实质量，然后尽量利用地方材料，以节省工程投资。通常要求控制桩孔填料以保证夯实后桩体平均压实系数$\bar{\lambda}_c \geqslant 0.96$。

土桩填料多选用与桩间土性质相近，就近挖运的黄土类土。灰土桩填料多采用石灰与土的体积配合比为2∶8灰土，或体积配合比为3∶7灰土，也可采用水泥和土的混合填料。

（6）沉降计算

挤密桩地基沉降计算可采用分层总和法计算。加固区压缩模量可采用复合压缩模量，复合压缩模量计算式为：

$$E_c = E_p m + (1 - m) E_s \tag{3-13}$$

式中　E_c——加固区复合压缩模量；

E_p——桩体压缩模量；

E_s——桩间土压缩模量；

m——挤密桩复合地基置换率。

若沉降不能满足设计要求，应增加桩长直至满足设计要求。

2. 主要应用于提高地基承载力，减小沉降的灰土桩、水泥土桩加固设计

主要应用于提高地基承载力和减小沉降时，多采用灰土桩法、夯实水泥土桩法加固地基。设计内容包括施工方法和填料选用、确定桩长和桩径、处理范围、桩位布置和复合地基置换率，以及进行沉降计算。

（1）施工方法选用

根据工程地质条件和施工设备可采用沉管法、爆破法、冲击法、人工挖孔法等。其施工方法详见3.4.3施工部分。

（2）确定桩孔直径和桩长

桩孔直径主要取决于设计要求的施工方法，一般可取300～600mm。

桩长应根据工程地质条件和工程要求综合考虑。一般应穿透软弱土层或由沉降控制确定。

（3）复合地基置换率

根据复合地基承载力要求，确定复合地基置换率为：

$$m = \frac{p_{cf} + \lambda p_{sf}}{p_{pf} + \lambda p_{sf}} \tag{3-14}$$

式中　p_{cf}——复合地基极限承载力，kPa；

p_{sf}——桩间土极限承载力，kPa，可通过载荷试验测定；

p_{pf}——灰土桩或水泥土桩极限承载力，kPa，可通过载荷试验测定；

λ——桩间土强度发挥度。

确定复合地基置换率后可根据桩径确定计算桩数。

(4) 确定加固范围和桩位布置

采用灰土桩和夯实水泥土桩加固地基有效范围一般可在基础范围之内。桩位布置可采用等边三角形布置或正方形布置，也可采用矩形布置。根据基础实际情况和计算桩数，确定实际用桩数。

(5) 沉降计算

同上小节沉降计算介绍。沉降计算方法可采用分层总和法计算，加固区模量采用复合压缩模量。

3.4.3 施工

土桩、灰土桩和夯实水泥土桩施工主要分两部分，一是成孔，二是回填夯实。

1. 成孔

成孔方法分二类，一类是挤土成孔，一类是非挤土成孔。

挤土成孔施工方法有：沉管法、爆扩法和冲击法。

在工程中土桩、灰土桩和夯实水泥土桩施工最常用的是沉管法。沉管法成孔是利用振动沉桩机将带有通气桩尖的钢制桩管沉入地基土中直至设计深度，然后慢慢拔出桩管，形成桩孔。沉管法成孔挤密效果稳定，孔壁光滑，质量容易保证。沉管法施工程序示意图如图 3-11 所示。主要程序为：(1) 桩管就位；(2) 沉管挤土；(3) 拔管成孔；(4) 桩体夯填。沉管法施工深度一般为 7～9m，最近几年也有成孔深度达 14～17m 的施工机械。

爆扩法成孔是将一定量的炸药埋入地基土中引爆后挤压成孔。爆扩法常用的施工工艺有药眼法和药管法。

药眼法是将 ϕ18～35 的钢钎打入土中预定深度，拔出钢钎后形成孔眼（称为药眼），然后直接装入安全炸药和电雷管，引爆后药眼即扩大成具有较大直径的孔。该法不适用地基土体含水量超过 22%左右的地基。

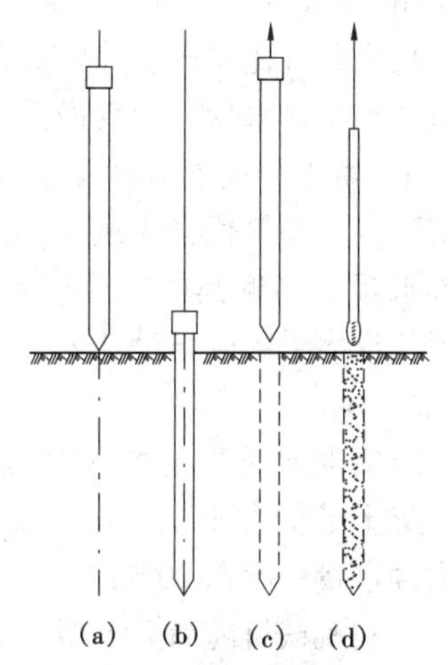

图 3-11 沉管法施工程序示意图
(a) 桩管就位；(b) 沉管挤土；(c) 拔管成孔；(d) 桩体夯填

药管法是先在地基中采用洛阳铲等方法形成 ϕ60～80 的药管孔，然后在孔内放入预制的 ϕ18～35 的炸药管和电雷管，引爆后扩大成具有一定直径的孔。该法炸药不与地基土体接触，因此，可适用于土体含水量较大的地基。药管法成孔施工程序示意图如图 3-12 所示。

冲击法成孔是利用冲击钻机将重 6～32kN

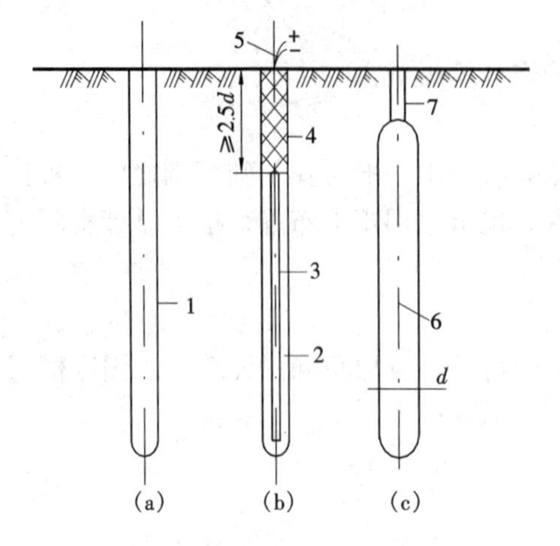

图 3-12　药管法成孔施工程序示意图
(a) 形成药管孔；(b) 放入炸药管；(c) 引爆成孔
1—土孔；2—填砂；3—炸药管；4—封土；
5—导线；6—桩孔；7—削土层

的锥形冲击锤提升 0.5～2.0m 成孔高度后自由落下，通过反复冲击在地基中形成直径为 400～600mm 的桩孔。冲击法施工程序示意图如图 3-13 所示，主要程序为（1）冲锤就位；（2）冲击成孔；（3）冲夯填孔。冲击成孔深度可达到 20m 以上。

非挤土成孔法有挖孔和钻孔法。挖孔法如采用洛阳铲掏土挖孔法和其他人工挖孔法。洛阳铲成孔深度一般不超过 6m。钻孔法如采用螺旋钻取土成孔法。

2. 回填夯实

回填夯实包括回填料制备和分层回填夯实。

回填料制备应按设计要求。

素土宜选用纯净的黄土、一般黏性土或 I_p 大于 4 的粉土，其有机质含量不得超过 5%，土块粒径不宜大于 15mm。

石灰应选用新鲜的消石灰，颗粒直径不得大于 5mm，石灰质量不应低于Ⅲ级标准，活性 CaO＋MgO 的含量不少于 50%。

灰土配合比应按设计要求。多数情况下应边拌合边加水至含水量接近其最优值，其粒径不应大于 15mm。素土和灰土填料应通过击实试验求得最大干密度 ρ_{dmax} 和最优含水量 ω_{opc}，填夯时素土或灰土的含水量宜接近其最优值；夯实后的干密度 ρ_d 应达到其最大干密度与设计要求压实系数 λ_c 的乘积，$\rho_d=\lambda_c \cdot \rho_{dmax}$。

回填素土或灰土的含水量宜接近其最优含水量。灰土最优含水量一般为 21%～26%，而素土最优含水量一般在 20%以下。

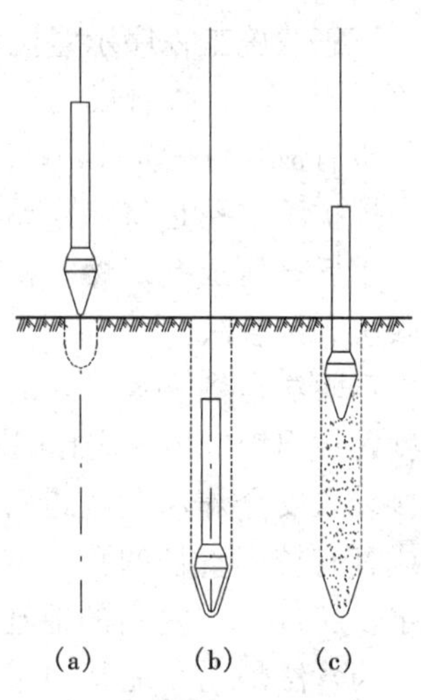

图 3-13　冲击法施工程序示意图
(a) 冲锤就位；(b) 冲击成孔；
(c) 冲夯填孔

夯实机械目前尚无定型产品，多由施工单位自行设计加工而成。常用的夯实机械有：偏心轮夹杆式夯实机、卷扬机提升式夯实机等。

回填夯实施工前应进行回填夯实施工工艺试验，通过试验确定合理的分层填料量和夯击次数。

3.4.4　质量检验

土桩、灰土桩和夯实水泥土桩法加固质量检验视加固目的的不同可有所不同。以消除湿陷性为主可侧重挤密和消除湿陷性效果检验，以提高承载力为主可侧重复合地基载荷试验。

对桩间土的挤密效果检验可通过现场对不同桩间距的挤密土分层取样，测定其干密度和压实系数，并以桩间土的平均压实系数 $\bar{\lambda}_c$ 来评价挤密效果。对湿陷性黄土地基，当 $\bar{\lambda}_c \geqslant 0.93$ 时，即可认为达到消除湿陷性的目的。

消除黄土湿陷性效果检验也可通过取样，测定桩间土和桩孔夯实土样的湿陷性系数 δ_s 值来评价。如 $\delta_s < 0.015$，即可认为土的湿陷性已经消除；如 $\delta_s \geqslant 0.015$，则可与天然地基土的湿陷系数进行对比以了解土的湿陷性被消除的程度。消除土的湿陷性效果检验还可通过现场浸水载荷试验来评价。

提高地基承载力效果检验可通过载荷试验测定。通过复合地基载荷试验可以确定采用灰土桩和夯实水泥土桩加固后的复合地基承载力。也可通过其他测试方法，如静力触探试验（CPT）、标准贯入试验（SPT）、动力触探试验（DPT）和旁压试验等测试方法，对采用土桩、灰土桩和夯实水泥桩法加固地基效果进行评价。

3.4.5　工程实例（根据参考文献［24］编写）

1. 工程概况

黄河铝业公司住宅楼场地位于兰州西固区福利西路南侧，拟建八层框架结构，筏板基础，场地地基处理采用灰土挤密桩复合地基，处理深度 9m，桩身采用 3∶7（体积比）灰土。

2. 场地地基条件

根据岩土工程勘察报告，住宅楼场地属于黄河南岸 II 级阶地后缘，场地内地层主要由黄河冲洪积形成的可塑性黄土状粉土组成。该层位于自检测地面以下厚约 10～13m，再下为饱和黄土状粉土。饱和黄土状粉土层厚约 7～13m。受检地层湿陷土层深度为 10～13m，计算自重湿陷量为 43.14cm，最小为 26.57cm，总湿陷量最大 52.61cm，最小 31.13cm，属自重湿陷性黄土场地。湿陷等级Ⅲ级，标贯试验平均锤击数为 5.45 击，天然地基承载力标准值为 140kPa。

3. 灰土桩复合地基设计

灰土桩成孔挤密工艺采用柴油锤击成管桩机成孔，桩孔直径取 40cm，处理深度为 9.0m。采用孔内填料，填料要求采用 3∶7 灰土，重锤分层夯实。桩孔按正三角形布置，桩间距取 2.5d，即 1.0m。住宅楼场地挤密桩施工分三遍进行，成孔后及时分层夯实。要求处理后灰土挤密桩复合地基承载力标准值不小于 220kPa，桩身夯填灰土的压实系数不小于 0.97，桩孔之间挤密土平均挤密系数不小于0.93，最小挤密系数不小于0.88。

4. 灰土挤密桩施工

灰土桩成孔机械采用W-100Z型履带式打桩机，并配3.0t导杆式柴油锤。夯填机械为行走式卷扬回填机，配280kg重夯锤一个。施工时要求桩机就位平稳，桩管对正孔心。要求中心偏差保证不大于5cm，桩斜度保证不大于2%。住宅楼场地灰土挤密桩施工分三遍完成。在填完一遍孔后再进行下一批挤密桩成孔施工。住宅楼场地共施工完成灰土桩5173根。根据现场试验，保证桩孔中3∶7灰土填料符合配合比要求，接近或达到最优含水量，并严格按施工规范操作，保证桩间土的压实系数达到设计要求。

5. 检测

(1) 检测内容

1) 击实试验：要求室内测定3∶7灰土最大干重度及最优含水量。

2) 根据设计要求，应及时抽样检查孔内填料夯实质量，其数量不小于总数的2%，每台班不小于1孔。在孔内，每米取土样测定其干重度，检测点的位置在孔心2/3的半径处，测定其压实系数及干重度。

3) 根据原状土样室内试验测定其物理力学性质指标，室内试验取原状土样54个，其中桩间土27个，桩身土27个。

4) 标准贯入试验次数126次，其中桩间土54次，桩身灰土72次。

(2) 检测结果

1) 击实试验：根据室内标准击实仪测定结果，原状素土的最大干重度为17kN/m^3，最优含水量为15.6%；现场3∶7灰土的最大干重度为16.5 kN/m^3，最优含水量18.5%。

2) 压实系数（或挤密系数）：根据现场抽样检验及原状土样室内试验结果，对桩身灰土压实系数（λ_c）和桩间土的挤密系数（η_u）的统计见表3-4。压实系数$\lambda_c \geqslant 0.97$的桩身灰土约占89%，$0.93 \leqslant \lambda_c < 97\%$的约占11%。桩间土平均挤密系数$\eta_c$为0.965，最小挤密系数$\eta_c \geqslant 0.88$的占100%

桩身土、桩间土的密实度统计表 **表3-4**

土类别	统计指标	$\lambda_c \geqslant 0.97$		$0.93 \leqslant \lambda_c < 0.97$		$\eta_c \geqslant 0.88$	
	数量	个数	百分率	个数	百分率	个数	百分率
桩身灰土	323	287	89%	36	11%		
桩间挤密土	27					27	100%

3) 湿陷性：根据室内原状土样试验结果，灰土桩复合地基桩间挤密地基土的主要物理力学指标统计结果见表3-5。在处理范围内地基土自重湿陷消除，其自重和非自重湿陷系数均小于0.015。

挤密地基土主要物理力学性质指标统计表　　表 3-5

指标＼项目	频数	最大值	最小值	平均值	标准值	变异系数	回归修正系数	承载力基本值	承载力标准值	备注
含水量 w（%）	27	17.9	12.3	14.9						桩间土
孔隙比 e_0	27	0.768	0.499	0.654	0.0716	0.109	0.938	270	253	
液限 w_L（%）	27	25.4	22.0	24.0						
压缩系数（MPa^{-1}）	27	0.15	0.05	0.098						
湿陷系数	27	0.010	0.001	0.002						
自重湿陷系数	27	0.006	0.001	0.0017						
标贯 $N_{63.5}$	54	39	11	22	7.914				235	校正后

4）灰土桩复合地基的挤密效果评价

该建筑物场地设计采用灰土挤密桩复合地基，要求用 3∶7 灰土夯实，经现场测试，灰土拌合比较均匀，3∶7 灰土比例基本适中，满足设计要求。

桩身灰土密度较均匀。根据现场取样测试及室内原状土样物理力学试验，实测压实系数 $\lambda_c \geqslant 0.97$ 约占 89%，$\lambda_c \geqslant 0.93$ 的约占 11%，满足设计要求。桩间土的挤密效果较好，3 个孔之间的桩间土平均挤密系数为 0.965，$\eta_c \geqslant 0.88$ 的占 100%，满足设计要求。

场地地表以下 10～13m 具有自重湿陷性，灰土挤密桩处理深度 9m，在挤密深度范围内湿陷性消除，压缩性降至中-低等。

根据挤密桩间土的室内试验测定的主要物理力学指标和现场标准贯入试验统计结果，按《湿陷性黄土地区建筑规范》和《建筑地基基础设计规范》，该场地地基承载力标准值为 240kPa，建议采用 230kPa。

建筑物已使用十几年，状况良好。

3.5 孔内夯扩法概述

3.5.1 加固机理和适用范围

采用孔内夯扩法加固地基，首先在地基中成孔，然后在孔中分层填料，并分层夯实填料形成桩体，在制桩过程中挤密、振密桩间土，形成复合地基达到提高地基承载力和减小沉降的目的。孔内夯扩加固地基的原理是通过夯扩桩体，使桩体直径加大、密实，从而提高桩体承载力；同时在夯扩制桩过程中使桩间土振密、挤密，桩间土承载力也得到提高。由于桩体和桩间土承载力都得到提高，因而大大提高了复合地基的承载力，增大了复合地基加固区复合模量，可有效减小沉降。

按成孔方式不同夯扩挤密桩可分为非排土夯扩挤密桩与排土夯扩挤密桩两种，前者利用成孔时的侧向挤压作用，挤或冲击成桩孔，使得桩间土得到第一次挤密，然后将桩孔用合适的拌合料分层夯填密实，夯填过程中桩间土得到二次挤密；后者首先采用人工或机械成孔而形成桩孔，成孔过程中未对桩间土造成挤密，然后将桩孔用合适的拌合料分层填密实，仅在夯填过程中桩间土得到挤密。两种桩型对桩间土均会产生侧向深层挤密加固作用。

孔内夯扩法可消除地基土的湿陷性、液化性，形成的挤密桩承载力较高，复合地基刚度分布均匀，因而压缩变形小。孔内夯扩法在形成桩孔时可以根据不同岩土工程条件采用各种不同成孔方法，适用范围较广。工程实例表明，孔内夯扩法适用于处理软弱粉土、黏性土、黄土以及素填土和杂填土、液化土、各类软弱土、湿陷性土，以及具有酸、碱、盐腐蚀的地基，具有硬夹层的不均匀地基、石料及废料回填垃圾地基以及地下人防工事等各种复杂建筑场地的处理。地下水位较高时，若采取的成孔及地下水处理方法得当，也可采用孔内夯扩技术进行地基处理。孔内夯扩技术能够处理的深度视地基的岩土工程条件而定，一般为8～20m、最深可达到30m。复合地基承载力可以达到处理前的2～9倍，处理后复合地基承载力可以达到800kPa。

3.5.2 成孔分法和填料

近年来，各地工程技术人员根据工程地质条件，充分利用地方材料，因地制宜，发展了多种孔内夯扩技术。工程中采用孔内夯扩法加固地基的成孔方法主要有：

（1）振动沉管法；

（2）人工挖孔法；

（3）螺旋钻取土成孔法；

（4）柱锤冲击成孔法；

（5）爆破成孔法。

采用孔内夯扩法加固地基的回填料主要有：

（1）由石灰和土拌合制备成灰土；

（2）由石灰、粉煤灰和土拌合制备成二灰土；

（3）由水泥和土拌合制备成水泥土；

（4）由水泥和建筑垃圾（大的需粉碎）制备成渣土；

（5）碎石；

（6）砂石；

（7）矿渣；

（8）其他地方材料。

在采用孔内夯扩法加固地基应用地方材料时，应注意回填料对环境影响。如采用矿渣作为回填材料，应检查矿渣中是否含有有害成分，是否会对地下水产生污染。类似问题应予以重视。

采用不同的成孔方法和不同的填料可形成各种挤密桩复合地基，如钢渣桩复合地基、渣土桩复合地基、二灰桩复合地基等。上一节介绍的土桩法、灰土桩法和夯实水泥土桩法也可归属于孔内夯扩法。孔内夯扩法在各地，特别在华北、西北地区发展很快。

3.5.3 设计和施工

孔内夯扩法设计计算方法可参阅土桩、灰土桩和夯实水泥土桩法设计计算方法。

思考题与习题

1. 属于振密、挤密法的主要地基处理方法有哪些？并分析其加固机理和适用范围？

2. 试分析挤密碎石桩复合地基和置换碎石桩复合地基的区别及其优缺点。

3. 某场地经载荷试验得到的天然地基承载力特征值为120kPa，设计要求处理后地基承载力特征值为200kPa。拟采用挤密碎石桩复合地基。桩径采用0.9m，正方形布置，桩中心距取1.5m。在设置碎石桩过程中，根据经验该场地桩间土承载力可提高20%。试求设计要求碎石桩承载力特征值。

4. 某砂土地基，拟采用挤密砂石桩法处理。在处理前地基土体孔隙比为0.81。由土工试验得到该砂土的最大和最小孔隙比分别为0.91和0.60。要求挤密处理后的砂土地基相对密度为0.80。若砂石桩桩径为0.70m，采用等边三角形布置，试求砂石桩桩距。

5. 某黄土地基湿陷性黄土厚6～6.5m，平均干密度 $\rho_d=1.26\mathrm{t/m^3}$。现采用挤密灰土桩处理以消除湿陷性，要求处理后桩间土干密度达到 $1.60\mathrm{t/m^3}$。灰土桩桩径采用0.40m，等边三角形布置，桩间土平均压实系数 $\bar{\lambda}_c$ 取0.93，试求灰土桩桩距。

6. 试分析孔内夯扩法加固地基机理及适用范围。

第4章 置 换

4.1 概 述

置换法是指应用物理力学性质较好的岩土材料置换天然地基中的部分或全部软弱土体或不良土体，形成双层地基或复合地基，以达到提高地基承载力、减少沉降目的的一类地基处理方法。不少地基处理方法在加固地基时都有置换作用，属于置换法的地基处理方法指的是以置换为主的一类地基处理方法。前面介绍的土桩、灰土桩和水泥土桩法也有置换作用，但它们加固地基主要是挤密作用，故将它们归属于振密、挤密法。以置换为主的地基处理方法主要有：换土垫层法、挤淤置换法、褥垫法、强夯置换法以及碎石桩置换法和砂桩置换法等，石灰桩法、气泡轻质料填土法和EPS超轻质料填土法，也放在这一部分。

在饱和软黏土地基中设置碎石桩和砂桩通常称为碎石桩置换法和砂桩置换法。由于饱和软黏土抗剪强度低，对桩体提供的侧限力小，因此在饱和软黏土地基中设置的碎石桩和砂桩的桩体承载力小。而且在饱和软黏土地基中，由碎石桩置换法或砂桩置换法形成的复合地基的桩间土承载力也小。因此，采用碎石桩置换法和砂桩置换法形成的置换碎石桩复合地基和置换砂桩复合地基的承载力提高幅度不大。由于碎石桩和砂桩是良好的排水通道，加载后复合地基中的桩间土产生排水固结，因此复合地基工后沉降大且历时长。所以，工程中已很少应用碎石桩置换法和砂桩置换法加固地基。本章对碎石桩置换法和砂桩置换法不作介绍。另外，挤淤置换法和褥垫法在工程中也不常用，在本章也不介绍。气泡轻质料填土法和EPS超轻质料填土法加固原理相同，本章只介绍EPS超轻质料填土法，不介绍气泡轻质料填土法。

下面主要介绍换土垫层法、强夯置换法、石灰桩法和EPS超轻质料填土法。

4.2 换 土 垫 层 法

4.2.1 加固机理和适用范围

换土垫层法就是将基础底面以下不太深的一定范围内软弱土层挖去，然后用强度高、压缩性能好的岩土材料，如砂、碎石、矿渣、灰土、土工格栅加砂石料等材料分层填筑，采用碾压、振密等方法使垫层密实。通过垫层将上部荷载扩散传到垫层下卧层地基中，以满足提高地基承载力和减少沉降的要求。

换土垫层法适用于软弱土层分布在浅层且较薄的各类不良地基的处理。

4.2.2 设计

换土垫层法加固地基设计包括垫层材料的选用，垫层铺设范围、厚度的确定，以及地基沉降计算等。

1. 垫层材料选用

采用换土垫层法处理地基，垫层材料可因地制宜地根据工程的具体条件合理选用下述材料：

（1）砂、碎石或砂石料；

（2）灰土；

（3）粉煤灰或矿渣；

（4）土工合成材料加碎石垫层等。

2. 确定垫层铺设范围

垫层铺设范围应满足基础底面应力扩散的要求。对条形基础，垫层铺设宽度 B 可根据当地经验确定，也可按下式计算：

$$B \geqslant b + 2z\tan\theta \tag{4-1}$$

式中 B——垫层宽度（m）；

b——基础底面宽度（m）；

z——垫层厚度（m）；

θ——压力扩散角（°），可按表 4-1 采用；当 $z/b<0.25$ 时，仍按表 4-1 中 $z/b=0.25$ 取值。

整片垫层的铺设宽度可根据施工的要求适当加宽。垫层顶面每边宜超出基础底边不小于 300mm，或从垫层底面两侧向上，按当地开挖基坑经验放坡。

压 力 扩 散 角（°） 表 4-1

z/b \ 换填材料	中砂、粗砂、砾砂圆砾、角砾、卵石、碎石、石屑、矿渣	粉质黏土、粉煤灰	灰土
0.25	20	6	28
≥0.50	30	23	

注：1. 当 $z/b<0.25$ 时，除灰土取 $\theta=28°$ 外；其余材料均取 $\theta=0°$，必要时，宜由试验确定；

2. 当 $0.25<z/b<0.5$ 时，值 θ 可内插求得。

3. 确定垫层厚度

垫层铺设厚度根据需要置换软弱土层的厚度确定，要求垫层底面处土的自重应力与荷载作用下产生的附加应力之和不大于同一标高处的地基承载力特征值，如图 4-1 所示。其表达式为：

$$p_z + p_{cz} \leqslant f_{az} \tag{4-2}$$

式中　p_z——荷载作用下垫层底面处的附加应力（kPa）；

p_{cz}——垫层底面处土的自重压力（kPa）；

f_{az}——垫层底面处经深度修正后的地基承载力特征值（kPa）。

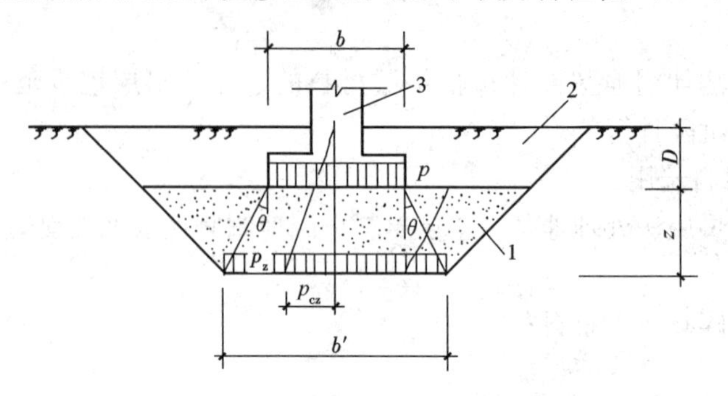

图 4-1　垫层内压力的分布

1—垫层；2—回填土；3—基础

设计计算时，先根据垫层的地基承载力特征值确定出基础宽度，再根据下卧层的承载力特征值确定垫层的厚度。一般情况下，垫层厚度不宜小于 0.5m，也不宜大于 3m。垫层太厚成本高而且施工比较困难，垫层效用并不随厚度线性增大。

垫层底面处的附加压力，对条形基础和矩形基础分别按式（4-3）和式（4-4）计算。

条形基础

$$p_z=\frac{b\,(p_k-p_c)}{b+2z\tan\theta} \tag{4-3}$$

矩形基础

$$p_z=\frac{bl\,(p_k-p_c)}{(b+2z\tan\theta)\,(l+2z\tan\theta)} \tag{4-4}$$

式中　p_k——荷载作用下，基础底面处的平均压力（kPa）；

p_c——基础底面处土的自重压力（kPa）；

l、b——基础底面的长度和宽度（m）；

z——垫层的厚度（m）；

θ——垫层的压力扩散角（°），可按表 4-1 采用。

垫层地基的承载力宜通过试验确定。

4. 沉降验算

一般垫层地基的沉降中仅考虑下卧层的变形，但对沉降要求较严或垫层较厚的情况，还应计算垫层自身的变形，垫层的模量可参见表 4-2。

垫 层 模 量（MPa） 表 4-2

模量 / 垫层材料	压缩模量 E_S	变形模量 E_0
粉煤灰	8～20	
砂	20～30	
碎石、卵石	30～50	
矿渣		35～70

注：压实矿渣的 E_0/E_S 比值可按 1.5～3 取用。

采用垫层法加固地基可采用分层总和法计算沉降量。

4.2.3 施工

换土垫层法施工包括开挖换土和铺填垫层两部分。

开挖换土应注意避免坑底土层扰动，应采用干挖土法。

铺填垫层应根据不同的换填材料选用不同的施工机械。垫层需分层铺填，分层密实。砂石垫层宜采用振动碾压；粉煤灰垫层宜采用平碾、振动碾、平板振动器、蛙式夯等碾压方法密实；灰土垫层宜采用平碾、振动碾等方法密实。

4.2.4 质量检验

垫层法施工质量检验应分层进行。每层施工后经检验符合设计要求后才能进行下一层施工。

对灰土、粉煤灰和砂石垫层的施工质量可采用环刀法、贯入仪、静力触探、轻型动力触探或标准贯入试验等方法进行质量检验；对砂石、矿渣垫层可用重型动力触探检验垫层质量。

4.2.5 工程实例（根据参考文献［25］编写）

1. 工程概况

上海机械学院动力馆乙段采用三层混合结构，建在冲填土的暗浜范围内。冲填土地基采用砂垫层换土处理，建成后四十余年来，使用情况良好。该馆上部建筑和基础概况分别如图 4-2 及图 4-3 所示。

2. 工程地质概况

建筑场地由于暗浜底部淤泥未挖除，地下水位较高，致使冲填土龄期达 40 余年仍不能充分固结。经勘察证实土质软弱且不均匀，见表 4-3。在基础平面外的灰色冲填土层上进行了 2 个载荷试验，荷载值分别为 50kPa 和 70kPa。此值代表 $N_{63.5}>3$ 的较好地段，其他试验表明基础平面外的地基土层要比基础平面内的好。因此，载荷试验代表较好地段（$N_{63.5}>3$）。故基础平面冲填土层内不宜作为天然地基持力层。

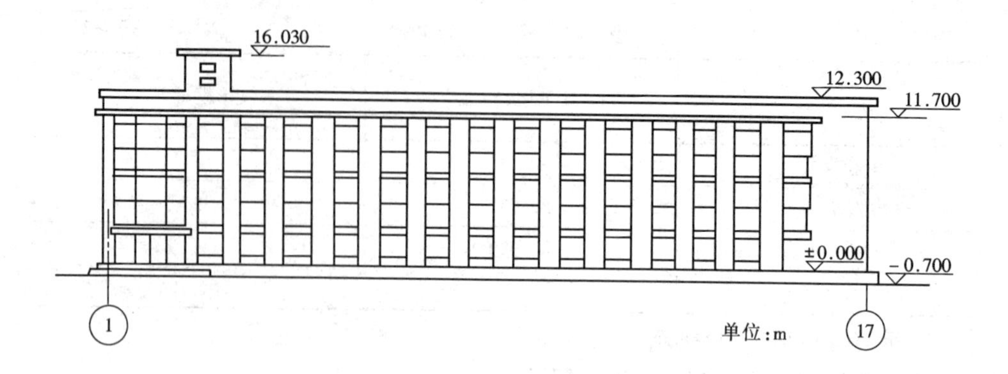

图 4-2 上部建筑立面图

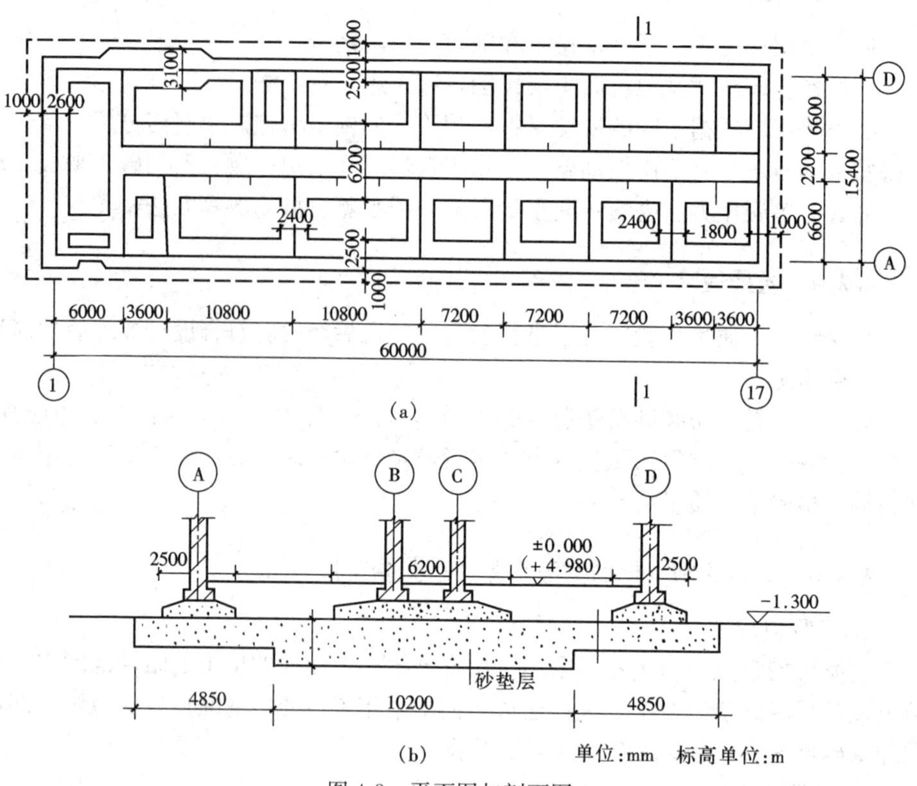

图 4-3 平面图与剖面图

(a) 平面；(b) 1-1 剖面

3. 设计与施工概况

(1) 设计方案比较

1) 如落深基础至淤泥质粉质黏土层内，需挖土 4m，因此下水位高，且滨底淤泥渗透性差，采用井点降水效果不佳，施工困难。

2) 不挖土，打 20cm×20cm 的钢筋混凝土短桩，桩长 5～8m，单桩承载力只有 50～80kN。因冲填土尚未完全固结，需做架空室内地板，增加了造价。

3）如采用表面压实法处理，可使地下水位高的砂性冲填土发生液化。

4）用砂垫层置换部分冲填土，辅以井点降水，并适当降低基底压力。

最后设计采用第 4）种方案，并控制基底压力为 74kPa。

地基土分层及主要物理力学指标 **表 4-3**

土层名称	土层厚度 (m)	层底标高 (m)	w (%)	γ (kN/m^3)	I_p	e	c (kPa)	φ (°)	α_{1-2} (kPa^{-1})	$N_{63.5}$	[R] (kPa)
褐黄色冲填土	1.0	+3.38									
灰色冲填土	2.3	+1.08	5.6	17.74	11.3	1.04	8.8	22.5	0.029	<2	
塘底淤泥	0.5	+0.58	43.9	16.95	14.5	1.30	8.8	16	0.061	0	
淤泥质粉质黏土	7	−6.42	34.2	18.23	11.3	1.00	8.8	21	0.043		98
淤泥质黏土	未穿		53.0	16.66	20.0	1.47	9.8	11.5	0.013		58.8

注：灰色冲填土及滨底淤泥在轻微振动下常产生触变液化现象，其数据一般偏好（土样运回试验室做）。灰色冲填土经颗粒分析得知，黏粒（≤0.005mm）含量小于 10%，粉粒（0.05～0.005mm）加砂粒（0.01～0.05mm）含量大于 90%属于粉性土（如按 1975 年编的“上海市地基基础设计规范”划为砂质粉土）。

（2）施工情况

1）砂垫层材料采用中砂，用平板式振捣器分层捣实，控制土的干重度大于 16kN/m^3。

2）沿建筑物四周布置井点，井管滤头进入淤泥质粉质黏土层内，但因滨底淤泥的渗透性差，降水效果不好，补打井点，将滤头提高至填土层底。

3）吊装三层楼板时停止井点抽水。

（3）效果及评价

1）建筑物变形

实测沉降量约 20cm，纵向相对弯曲值 0.0008，均未超过《上海市地基基础设计规范》(1975) 规定的容许沉降量和相对弯曲最大值。

2）由于十字条形基础和砂垫层处理都起到了均匀传递和扩散压力的作用，还改善了暗滨（滨底淤泥未挖除）内冲填土的排水固结条件。冲填土和淤泥在承受上部结构荷载后，孔隙水压力增大，并通过砂垫层排水，同时将应力传递给土粒。当颗粒间应力大于土的抗剪强度时，土粒发生相对运动，土层逐渐固结，强度随之提高。

3）滨底淤泥的存在，致使井点降水效果受到限制，影响冲填土固结和天然地基承载力的提高，并给地基处理带来不少困难。

4.3 强夯置换法

4.3.1 加固机理和适用范围

强夯置换法是指利用强夯施工方法，边夯边填碎石在地基中设置碎石墩，在碎石墩和墩间土上铺设碎石垫层形成复合地基以提高地基承载力和减小沉降的一种地基处理方法。采用强夯置换法形成的复合地基示意图如图4-4所示。碎石墩设置深度一般与夯击能和地基土性质有关，深厚软黏土地基中碎石墩一般可达5～8m深。

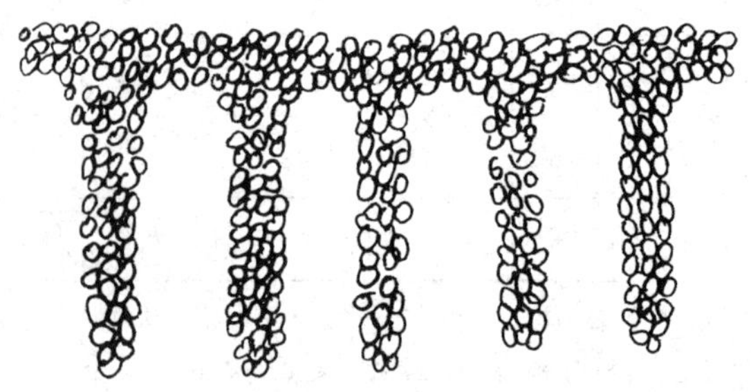

图4-4 强夯置换碎石墩复合地基示意图

强夯置换分整体式和墩柱式置换两种，如图4-5所示。整体式置换以密集的点夯形成线置换或面置换，通过强夯的冲击能将需置换的软弱土挤开，换以抗剪强度高、级配良好、透水性好的块石、碎石、石渣或建筑垃圾等坚硬材料，形成密实度高、压缩性低、应力扩散性能良好的垫层；整体式置换可用于3～5m厚的淤泥质软土地基，通过抛填石块，利用强大的冲击力挤开软土，将置换料下沉到硬土层上，形成强夯置换块石层。由于基础范围内软土几乎全部被置换成块石，且坐落在硬持力层上，形成的地层承载力高，变形沉降小，同时大大增加了下卧层排水固结速度，提高强度。墩柱式置换利用强夯夯成的坑作为墩孔，向坑中不断填充散体材料并夯实形成墩柱体，墩体依靠周围土体的侧向压力及填料的

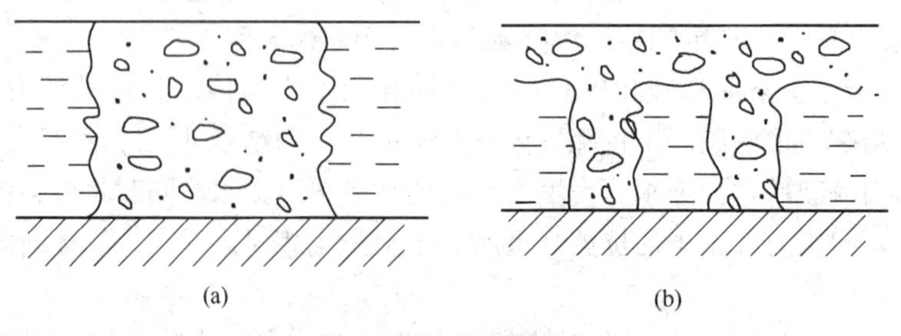

图4-5 强夯置换形式

(a) 整体式置换；(b) 墩柱式置换

内摩擦力维持稳定，并与周围混有填料的墩间土组成复合地基；墩柱式置换具备散体材料墩的挤密、置换、排水特征，又具有强夯的动力固结效应；强夯置换形成的墩体，与墩间土形成复合地基，在提高地基承载力与变形模量的同时，增强了排水能力，有助于墩间孔隙水压力消散，促进其强度的恢复和提高。

强夯置换法靠强力将砂石等硬骨料夯入土中，在坚硬土层中难以实现，适用于软弱土层。因此，强夯置换法一般用于软塑—流塑的黏性土、淤泥、淤泥质土、高饱和粉土和湿陷性黄土以及有软弱下卧层的填土等地基。强夯置换所形成的墩体或墩土复合地基，承载能力以及变形模量不及桩基础，且处理深度相对有限，此外其在施工时所产生的噪声以及被置换出的软土均会对环境带来负面影响，主要用于堆场、公路、机场、港口、石油化工等工程的软弱土层加固。

4.3.2 设计

强夯置换法设计包括置换材料选用、强夯置换碎石墩设置深度和单击夯击能的确定、夯锤和落距的选用、夯击范围和置换点布置、垫层以及检测方法的确定。

1. 置换材料选用

置换材料可选用级配良好的块石、碎石、矿渣、建筑垃圾等坚硬粗颗粒材料，粒径大于 300mm 的颗粒含量不宜超过 30%。置换材料应充分利用地方材料。

2. 墩体设置深度、夯锤和落距的选用

强夯置换墩体的设置深度可根据设计承载力要求确定。墩体可能设置的深度主要取决于地基土质条件和单击夯击能量。当软弱土层不厚时应穿透软弱土层到达较硬土层。对深厚软黏土地基墩体设置深度一般不宜超过 7m。墩体深度国内虽有达到 10m 的工程报道，但达到一定深度后，增加墩体深度需要增加的夯击能是很大的。

设置置换墩体需要的单击夯击能，即锤重和落距需通过试验确定。强夯置换法使用的夯锤与强夯法使用的夯锤应有所区别，可采用具有较小的底面积的高夯锤。每夯点夯击击数通过试验确定，应保证墩体达到设计深度。

3. 置换点范围和置换点布置

夯击点位置应根据建筑物基础类型进行布置，一般采用等边三角形、等腰三角形或正方形布点；对基础面积较大的建筑物，可按等边三角形或正方形布置夯点；对条形基础，可根据承重墙位置和条形宽度布置；对独立基础，可按柱网基础形式和宽度布置。

置换墩直径与强夯夯锤直径、地基土质情况、夯击能、充盈系数等有关，当夯锤直径大、地基土软弱、充盈系数高时，置换墩径就会增大；一般置换墩的计算直径可取夯锤直径的 1.1～1.2 倍。

置换墩间距应根据荷载大小、土承载力和复合地基置换率要求确定，一般当满堂布置时可取夯锤直径的2～3倍；对独立基础或条形基础可取夯锤直径的1.5～2倍。上部结构刚度较大时，夯击点（置换墩）间距可取大值，反之取小值。

由于基础的应力扩散和抗震设防需要，强夯置换处理范围需要大于建筑物基础范围，具体需根据建筑结构类型和重要性确定。对于一般建筑物，每边超出基础外缘宽度为基础下设计处理深度的1/3～1/2，并不小于3m。对于抗液化地基，根据现行国家标准《建筑抗震设计规范》GB 50011的有关规定，扩大范围不应小于可液化土层厚度的1/2，并不小于5m。对于独立柱基础，当柱基础面积大于夯墩面积时，可采用柱下单点夯，一柱一墩。

4. 垫层

垫层除了能协调墩体与墩间土的承载效能，发挥两者的承载能力外，同时作为排水通道，可加快地基中孔隙水压力消散。在墩间土和墩顶应铺设厚度不小于300mm、粒径不大于100mm且级配良好的砂石垫层，在碎石垫层中加铺1～2层土工格栅效果更好。

5. 检测方法

强夯置换墩的检测内容包括置换墩长度和直径、密实度以及承载力和变形模量等，主要通过地质雷达、动力触探、瑞利波斜钻探测以及荷载板试验等开展。对于墩长及墩径检测，可采用挖坑检测、斜钻探测、重型或超重型触探、瑞利波、地质雷达等。对于承载力与地基变形模量，一般通过荷载板试验测定。

在采用强夯置换加固软黏土地基时，为了加速墩间土中超孔隙水压力的消散，可在强夯置换前，在置换点中间，即墩间土中预先设置排水通道，如预插塑料排水带、设置普通砂井等。

4.4　石　灰　桩　法

4.4.1　加固机理和适用范围

先用机械或人工的方法在地基中成孔，然后灌入生石灰块，或灌入掺有粉煤灰、炉渣等掺合料的生石灰混合料，并进行振密或夯实形成石灰桩桩体。石灰桩桩体与桩间土形成石灰桩复合地基，以达到提高地基承载力、减小沉降的目的，称为石灰桩法。

采用石灰桩法加固地基的机理有下述几个方面：

（1）置换作用

在软弱土层中设置具有一定强度和刚度的石灰桩，通过置换作用达到提高地基承载力和减小沉降的目的。

(2) 吸水、升温使桩间土强度提高

1kg 生石灰在熟化过程中吸取 0.8～0.9kg 水，并放出 1172kJ 热量。现场实测表明：石灰桩中的生石灰在熟化过程中可使桩体内温度达到 200～400℃，这种热量可提高地基土的温度（根据报道，实测桩间土温度可达 50℃左右），使地基土体中水分蒸发，有利于地基土体固结。生石灰熟化过程中吸水也使地基土中含水量降低，土体产生固结，土体孔隙比减小。生石灰熟化过程中吸水、升温作用使桩周土排水固结，因此桩间土的抗剪强度得到提高。

(3) 胶凝、离子交换和钙化作用使桩周土强度提高

石灰桩与桩间土之间能产生离子交换，使土体产生钙化和胶凝作用。通过在石灰桩体与四周土体接触处形成硬壳体，提高桩身强度有利于提高地基承载力。

上述加固机理对桩间土的加固作用与到桩体的距离有关。距离桩体愈远，加固效果愈弱。因此，石灰桩复合地基中桩间土强度靠近桩体最高，中间最低，可近似认为成线性比例分布。

从上面分析可知石灰桩加固地基机理是多方面的。置换产生的加固作用只是其中的一部分，也可能不是占主要部分。考虑到地基处理方法分类类别不宜过多，故将石灰桩法放在这一章，希望不要引起读者误解。

石灰桩法适用于加固杂填土、素填土和黏性土地基，有经验时也可用于淤泥质土地基加固，主要用于路基加固、油罐地基加固、边坡稳定工程加固以及多层住宅建筑地基处理。近些年来，石灰桩法在我国江苏、浙江、湖北、山西和天津等地的工程实例中得到较多的应用。

4.4.2 设计

石灰桩加固地基设计主要包括：桩孔直径选用、填料的选用、桩位布置和桩距设计、桩长设计、布桩范围的确定等。

1. 桩孔直径的选用

根据工程地基条件和采用的施工方法和机具，选用石灰桩桩孔直径。桩孔直径一般选用 ϕ300～500。

2. 填料的选用

填料选用新鲜的生石灰，其中 CaO 含量不宜低于 70%，生石灰粒径在 50mm 以下，含粉量不得超过 20%，未烧透的石灰块或其他杂物含量不得超过 5%。

根据需要也可在生石灰中掺加粉煤灰、矿渣、水泥等掺加料，其掺合比应通过试验确定。

3. 桩位布置和桩间距设计

桩位布置一般选用等边三角形布置，也可采用正方形或矩形布置。桩间距一般选用桩孔直径的 2.5～3.5 倍。具体尺寸可根据复合地基承载力公式计算。复

合地基极限承载力表达式为：

$$p_{cf}=mp_{pf}+\lambda\ (1-mp_{sf}) \tag{4-5}$$

式中　p_{cf}——复合地基极限承载力；

p_{pf}——石灰桩极限承载力，由现场试验确定；

λ——桩间土强度发挥度；

p_{sf}——桩间土极限承载力，由试验确定。

对等边三角形布置，复合地基置换率 m 表达式为：

$$m=0.9069\frac{d^2}{S^2} \tag{4-6}$$

式中　S——桩孔中心距；

d——桩孔直径。

结合式（4-5）和式（4-6），可得等边三角形布置桩孔间距 S，其表达式为：

$$S=0.95d\sqrt{\frac{p_{pf}-\lambda p_{sf}}{p_{cf}-\lambda p_{sf}}} \tag{4-7}$$

类似，可得正方形布置桩孔间距 S，其表达式为：

$$S=0.886d\sqrt{\frac{p_{pf}-\lambda p_{sf}}{p_{cf}-\lambda p_{sf}}} \tag{4-8}$$

对矩形布置也可采用类似算法。

在石灰桩复合地基中，桩间土强度与距石灰桩桩体距离有关。随着到桩周距离增大，由于桩体的物理化学作用引起桩间土强度的提高减弱，桩间土强度降低。式（4-5）中桩间土承载力值应考虑这一情况，在工程实用上可取平均值。若 p_{sf} 值取地基处理前天然地基极限承载力值，设计是偏安全的。如何评价桩间土强度提高，合理选用桩间土承载力值，尚有待进一步研究。

4. 桩长设计

确定石灰桩桩长主要从下述几方面考虑：

若需加固的软弱土层不厚，可考虑加固至软弱土层底面，也就是石灰桩穿透软弱土层。

若软弱土层较厚，则根据加固区下卧层承载力要求和建筑物沉降控制确定加固深度。加固区下卧层承载力要求可用下式表示：

$$p_z+p_{cz}\leqslant f_z \tag{4-9}$$

式中　p_z——加固区下卧层顶面处附加压力；

p_{cz}——加固区下卧层顶面处自重应力；

f_z——加固区下卧层顶面经深度修正后的承载力。

按建筑物沉降量控制确定加固深度，可通过试算确定石灰桩桩长。沉降计算按复合地基沉降计算方法计算。加固区复合地基压缩模量 E_c 可采用下式计算：

$$E_c=mE_p+\ (1-m)\ E_s \tag{4-10}$$

式中 m——复合地基置换率；

E_p——石灰桩桩体压缩模量；

E_s——桩间土压缩模量。

石灰桩桩长还取决于施工机具及施工工艺水平，一般小于 8m。

5. 布桩范围的确定

石灰桩加固范围宜大于基础宽度，当大面积满堂布桩时，一般在基础外缘增布 1～2 排石灰桩。

4.4.3 施工

在地基中设置石灰桩通常有三种方法：

（1）沉管法成孔提管投料压实法；

（2）沉管法成孔投料提管压实法；

（3）挖孔填料夯实法；

（4）长螺旋钻施工法。

沉管法成孔提管投料压实法是采用沉管打桩机在地基中沉管成孔，然后提管-填料-压实-再提管-再填料-再压实，重复直至成桩，再填土封口压实。封口土体高度不宜小于 0.5m，孔口封土高度应高于地面，防止地面水浸泡桩顶。沉管法成孔提管投料压实法施工过程中要避免塌孔和缩孔，一次提升高度 1.5m 左右。

沉管法成孔投料提管压实法是采用沉管打桩机在地基中沉管成孔后，先向管内填料-再拔管-压实，再填料-拔管-压实，重复直至成桩，再填土封口压实。沉管法成孔投料提管压实法成桩施工过程中要避免堵管。沉管法成孔投料提管压实法较适用于地下水位较高的软黏土地区。

挖孔填料夯实法主要指采用特制的洛阳铲，人工挖土成孔，再分层填料夯实，并填土封口。

长螺旋钻施工法是采用长螺旋钻机将钻杆钻至设计深度后提钻，取土成孔，然后再将钻杆插入孔内，反转将填放到孔口的石灰桩填料送入孔内，在反转过程中钻杆螺片将桩填料压实，最后封口压实。

国外也有采用专用石灰桩施工机械进行置桩施工。

在石灰桩施工过程中要控制每米填料量，以保证桩体质量。一般以 1m 桩孔体积的 1.4 倍作为每米填料灌入量的控制标准。

在施工过程中，生石灰与其他掺合料不宜过早拌合，应边拌边灌，以免生石灰遇水胀发影响质量。

4.4.4 质量检验

施工质量检验主要包括桩位布置、填料质量和桩体密实度的检验。桩体密实度可采用轻便触探检验，也可取样进行室内土工试验检验。

石灰桩复合地基效果检验可采用载荷试验，也可采用十字板剪切试验、轻便触探试验，或静力触探试验检验加固效果。

4.4.5　工程实例（根据参考文献［26］编写）

1. 工程概况和工程地质条件

华中理工大学汉口分校某六层住宅楼，位于武汉汉口韦桑路。建筑物体形复杂，基础挑出2m，偏心严重。该住宅楼荷载分布差异大，地基土层又很不均匀，再加上邻近原有一幢六层住宅楼的影响，采用天然地基估计会产生较大的不均匀沉降，将对建筑物造成危害。为此，决定采用石灰桩（石灰粉煤灰桩）复合地基处理，要求复合地基承载力达到160kPa，复合地基加固区压缩模量大于8.0MPa。

建筑场地位于长江冲积一级阶地，地势平坦，地基土层很不均匀。各土层情况及物理力学指标如表4-4所示。地下水属潜水型，静止水位为1.1～1.3m。

汉口分校某住宅楼场地土质情况表　　表4-4

土层号	土层名	层厚(m)	土层描述	含水量 w(%)	天然重度 γ(kN/m³)	孔隙比 e	饱和度 S_r(%)	塑性指数 I_p	液性指数 I_L	压缩模量 E_s(MPa)	静探比贯入阻力 p_s(kPa)	承载力标准值 f_k(kPa)
1	人工填土	1.0～2.7	由建筑垃圾和生活垃圾组成，成分复杂，分布不匀，部分地段有0.6m厚淤泥									
2-1	黏土	0.7～1.5	黄褐色，可塑-软塑状，含少量铁质结核和植物根，中等偏高压缩性	34.8	18.4	1.01	94	18	0.76	4.7	1000	120
2-2	淤泥质粉质黏土	1.9～3.1	褐灰色，软-流塑状，含贝壳和云母片，局部夹粉土薄层，高压缩性	37.4	18.3	1.05	98	15	1.24	3.2	600	80
2-3	黏土		黄褐色，可塑状态，含高岭土条纹和氧化铁，夹软塑状粉土薄层	35	18.4	1.02	97	24	0.57	6.5	1500	160
2-4	黏土		褐灰色，软塑状态，含云母片，局部夹有薄层状可塑黏土，或流塑状淤泥黏土及粉土							1100		

续表

土层号	土层名	层厚(m)	土层描述	含水量 w (%)	天然重度 γ (kN/m^3)	孔隙比 e	饱和度 S_r (%)	塑性指数 I_p	液性指数 I_L	压缩模量 E_s (MPa)	静探比贯入阻力 p_s (kPa)	承载力标准值 f_k (kPa)
3-1	粉土		夹粉砂，稍密状态								3000	
3-2	粉砂		稍密状态								6000	

2. 设计计算

(1) 设计方案

采用300mm直径石灰粉煤灰二灰桩，桩长4.0～6.0m。其中基础挑出部分荷载较大，又紧靠原有建筑物，因此该部分二灰桩桩长加长到6.0m，桩端进入2～3黏土层。整幢建筑物布桩887根，桩中心距在550～800mm之间。设计复合地基置换率 m 采用25%，荷载偏心处置换率 m 采用30%。

(2) 复合地基承载力计算

由复合地基承载力标准值 $f_{sp,k}$ 计算式，可得到置换率计算式：

$$m'=\frac{f_{sp,k}-f_{sk}}{f_{pk}-f_{sk}}=\frac{160-80}{400-80}=0.25$$

由复合地基置换率可计算布桩数

$$k=\frac{m'A}{A_0}=\frac{0.25\times250}{0.0707}=884\text{ 根}$$

式中 A——基础面积；

A_0——一根石灰桩面积，此处未按膨胀直径计算，偏于安全；

f_{sk}——基础土体承载力标准值；

f_{pk}——桩身承载力标准值，采用武汉地区经验值。

实际布桩数887根。

3. 施工方法

采用洛阳铲人工成孔，至设计深度后抽干孔中水，将生石灰与粉煤灰按1∶1.5体积比拌合均匀，分段填入孔内并分层夯实。每段填料长度30～50cm。桩顶30cm则用黏土夯实封顶。

施工次序遵循从外向内的原则，先施工外围桩。局部孔位水量太大难以抽干时，则先灌入少量水泥，再夯填生石灰粉煤灰混合料。

4. 质量检验

(1) 桩身质量检验

采用静力触探试验，取桩身10个点，表明桩体强度较高。

(2) 桩间土加固效果检验

取桩间土10个点做静力触探试验，表明桩间土承载力约提高10%。

根据以上两种检验结果，推得复合地基承载力标准值$f_{sp,k}$为161kPa，加固区复合压缩模量E_{sp}为8.2MPa。

5. 技术经济效果

住宅楼竣工后两个月，最大沉降5.3cm，最小沉降3.1cm，最大不均匀沉降值2‰。预计最终沉降量可控制在10cm以内。

与原设计采用90根直径ϕ600、长16～18m的钻孔灌注桩方案相比，节约70%的造价，经济效益明显，并解决了场地狭窄原方案实施困难并有泥水污染的问题。

4.5 EPS超轻质料填土法

4.5.1 EPS超轻质材料

泡沫苯乙烯（Expanded Polystyrence，简称EPS）是一种化工产品，以石油为原料，经加工提炼出苯和乙烯，苯与乙烯合成经脱氢处理可得到苯乙烯，苯乙烯经聚合反应生成聚苯乙烯，然后添加发泡剂可得到泡沫苯乙烯。根据发泡剂添加方式的不同可生产不同类型的EPS材料，常见的EPS材料主要有三类，EPS块体、EPS颗粒混合土和泡沫混凝土。EPS块体是聚苯乙烯发泡形成的块体。EPS颗粒混合土是将原料土、EPS球状颗粒、固化材料（一般为水泥）和水混合搅拌均匀后，经固化形成的一种改性土。泡沫混凝土是将发泡剂、水溶液用物理方法制备成泡沫群，并加入到由水泥、水、外加剂（集料）制成的浆液中，经混合搅拌、浇筑成型的含有大量封闭气孔的轻质材料。

岩土工程中应用的EPS材料具有下述特点：

（1）超轻质性

常用EPS材料重度为0.2～0.4kN/m^3，是土的重度的1/100～1/50。用于填方工程可有效减小填方作用在地基上的荷载，用于挡土墙台背填方可有效减小作用在挡土墙上的侧压力。

（2）耐压缩性

EPS材料抗压强度约为100～350kPa，变形模量一般为2.5～11.5kPa。EPS材料用于填方工程具有较大的刚度和强度，是砌筑和填方的好材料。

（3）摩擦特性

根据试验研究，EPS块体与砂的摩擦系数为：对干燥砂，f=0.58（密）～0.46（松）；对湿砂，f=0.52（密）～0.25（松）。EPS块体相互之间，以及EPS块与砂浆面的摩擦系数，f=0.55～0.76。

（4）耐水性

EPS为合成树脂泡沫，由于有憎水性，通常在施工中不会因为雨水和一时的渗透而发生由于吸水而使其材料特性变化。由于EPS内含发泡集合体的独立气泡，水很难浸入其内。当它在地下水中长期浸泡，气泡间可能产生吸水，但限于表层。挪威曾有报道，在地下水位以下长期浸泡达9年，EPS的最大吸水量为其体积的9%。泡水后EPS材料强度和变形特征不变。

（5）化学特性

耐热性方面，EPS材料在70℃以下强度和变形特性不会改变。日本曾进行了实验工程的火灾试验。试验表明只要以一定土厚加铺覆盖，地面发生火灾，对地面以下的EPS影响很小。EPS材料在制造工艺中还可添加难燃剂，称为阻燃型EPS。阻燃型EPS离开火源后，在3s内自行熄灭。

EPS材料不会受任何微生物、细菌或酵素的侵入，也不会受白蚁的食害。

EPS的化学性从其本质上来说与聚苯乙烯树脂相同，对于一般的酸、碱、动植物油、盐类等有较好的抗化学性，而对于芳香族碳化氢、卤族碳化氢、酮类等矿油系药品具有易溶解的性质。

EPS材料在紫外线作用下会产生老化，故需在EPS材料填方外覆盖土层或其他遮盖体。

（6）施工方便

EPS材料切割容易、方便，也可按要求形状铸模加工。

EPS材料很轻，人工搬运、叠砌很方便。在大型机械不能进入的狭窄场地，施工机械不能通行的软弱地基上施工也很方便。

4.5.2 适用范围

EPS超轻质料填土法主要用途一览表 **表4-5**

用途		简图	超轻性	自立性	施工方便	实用意义	主要适用范围
路堤	路堤	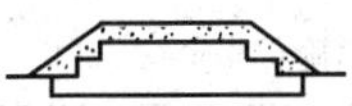	○		○	减小沉降 确保抗滑安全度 减小维修成本	道路、铁路、公园、宅地等处填土
	拓宽路堤	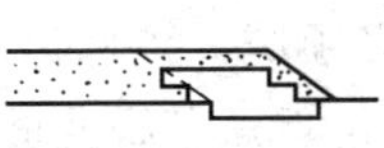	○		○	抑制引起沉降 防止沉降差 缓和对周围的影响	车道拓宽、用地拓宽、防洪堤背面填土
	拓宽路堤（挡板）	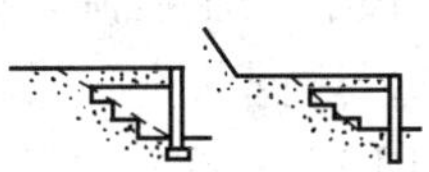	○	○	○	确保抗滑安全度 简化挡土构造物 有效利用用地	车道拓宽、用地拓宽、自用地内扩建（用于公园、停车场、人道等）

续表

用途		简图	超轻性	自立性	施工方便	实用意义	主要适用范围
构造物背面填土	台背填料		○	○		减小背面侧压力 减小侧向移动 防止差异沉降	桥台背面，构造物背面，浅埋地下构造物
	自立壁		○	○	○	减小沉降 减轻基础 节约用地	后台引道填土，立体交叉部分填土
	挡墙、护岸、填料	挡壁 护岸	○	○		减小背面侧压力 提高结构物安全度	挡墙、护岸等抗土压缩构物
基础		暗埋管 水槽 建筑物	○		○	减小沉降 防止差异沉降 基础整体化	涵管、水渠基础、简易构造物基础
结构物保护			○	○		减轻既设构造物荷重 防止差异沉降和局部沉降	保护地下结构物、保护既设构造物
填充、暗埋		拱桥	○		○	减轻结构物荷载重 确保空间	拱桥、大型桥墩的填充、在狭窄处填土的填空
拓宽、填高		拓宽 填高	○	○	○	快速施工 简易施工 减轻对原有构造物的荷重	需要拓宽或填高
临时设置、修复		临时铺设 修复	○		○	快速施工，快速撤除 施工容易 确保空间	临时道路、临时车站、灾害修复、临时修复

EPS材料可以用于填筑路堤、桥台及挡墙后填方、机场建设、港口工程及道路拓宽、地下结构上部覆土以及造园绿化等许多领域，统称为EPS超轻质料填土法。该方法首先于1972年由挪威国家道路研究所开发研究成功，首次作为超轻质填土材料使用于奥斯陆郊外Folm大桥引桥改造工程。该桥建在厚为20m的泥炭土地基上，采用EPS材料填筑路堤，几乎没有发生沉降，取得成功。瑞典、法国、美国、日本等相继引进该技术，并进行广泛研究，推广使用。1995年，我国在杭甬高速公路望童跨线桥桥头路堤采用EPS超轻质料填土法，取得很好效果。

EPS超轻质料填土法主要用途、适用范围以及适用优点见表4-5所示。

采用EPS超轻质填料填筑路堤不仅可大大减小作用在地基上的荷载，而且由于EPS超轻填料自立性好，可减小填筑路堤的占地面积，如图4-6所示。图4-6（a）为放坡土堤，图4-6（b）为EPS材料填筑的路堤，从图中可看出EPS材料能明显节省用地。

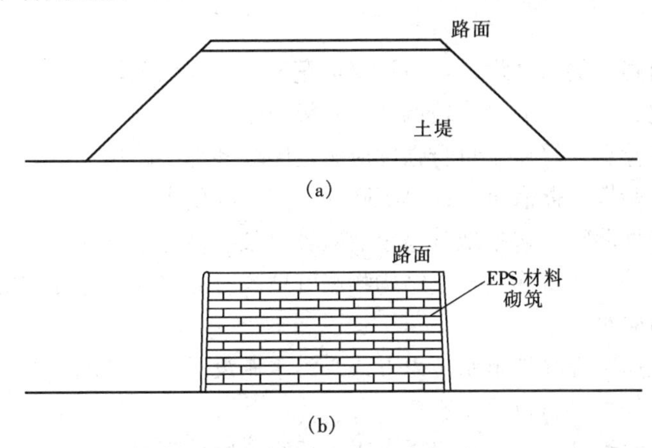

图4-6 放坡土堤和EPS材料填筑的路堤

（a）放坡土堤；（b）EPS材料路堤

在公路工程中，EPS材料主要应用范围和作用如下：

（1）软土地基桥头或箱涵连接部位填筑，可降低基底压力，减少路基总沉降和工后沉降，减小路基对桥头结构的侧向推力，提高路基和桥台整体稳定性。

（2）处理路堤滑动后的工程抢险，可快速施工修复路堤并提高其稳定性，减少工后沉降。

（3）软土性能较差的高路堤拓宽，可降低拓宽路堤部位的基底压力，提高地基稳定性，降低新路堤对老路堤的影响，减少新老路堤之间的不均匀沉降。

（4）山区傍山路段高路堤、隧道洞口处往往施工较为困难，利用轻质材料的整体性采用直立边坡的形式填筑路基，可增大路基的整体稳定性，并能减小用地范围。

（5）天然气管线、军用光缆、输油管线等构造物下穿路基时，与路基交叉的公路、铁路桥的桥台位于新建路基下方时，采用轻质材料回填，可减小路基对构造物的影响。

目前，EPS超轻质填料在岩土工程中应用还不是很多，其原因是材料价格较贵，在我国主要用于事故补救，新建工程应用较少。随着EPS超轻质填料生产成本的降低，劳动力和土地价格的上涨，EPS超轻质填料将会在我国工程建设中得到愈来愈多的应用。

4.5.3 设计

与常规路堤相比，EPS超轻质材料填筑路堤除需进行沉降及稳定性验算外，还需进行抗浮验算、与常规填土之间的衔接设计，具体设计内容有：

（1）轻质材料的选用设计，以及EPS颗粒混合土、泡沫混凝土等的配合比设计；

（2）轻质路堤的形状设计，包括路堤宽度、高度以及轻质土与常规填土路堤间的衔接坡比、路堤顶面纵横坡调节台阶等；

（3）强度验算，轻质土自身强度应满足路堤各部位路用规范要求；

（5）沉降验算，需满足容许总沉降和工后沉降要求；

（6）稳定性验算，包括地基稳定性验算及某些情况下（如作为拓宽路堤、作为挡墙、护岸结构物或作为这些结构物墙背填料时）轻质土路堤的抗滑、抗倾覆及地基承载力验算；

（7）当轻质路堤在地下水位以下或受洪水淹没时，应考虑浮力影响及吸水导致材料容重增加，进行抗浮验算；

（8）防排水设计，为防止轻质土吸水后容重增加而导致其轻质性损失，应根据实际情况，在路堤基底设置排水沟或其他排水措施，排除基底积水及地表水，还宜在轻质土表面设置一层防水布；

（9）轻质土附属构造设计，包括包边土设计、钢筋网片布置、沉降缝的设置、轻质材料间的连接等内容。

1. 沉降计算

固结沉降采用分层总和法确定，其中附加荷载应考虑路堤的自重荷载、交通荷载、施工车辆荷载及浮力等的影响，最终沉降量根据分层总和法计算结果乘以经验系数修正得到。

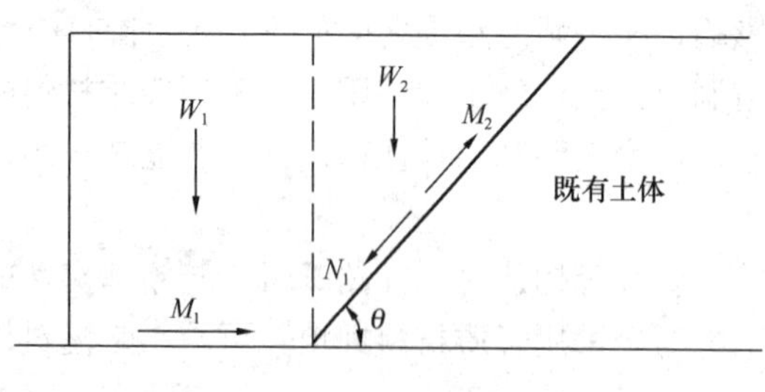

图4-7 坡面抗滑稳定性验算简图

2. 稳定性验算

（1）整体稳定性。在软弱地基上填土施工，路基可能发生整体滑动破坏，其整体稳定性验算可采用圆弧滑动法分析。在有斜坡地基或软弱滑动面的地基上进行施工，可采用不平衡推力法分析确定稳定安全系数。

（2）坡面稳定性。当轻质路堤所在的原地面线为坡面时或为拓宽路堤时，可将其分成坡前和坡上两部分分别计算下滑力和滑动抵抗力，计算简图如图4-7所示。抗滑安全系数计算公式为：

$$F_s = \frac{M_1 + M_2\cos\theta}{N_1\cos\theta} = \frac{\mu W_1 + \mu W_2\cos\theta\cos\theta}{W_2\sin\theta\cos\theta} \geqslant 1.3 \tag{4-11}$$

式中 W_1——坡前轻质土自重及路面荷重（kN/m）；

W_2——坡面上轻质土自重及路面荷重（kN/m）；

μ——坡面上（或坡前）轻质土底面与天然坡或基础地基的摩擦系数，若轻质土与地基之间铺设防水土工布，应通过试验确定摩擦系数；

N_1——坡面上轻质土沿斜面方向的滑动力（kN/m）；

M_1——坡前轻质土在底面产生的抗滑力（kN/m）；

M_2——坡面上轻质土沿斜面方向产生的抗滑力（kN/m）；

θ——斜坡倾角。

（3）抗浮验算

当轻质路堤位于地下水位以下或受洪水淹没时，需按下式进行抗浮验算：

$$W \geqslant 1.2F_{浮} \tag{4-12}$$

式中 W——轻质路堤总重量（kN）；

$F_{浮}$——作用在轻质路堤上的浮力（kN）。

4.5.4 工程实例（根据参考文献［36］编写）

1. 嘉绍跨江通道南岸接线中心河桥桥头段软基处理

（1）工程概况和工程地质条件

嘉绍跨江通道南岸接线为双向八车道高速公路，路基宽度42.0m，平均填土高度4.5m，下卧深厚软土层，上覆较厚粉土、粉砂层。中心河大桥桥头段位于钱塘江南岸冲海积平原区，位于K59+621～K59+671，其上部为冲海积粉土、粉砂，厚度14.7～17.2m，性质松散—稍密，孔隙比0.8，压缩模量8.6MPa，其下分布厚层冲海积流塑—软塑状淤泥质粉质黏土，厚度16.6～20.6m，天然含水量35.6%，孔隙比1.026，压缩模量3.76MPa。

（2）设计计算

为了满足工后沉降要求，需对中心河桥桥头段软基进行处理，若采用管桩或塑板处理可能会出现施工困难，因此设计采用泡沫混凝土进行处理。泡沫混凝土轻质土路堤设计图如图4-8所示。针对路堤不同部位设计采用不同重度及强度标准的轻质混凝土，对路面底面以下0～80cm，要求湿重度为6.5kN/m^3，28d抗压强度大于等于0.8MPa；路面底面以下80cm以下，要求湿重度为6kN/m^3，28d抗压强度大于等于0.6MPa。

为协调桥头沉降与一般路段沉降并节约工程造价，采用渐变式填筑泡沫混凝土，不同厚度之间通过1∶1.5的坡度渐变过渡。因泡沫混凝土具有一定的整体强度，其桥头路基取消桥头搭板设置。为增强抗裂性，泡沫混凝土轻质路堤距顶（底）面以下（上）50cm位置设置一层网眼为5cm×5cm的钢丝网片，钢丝直径

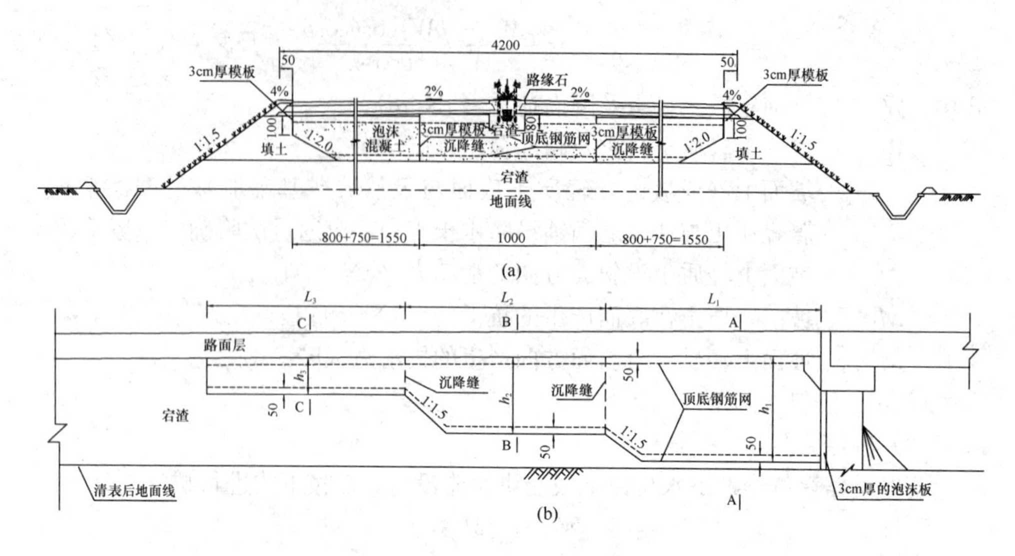

图 4-8　泡沫混凝土轻质路堤设计图

(a) 泡沫混凝土轻质路堤横断面布置图；(b) 泡沫混凝土轻质路堤纵断面布置图

采用 3mm。

(3) 沉降观测

在桩号 K59＋640 处布置沉降板，观测泡沫混凝土轻质路堤填筑期及工后沉降的变化情况。监测结果表明，经处理后桥头总沉降量仅 11cm，工后沉降也较小且收敛很快，可见，采用泡沫混凝土减轻路堤沉降的效果明显。

2. 沪杭高速公路东河港桥桥头处理

(1) 工程概况和工程地质条件

沪杭高速公路一期为典型建于软土地基上的高速公路，全长约 102km，双向四车道，路基宽 26m，约 90％为软土地基，软土层厚达 10～30m，含水量 40％～65％，软土物理力学指标极差。EPS 轻质路堤位于桩号为 K13＋900～K14＋350，桥头两路堤连接段长度均为 40m，路堤填土高度约 5.2m。

东河港桥头路基表层为灰黄色软塑状粉质黏土（CIM），土层厚度约 2.5m，天然含水量为 24.6％，孔隙比为 0.837，压缩模量为 8.12MPa；上部为稍密—松散状态的砂质粉土（ML、CLM），土层厚度约 6.4m，天然含水量为 31.2％，孔隙比为 0.841，压缩模量为 10.71MPa；中部为灰色淤泥质粉质黏土（CIM）、淤泥质黏土（CH）和粉质黏土（CIM），呈流塑—软塑状且具有高压缩性，其厚度约 8～20m，天然含水量为 42.4％，孔隙比为 1.184，压缩模量为 3.26MPa。

(2) 设计计算

设计 EPS 布置如图 4-9 所示。EPS 块体采用错缝设置，块体间用金属连接件固定，块体层间采用双面爪形连接件，顶面或侧面采用单面爪形连接件，在施工基面的斜面部位采用 L 形金属销钉固定于地基，边铺设边连接。沿横向路堤两侧采用 50cm 厚度黏土护坡包边。为协调桥头沉降与一般路段沉降，EPS 块体从桥头三层逐渐递减至一层，过渡段长度约为 40m，搭板长度为 8.3m。为了均匀分散路面结构层自重和行车荷载，使 EPS 形成一个整体化的路面施工基准面，材料填筑完工后，在其上铺设 ϕ6 钢筋网，间距 15cm×15cm，并现浇 10cm 厚 C30 混凝土面板。

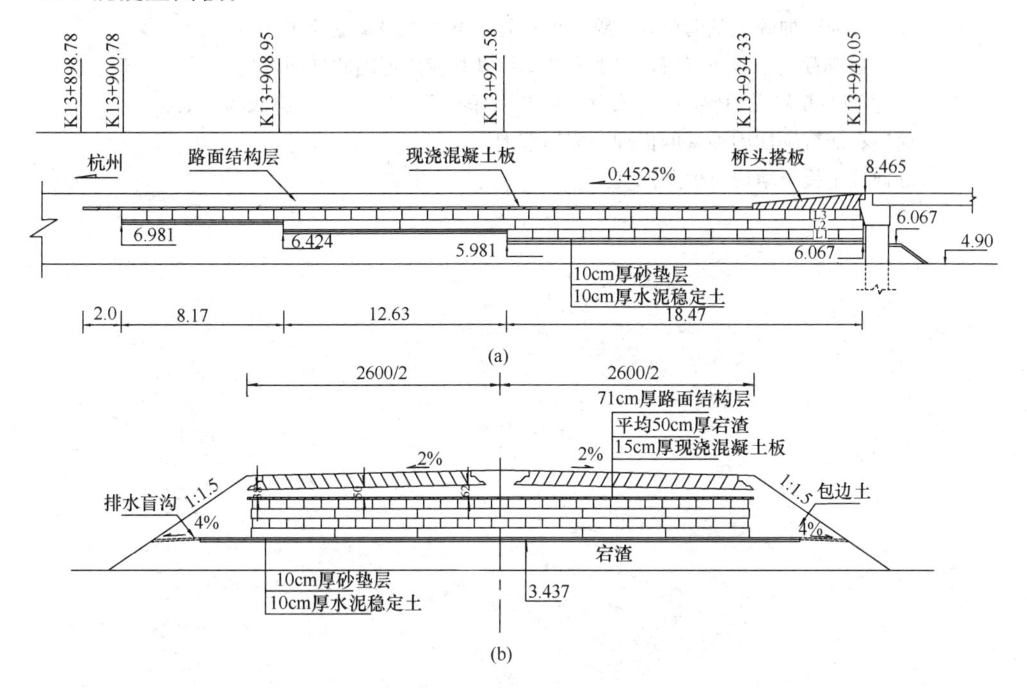

图 4-9 EPS 路堤设计图

（a）EPS 块轻质路堤纵断面布置图；（b）EPS 块轻质路堤横断面布置图

（3）沉降观测

为观测 EPS 路堤填筑期及工后地基变形和 EPS 层压缩变形的发展，在桩号 K13＋992 处布置观测断面，沉降板设置于路基底面、EPS 基面以及 EPS 层的顶面，以观测 EPS 路堤沉降及 EPS 层压缩量，如图 4-10 所示。

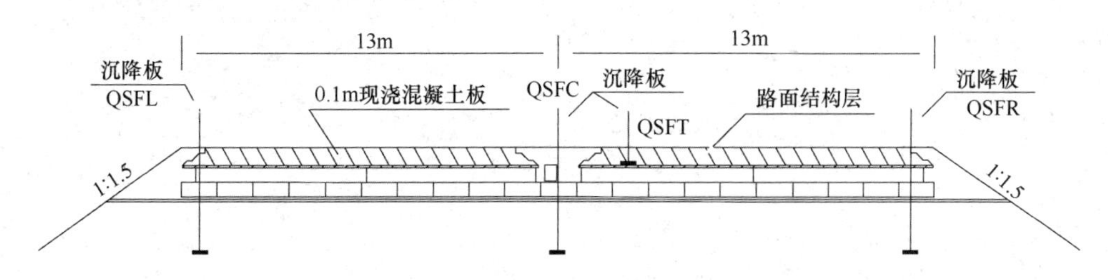

图 4-10 沉降板埋设布置图

EPS路堤沉降观测结果表明，EPS顶面沉降大于路基的沉降值，且随时间逐渐增大，后期逐渐稳定，说明EPS路堤存在压缩，压缩量随施工期（路面、现浇混凝土板）以及竣工通车后逐渐增大，通车约一年后逐渐稳定。

思考题与习题

1. 简述置换法加固地基的机理，哪些地基处理方法可归属置换法，为什么？
2. 简述强夯置换法与强夯法，在加固地基机理和应用范围的异同之处。
3. 简述EPS超轻质填料法的主要用途，以及采用EPS超轻质填料法的优缺点。
4. 简述石灰桩法加固地基的机理及应用范围。
5. 如何确定换土填层宽度和深度？

第5章 排 水 固 结

5.1 概 述

排水固结法又称预压法。排水固结法加固地基是通过对地基施加预压荷载，使软黏土地基土体中的孔隙水排出，土体产生排水固结，土体孔隙体积减小、抗剪强度提高，达到减少地基工后沉降和提高地基承载力的目的。

根据固结理论，土体固结速率与土体渗透系数有关，也与土体排水固结的最大排水距离有关，而且与最大排水距离成二次方关系。有效缩短最大排水距离，可以大大缩短地基土固结所需的时间。例如：在一维固结条件下，某地基最大排水距离为 10m 时，在某一荷载作用下，达到某一固结度的排水固结时间需要 10 年。当其他条件不变时，最大排水距离由 10.0m 降至 1.0m 时，达到同一固结度的排水固结时间只需 1.2 个月。因此，采用排水固结法加固地基时，为了缩短加载时间，一般通过在地基中设置排水通道以有效缩短排水距离，达到加速地基固结的目的。

排水固结法竖向通常由排水系统和加压系统两部分组成，如图 5-1 所示。排水系统一般由水平向排水垫层和竖向排水通道组成。水平向排水垫层一般为砂垫层，也有由砂垫层加土工合成材料垫层复合形成。竖向排水通道常采用在地基中设置普通砂井、袋装砂井、塑料排水带等形成。若地基土体渗透系数较大，或在地基中有较多的水平砂层，也可不设人工竖向排水通道，只在地基表面铺设水平排水垫层。加压系统通常采用下述方法：堆载法、真空预压法、真空预压联合堆载法、降低地下水位法和电渗法等。

普通砂井通常指采用水冲法或沉管法在地基中成孔，然后灌入砂，在地基中形成竖向排水体——砂井。普通砂井直径一般在 300mm 以上。

袋装砂井是指用土工布缝成细长袋子，灌入砂，采用插设袋装砂井专用施工设备将其插入地基中，形成竖向排水体——袋装砂井。袋装砂井直径一般为 70～80mm。

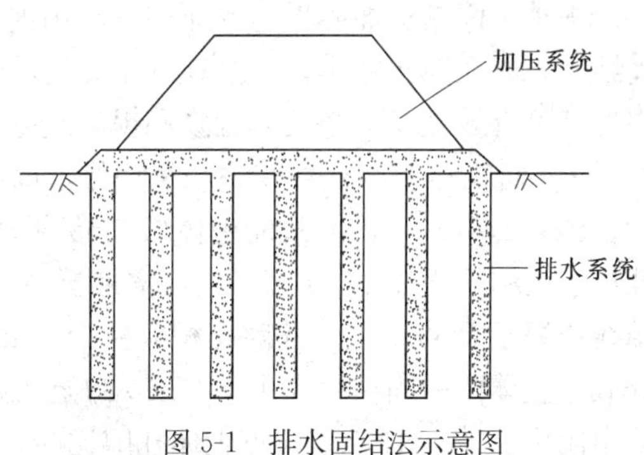

图 5-1 排水固结法示意图

塑料排水带由排水蕊带和滤膜两部分组成，工厂化生产。采用插设塑料排水带的专用设备将其插入地基中形成竖向排水体——塑料排水带。塑料排水带当量直径一般在70mm左右。

普通砂井、袋装砂井和塑料排水带各有优缺点，应根据工程条件通过技术经济比较后合理选用。

堆载法是指在被加固地基上采用堆载达到施加预压目的的排水固结加固方法。最常用的堆载材料是土或砂石料，也可采用其他材料。有时也可利用建（构）筑物自重进行预压。堆载预压法又可分为两种：当预压荷载小于或等于使用荷载时，称为一般堆载预压法，简称堆载预压法；当预压荷载大于使用荷载时，称为超载预压法。

真空预压法是在砂垫层上铺设不透水膜，在砂垫层中埋设排水管，通过抽水、抽气，在砂垫层和竖向排水通道中形成负压区，和地基土体间形成水头差。在水头压差作用下，地基土体中水排出，并通过排水系统将水加气排出膜外，地基土体产生排水固结。真空预压法膜下真空度一般可达85kPa。

在单纯采用真空预压法不能达到地基处理设计要求时，可采用真空预压与堆载预压联合法加固地基。理论分析和工程实践表明堆载预压法和真空预压法两者加固地基的效用可以叠加。

降低地下水位法是通过降低地下水位增加地基中土体自重应力以改变地基中的应力场，达到加载排水固结加固地基的目的。

电渗法是在地基中设置正负极，在地基中形成电场，在电场作用下地基土体中的水流向阴极，并被排出地基，达到排水固结加固地基的目的。

排水固结法适用于处理淤泥质土、淤泥、泥炭土和冲填土等饱和黏性土地基。

5.2 加固原理和计算理论

5.2.1 加固原理

采用排水固结法加固地基的原理是利用饱和黏性土地基在荷载作用下产生排水固结，土体孔隙比减小，压缩性减小，抗剪强度提高。因此，采用排水固结法加固地基可有效减少地基工后沉降和提高地基承载力。现以图5-2（a）、（b）所示的e-$\ln p'$曲线和p-τ_f曲线来说明采用排水固结法加固地基的原理。

在图5-2（a）中，加载前土体中初始应力p_0对应的土体初始孔隙比为e_0。加载排水固结后土体中的应力由p_0增加至$p_0+\Delta p$时，土体从图中A点沿正常固结线压缩至B点，土体孔隙比相应减少了Δe（e_0-e_B）。若加载土体固结后进行卸载，土体中的固结应力由$p_0+\Delta p$卸至初始应力p_0，土体发生回弹，沿回弹曲线由图中B点至C点。C点土体孔隙比为e_C。若卸载后再加荷至$p_0+\Delta p$，土

体从图中 C 点再回到 B 点，土体孔隙比也再次减少至 e_B。从 C 点到 B 点土体孔隙比相应减少了（e_C-e_B）。从图 5-2（a）中可以看到，从 A 点到 B 点与从 C 点到 B 点土体孔隙比的改变量两者相差显著。从上述分析中可以看到，通过对地基土体进行预压固结对减少地基工后沉降是非常有效的。若在预压荷载作用下地基中土体固结应力增加至 p_B（$p_B=p_0+\Delta p$），在工作荷载作用下相应土体中的固结应力为 p_D。在这种情况下，当 $p_D<p_B$ 时，称为超载预压；当 $p_D>p_B$ 时，称为一般堆载预压。由上面分析可以看到，经过超载预压的地基土体，在工作荷载作用下，地基土体处于超固结状态，因此工后沉降较小。

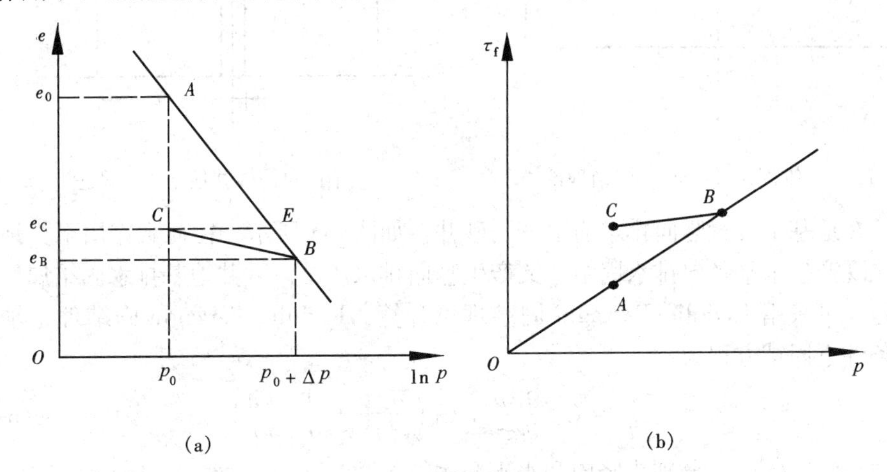

图 5-2 排水固结法加固地基原理

（a）e-lnp' 曲线；（b）p-τ_f 曲线

图 5-2（b）为 p-τ_f 曲线，从图中很容易看出，土体中固结应力增大，其抗剪强度 τ_f 提高。土体经加载排水固结后，再卸荷至初始应力状态，如图中从 A 点到 B 点，再回到 C 点，土体抗剪强度的提高是明显的。当土体中有效应力相同时，土体处于超固结状态时抗剪强度要比处于正常固结状态时抗剪强度高。

5.2.2 地基固结度计算

图 5-3 所示为一维固结情况。对一维固结可采用 Terzaghi 固结理论计算。Terzaghi 一维固结方程为：

$$\frac{\partial u}{\partial t}=C_v\frac{\partial^2 u}{\partial z^2} \tag{5-1}$$

式中 u——土体中超孔隙水压力；

C_v——固结系数。

根据 Terzaghi 一维固结理论，对最大排水距离为 H 的土层，当平均固结度不小于 30%时，地基平均固结度$\overline{U}_z$ 可采用下式计算：

$$\overline{U}_z=1-\frac{8}{\pi^2}e^{-\frac{\pi^2 T_v}{4}} \tag{5-2}$$

式中　T_v——固结时间因子，$T_v=\frac{C_v t}{H^2}$；

t——固结时间。

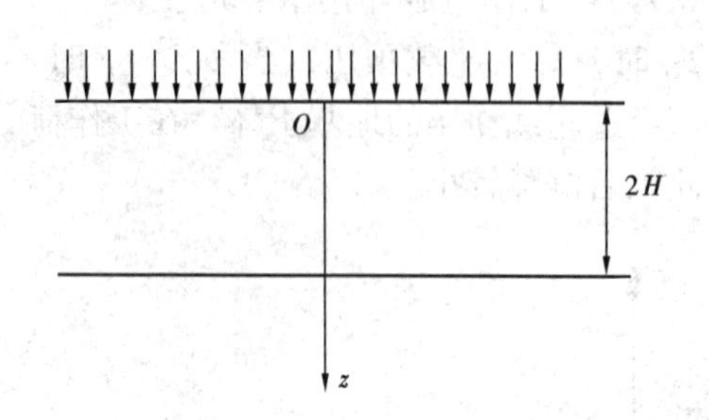

图 5-3　一维固结 Terzaghi 固结理论

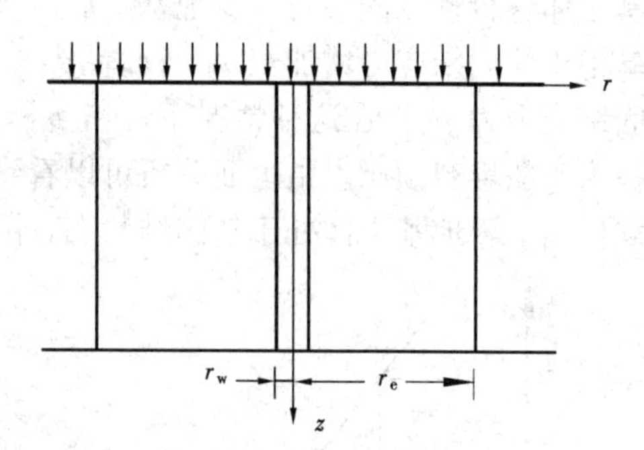

图 5-4　砂井地基固结理论

在地基中设置竖向排水通道——砂井，如图 5-4 所示。在荷载作用下，地基土体既产生水平径向排水固结，又产生竖向排水固结。砂井地基排水固结属三维问题，可采用 Redulic-Terzaghi 固结理论计算。Redulic-Terzaghi 固结理论轴对称条件下固结方程为：

$$\frac{\partial u}{\partial t}=C_v\frac{\partial^2 u}{\partial z^2}+C_h\left(\frac{\partial^2 u}{\partial r^2}+\frac{1}{r}\frac{\partial u}{\partial r}\right) \tag{5-3}$$

式中　C_v、C_h——分别为竖向和水平向固结系数。

式（5-3）可分解成如式（5-1）所示的竖向固结方程和式（5-4）所示的径向固结方程分别求解。径向固结方程为：

$$\frac{\partial u}{\partial t}=C_h\left(\frac{\partial^2 u}{\partial r^2}+\frac{1}{r}\frac{\partial u}{\partial r}\right) \tag{5-4}$$

根据 Barron 在等应变假设条件下所得到的解，地基径向平均固结度 $\overline{U}_r$ 计算式为：

$$\overline{U}_r=1-e^{-\frac{8T_h}{F(n)}} \tag{5-5}$$

式中　T_h——径向排水固结时间因子，其表达式为：

$$T_h=\frac{C_h t}{d_e^2} \tag{5-6}$$

$F(n)$——参数，其表达式为：

$$F(n)=\frac{n^2}{n^2-1}\ln(n)-\frac{3n^2-1}{4n^2} \tag{5-7}$$

式中　n——井径比，$n=\frac{r_e}{r_w}$；

d_e、r_e——砂井影响范围的直径和半径；

r_w——砂井半径。

砂井地基径向平均固结度记为$\overline{U}_r$，竖向平均固结度记为$\overline{U}_z$，则砂井地基总的平均固结度$\overline{U}_{rz}$可按下式计算：

$$\overline{U}_{rz}=1-(1-\overline{U}_z)(1-\overline{U}_r) \tag{5-8}$$

若软黏土层较厚，砂井未能打穿软土层，如图5-5所示。图5-5中，砂井深度为L，压缩层范围内软黏土层未设置砂井区厚度为H，在荷载作用下地基平均固结度可采用下述方法计算。砂井区平均固结度$\overline{U}_{rz}$采用式(5-8)计算。未设砂井区平均固结度$\overline{U}_z$采用一维固结理论计算，计算时将砂井底面视为排水面。整个软黏土层平均固结度$\overline{U}$可采用下式计算：

$$\overline{U}=\lambda\overline{U}_{rz}+(1-\lambda)\overline{U}_z \tag{5-9}$$

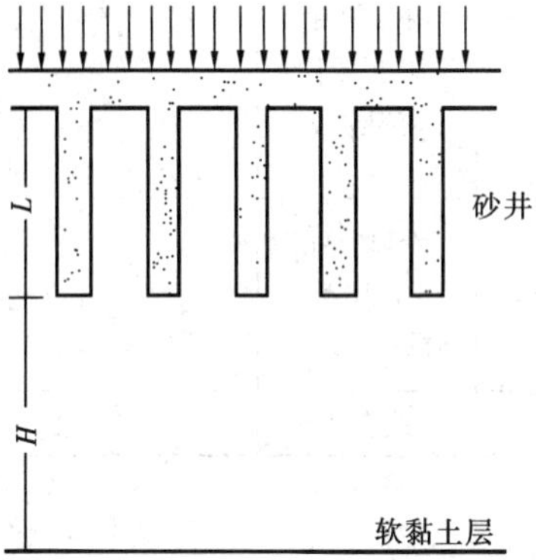

图5-5　砂井未打穿软黏土土层情况

式中　$\overline{U}_{rz}$——砂井区平均固结度；

$\overline{U}_z$——未设置砂井区平均固结度；

λ——砂井深度与软土层总厚度之比值，其表达式为：

$$\lambda=\frac{L}{L+H} \tag{5-10}$$

式中　L——砂井深度；

H——未设置砂井区厚度。

曾国熙（1975）建议地基平均固结度采用下述普遍表达式表示：

$$\overline{U}=1-\alpha e^{-\beta t} \tag{5-11}$$

式中　α、β——参数，不同条件下平均固结度计算公式及参数α、β值见表5-1。

不同条件的固结度计算公式　　**表5-1**

序号	条件	平均固结度计算公式	α	β	备注
1	竖向排水固结（$\overline{U}_z>30\%$）	$\overline{U}_z=1-\frac{8}{\pi^2}e^{-\frac{\pi^2C_v}{4H^2}t}$	$\frac{8}{\pi^2}$	$\frac{\pi^2C_v}{4H^2}$	Terzaghi解
2	内径向排水固结	$\overline{U}_r=1-e^{-\frac{8C_h}{F(n)d_e^2}t}$	1	$\frac{8C_h}{F(n)d_e^2}$	Barron解
3	竖向和内径向排水固结（砂井地基平均固结度）	$\overline{U}_{rz}=1-(1-\overline{U}_r)(1-\overline{U}_z)$ $=1-\frac{8}{\pi^2}e^{-\left(\frac{8C_h}{F(n)d_e^2}+\frac{\pi^2C_v}{4H^2}\right)t}$	$\frac{8}{\pi^2}$	$\frac{8C_h}{F(n)d_e^2}+\frac{\pi^2C_v}{4H^2}$	

续表

序号	条件	平均固结度计算公式	α	β	备注
4	砂井未贯穿受压土层平均固结度	$\overline{U}=\lambda\overline{U}_{rz}+(1-\lambda)\overline{U}_z \approx 1-\frac{8\lambda}{\pi^2}e^{-\frac{8C_h}{F(n)d_e^2}t}$	$\frac{8}{\pi^2}\lambda$	$\frac{8C_h}{F(n)d_e^2}$	$\lambda=\frac{L}{L+H}$ L——砂井长度 H——砂井以下压缩土层厚度
5	外径向排水固结（$\overline{U}_r>60\%$）	$\overline{U}=1-0.692e^{-\frac{5.78C_h}{R^2}t}$	0.692	$\frac{5.78C_h}{R^2}$	R——土桩体半径
6	普遍表达式	$\overline{U}=1-\alpha e^{-\beta t}$			

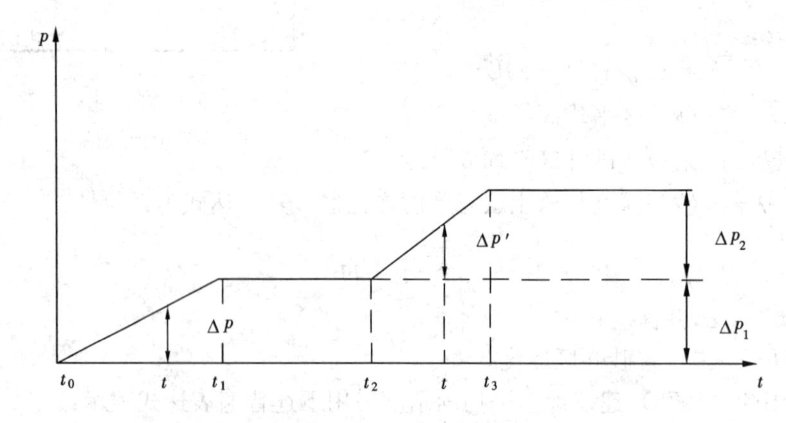

图5-6　分级加载条件下地基平均固结度计算

地基平均固结度表达式，式（5-2）、式（5-8）、式（5-9）以及式（5-11）都是在瞬时加载条件下得到的解答。在实际工程中，预压荷载往往是分级逐渐施加的。现以图5-6为例说明地基固结度计算方法。图中表示荷载分级施加，第一级荷载为Δp_1，从t_0时刻开始加载，加载时间为t_1，第二级荷载为Δp_2，从t_2时刻开始施加，加载时间为（t_3-t_2）。

曾国熙（1975）建议在这种情况下采用下述计算式计算地基固结度：

当$0<t<t_1$时，对Δp而言固结度：

$$\overline{U}_t=\frac{1}{t}\left[t-\frac{\alpha}{\beta}(1-e^{-\beta t})\right] \tag{5-12}$$

对Δp_1而言的固结度：

$$\overline{U}_t=\frac{1}{t_1}\left[t-\frac{\alpha}{\beta}(1-e^{-\beta t})\right] \tag{5-13}$$

对$\Sigma\Delta p_1$而言的固结度：

$$\overline{U}_t=\frac{\Delta p_1}{t_1\Sigma\Delta p}\left[t-\frac{\alpha}{\beta}(1-e^{-\beta t})\right] \tag{5-14}$$

当 $t_1<t<t_2$ 时，对 Δp_1 而言的固结度：

$$\overline{U}_t = 1+\frac{\alpha}{\beta t_1}\left[e^{-\beta t}-e^{-\beta(t-t_1)}\right] \tag{5-15}$$

对 $\Sigma\Delta p$ 而言的固结度：

$$\overline{U}_t = \frac{\Delta p_1}{\Sigma\Delta p}\left\{1+\frac{\alpha}{\beta t_1}\left[e^{-\beta t}-e^{-\beta(t-t_1)}\right]\right\} \tag{5-16}$$

当 $t_2<t<t_3$ 时，对 $\Sigma\Delta p$ 而言的固结度：

$$\overline{U}_t = \frac{\Delta p_1}{t_1\Sigma\Delta p}\left\{t_1+\frac{\alpha}{\beta}\left[e^{-\beta t}-e^{-\beta(t-t_1)}\right]\right\} + \frac{\Delta p_2}{(t_3-t_2)\Sigma\Delta p}\left\{(t-t_2)+\frac{\alpha}{\beta}\left[1-e^{-\beta(t-t_2)}\right]\right\} \tag{5-17}$$

当 $t>t_3$ 时，对 $\Sigma\Delta p$ 而言的固结度：

$$\overline{U}_t = \frac{\Delta p_1}{t_1\Sigma\Delta p}\left\{t_1+\frac{\alpha}{\beta}\left[e^{-\beta t}-e^{-\beta(t-t_1)}\right]\right\} + \frac{\Delta p_2}{(t_3-t_2)\Sigma\Delta p}\left\{(t_3-t_2)+\frac{\alpha}{\beta}\left[e^{-\beta(t-t_2)}-e^{-\beta(t-t_3)}\right]\right\} \tag{5-18}$$

多级等速加荷下修正后对 $\Sigma\Delta p$ 而言的固结度可归纳为下式表示：

$$\overline{U}_t = \sum_{1}^{n}\frac{q_n}{\Sigma\Delta p}\left[(t_n-t_{n-1})-\frac{\alpha}{\beta}e^{-\beta t}(e^{\beta t_n}-e^{\beta t_{n-1}})\right] \tag{5-19}$$

式中 q_n——第 n 级荷载的加荷速率，如图 5-6 中，$q_1=\frac{\Delta p_1}{t_1}$；

$\Sigma\Delta p$——各级荷载的累加值；

t_{n-1}、t_n——分别为第 n 级荷载起始和终止时间，当计算第 n 级荷载加荷过程中时间 t 的固结度时，t_n 改用 t；

α、β——参数，见表 5-1 中所示。

5.2.3 考虑井阻作用固结度计算

在地基中设置竖向排水系统，无论是普通砂井，还是袋装砂井、塑料排水带，其本身透水性虽然大，但对渗流总有一定的阻力，并且在设置竖向排水系统过程中对地基土的扰动会降低砂井周围土体的渗透性。前者称为井阻，后者称为涂抹作用。Barron 解式（5-5）是没有考虑井阻和涂抹作用得到的。近年来横断面积较小的袋装砂井和塑料排水带在工程中应用日益广泛，使考虑井阻和涂抹作用的非理想井固结理论得到重视。Hansbo（1981）提出了考虑井阻和涂抹作用的饱和软黏土地基在深度 z 处径向排水平均固结度表达式：

$$U_r=1-e^{-\frac{8T_h}{F}} \tag{5-20}$$

式中 T_h——径向排水固结因子，$T_h=\frac{C_h t}{d_e^2}$；

F——综合参数，其表达式为：

$$F=F_n+F_s+F_r \tag{5-21}$$

式中下标 n、s、r 分别表示井径比、涂抹作用、井阻作用的影响。F_n 计算式同式（5-7），当井径比 $n \geqslant 20$ 时，计算式可简化为：

$$F_n=\ln n-\frac{3}{4} \tag{5-22}$$

反映涂抹作用影响的参数 F_s 表达式为：

$$F_s=\left(\frac{K_h}{K_s}-1\right)\ln S \tag{5-23}$$

式中　K_h、K_s——分别表示原状土和扰动土的水平向渗透系数；

S——扰动区半径 r_s 与砂井半径 r_w 之比，$S=\frac{r_s}{r_w}$。

反映井阻作用影响的参数 F_r 表达式为：

$$F_r=\pi z（2H-z）\frac{K_h}{q_w} \tag{5-24}$$

式中　H——砂井贯穿土层最大排水距离；

z——竖向坐标；

q_w——竖向排水体（砂井）通水量，其表达式为：

$$q_w=K_w A_w=K_w\frac{\pi d_w^2}{4} \tag{5-25}$$

式中　K_w——竖向排水体渗透系数。

Hansbo 公式计算的是某一深度的平均固结度，因而可很方便地用来计算该深度土体因固结而增长的强度。

谢康和（1987）提出了考虑井阻作用和涂抹作用的砂井地基平均固结度计算式：

$$U_r=1-e^{-\frac{8T_h}{F}} \tag{5-26}$$

式中　F——综合参数，其表达式为：

$$F=F_n+F_s+F_r \tag{5-27}$$

式（5-27）中 F_n 和 F_s 计算式分别同式（5-22）和式（5-23），F_r 计算式如下：

$$F_r=\pi G=\pi\frac{K_h}{K_w}\left(\frac{H}{d_w}\right)^2=\frac{\pi^2 H^2}{4}\frac{K_h}{q_w} \tag{5-28}$$

式中　G——井阻因子；

H、d_w——分别为竖向排水体贯穿土层最大排水距离和排水体直径；

K_h、K_w——分别为土体水平向渗透系数和竖向排水体渗透系数；

q_w——竖向排水体通水量。

根据非理想砂井固结理论，竖向排水体存在有效长度。竖向排水体超过有效长度后，所增加的排水体长度加速固结的效果很差，甚至没有效果。

5.2.4 土体固结抗剪强度增长计算

在荷载作用下地基土体产生排水固结。在固结过程中，土体中超孔隙水压力消散，有效应力增大，地基土体抗剪强度提高。同时还应看到，在荷载作用下，地基土体会产生蠕变。土体在发生蠕变时，可能导致土体抗剪强度衰减。因此，在荷载作用下，地基中土体某时刻的抗剪强度 τ_f 可以表示为：

$$\tau_f=\tau_{fo}+\Delta\tau_{fc}-\Delta\tau_{ft} \tag{5-29}$$

式中 τ_{fo}——地基中某点初始抗剪强度；

$\Delta\tau_{fc}$——由于排水固结而增长的抗剪强度增量；

$\Delta\tau_{ft}$——由于土体蠕变引起的抗剪强度减小的数量。

考虑到由于蠕变引起的抗剪强度减小的数量 $\Delta\tau_{ft}$ 尚难计算，曾国熙（1975）建议将式（5-29）改写为：

$$\tau_f=\eta\,(\tau_{fo}+\Delta\tau_{fc}) \tag{5-30}$$

式中 η——考虑土体蠕变及其他因素对土体抗剪强度的折减系数，并建议在软黏土地基工程设计中取 η=0.75～0.90。

对正常固结黏土，采用有效应力指标表示的抗剪强度表达式为：

$$\tau_f=\sigma'\tan\varphi' \tag{5-31}$$

式中 φ'——土体有效内摩擦角；

σ'——剪切面上法向有效应力。

由图 5-7 可以看到，剪切面上法向应力 σ' 可用最大有效主应力 σ'_1 表示，其关系式为：

$$\sigma'=\frac{\cos^2\varphi'}{1+\sin\varphi'}\sigma'_1 \tag{5-32}$$

由式（5-31）可以得到：由土体固结产生的有效应力增量 $\Delta\sigma'_1$ 引起土体抗剪强度增量表达式为：

$$\Delta\tau_{fc}=\Delta\sigma'\tan\varphi' \tag{5-33}$$

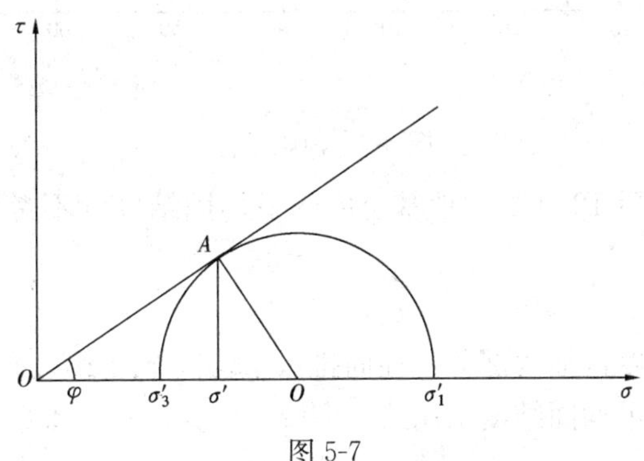

图 5-7

结合式（5-33）和式（5-32），可得：

$$\Delta\tau_{fc}=\frac{\cos^2\varphi'}{1+\sin\varphi'}\sigma'_1=K\Delta\sigma'_1 \tag{5-34}$$

设在预压荷载作用下，地基中某点总主应力增量为 $\Delta\sigma_1$。当该点土体固结度为 U 时，土体中相应的有效主应力增量 $\Delta\sigma'_1$ 为：

$$\Delta\sigma'_1=\Delta\sigma_1-\Delta u=U\Delta\sigma_1 \tag{5-35}$$

式中　Δu——土体中超孔隙水压力增量。

结合式（5-30）、式（5-34）和式（5-35），可得：

$$\tau_f=\eta\left[\tau_{f0}+K(\Delta\sigma_1-\Delta u)\right]=\eta\left[\tau_{f0}+KU\Delta\sigma_1\right] \tag{5-36}$$

式中　K——土体有效内摩擦角的函数，$K=\dfrac{\sin\varphi'\cos\varphi'}{1+\sin\varphi'}$；

U——地基中某点固结度，为简便计，常用平均固结度代替；

$\Delta\sigma_1$——荷载引起的地基中某点最大主应力增量，可按弹性理论计算；

Δu——荷载引起的地基中某点超孔隙水压力增量。

5.2.5　算例

已知：一淤泥质黏土地基，土体固结系数为 $c_h=c_v=1.8\times10^{-3}\text{cm}^2/\text{s}$，土层厚20m。采用堆载法加固，袋装砂井直径采用 $d_w=70\text{mm}$，等边三角形布置，间距 $l=1.4\text{m}$，深度 $H=20\text{m}$，砂井底部为不透水层，砂井已打穿需加固土层。预压荷载总压力 $p=100\text{kPa}$，分两级等速加载，预压过程如图5-8所示。

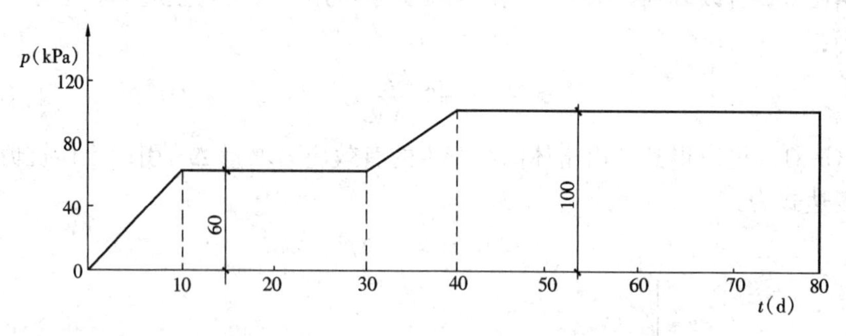

图5-8　预压过程

求：加载开始后120d加固地基土层的平均固结度（不考虑砂井的井阻和涂抹影响）。

解：

土层平均固结度包括两部分：径向排水平均固结度和向上竖向排水平均固结度。加固地基土层平均固结度采用式（5-19）计算，式中参数 α 和 β 由表5-1知：

$$\alpha=\frac{8}{\pi^2}=0.81$$

$$\beta=\frac{8c_h}{F_n d_e^2}+\frac{\pi^2 c_v}{4H^2}$$

根据砂井的有效排水圆柱体直径 $d_e=1.05l=1.05\times1.4=1.47\text{m}$

径井比 $n=d_e/d_w=1.47/0.07=21$，则

$$F_n=\frac{n^2}{n^2-1}\ln(n)-\frac{3n^2-1}{4n^2}=2.3$$

$$\beta=\frac{8c_h}{F_n d_e^2}+\frac{\pi^2 c_v}{4H^2}=2.908\times10^{-7}\,1/\text{s}=0.0251\text{d}^{-1}$$

第一级荷载加荷速率

$$\dot{q}_1=60/10=6\text{kPa/d}$$

第二级荷载加荷速率

$$\dot{q}_2=40/10=4\text{kPa/d}$$

加固地基土层平均固结度采用式（5-19）计算：

$$\begin{aligned}\overline{U}_t&=\Sigma\frac{\dot{q}_1}{\Sigma\Delta p}\left[(T_i-T_{i-1})-\frac{\alpha}{\beta}e^{-\beta t}(e^{-\beta T_i}-e^{\beta T_{i-1}})\right]\\&=\frac{\dot{q}_1}{\Sigma\Delta p}\left[(t_1-t_0)-\frac{\alpha}{\beta}e^{-\beta t}(e^{\beta T_1}-e^{\beta T_0})\right]\\&\quad+\frac{\dot{q}_2}{\Sigma\Delta p}\left[(t_3-t_2)-\frac{\alpha}{\beta}e^{-\beta t}(e^{\beta T_3}-e^{\beta T_2})\right]\\&=\frac{6}{100}\left[(10-0)-\frac{0.81}{0.0251}e^{-0.0251\times120}(e^{0.0251\times10}-e^0)\right]\\&\quad+\frac{4}{100}\left[(40-30)-\frac{0.81}{0.0251}e^{-0.0251\times120}(e^{0.0251\times40}-e^{0.0251\times30})\right]\\&=0.93\end{aligned}$$

加固地基土层平均固结度为 0.93。

5.3 堆载预压法

采用堆载预压法加固地基是通过在地面上堆载，对地基土体进行预压，使地基土体在预压过程中产生排水固结，达到减少工后沉降和提高地基承载力。下面介绍堆载预压法加固地基设计、施工和质量检验等有关内容。

5.3.1　设计

堆载预压法设计主要包括排水系统和加压系统两部分的设计。排水系统设计包括竖向排水体的材料选用，排水体长度、断面、平面布置的确定等；加压系统设计主要包括堆载预压计划的确定和堆载材料的选用，以及堆载预压过程中的现场监测设计等。

下面以砂井地基设计为例，说明堆载预压法设计计算步骤，同时简要介绍塑料排水带的应用。

堆载预压法设计计算步骤如下：

1. 竖向排水体材料选择

（1）竖向排水体材料选择

竖向排水体可采用普通砂井、袋装砂井和塑料排水带。可根据材料资源、施工条件和经济分析比较确定。若需要设置竖向排水体长度超过20m，建议采用普通砂井。

袋装砂井通常在现场制备，袋子材料通常采用聚丙烯编织布，直径多用70mm左右，砂料宜用风干砂，含泥量应小于3%。

塑料排水带在工厂生产，品种型号很多。滤膜芯带复合结构塑料排水带由两种材料组合而成，中间为带有各种形式通水孔道的芯板，如口琴形、城墙形、圆孔形、双面形、双面交错凹凸乳头形等，外面包裹一层无纺土工织物滤层。

塑料排水带主要质量指标是复合体的力学性能、纵向通水量、滤膜的渗透性和隔土性。塑料排水带的力学性能包括抗拉强度和延伸率、弯曲性能。土工合成材料学会制定的排水带产品质量标准如表5-2所示。

（2）竖向排水体设置深度设计

根据对工后沉降的要求和地基承载力的要求确定软黏土地基处理深度，然后由处理深度确定竖向排水体的设置深度。若软土层较薄，竖向排水体应贯穿软土层。若软土层中有砂层，而且砂层中设有承压水，应尽量打至砂层。如砂层中有承压水，则不应打至砂层，应留有一定厚度的软土层，防止承压水与竖向排水体连通。

（3）竖向排水体平面设计

工程应用中，普通砂井直径一般为300～500mm，多采用400mm，井径比常采用$n=6\sim8$。则当加固土层很厚时，砂井直径也有大于1000mm的。

袋装砂井直径一般为70～100mm，多采用70mm，井径比常采用$n=15\sim30$。

塑料排水带常用当量直径表示。当塑料排水带宽度为b，厚度为δ时，其当量直径D_P计算式为：

$$D_P=\frac{2(b+\delta)}{\pi} \tag{5-37}$$

塑料排水带井径比一般采用 $n=15\sim30$。

塑料排水带产品质量标准 **表 5-2**

<table>
<tr><td colspan="3">打入深度（m）
项目</td><td>10</td><td>15</td><td>20</td><td>25</td><td>备　注</td></tr>
<tr><td rowspan="2">材质</td><td colspan="2">芯带</td><td colspan="4">聚酯，聚乙烯，聚丙烯，聚氯乙烯</td><td></td></tr>
<tr><td colspan="2">滤膜</td><td colspan="4">涤纶（热粘或胶粘非织布）</td><td></td></tr>
<tr><td rowspan="2">断面尺寸</td><td colspan="2">宽度（mm）</td><td colspan="4">>95</td><td></td></tr>
<tr><td colspan="2">厚度（mm）</td><td colspan="4">>4</td><td></td></tr>
<tr><td>拉伸强度</td><td colspan="2">整 带 kN/10cm（相应延伸率10%～15%）</td><td>>1.0</td><td>>1.0</td><td>>1.2</td><td>>1.2</td><td rowspan="2">采用侧压力为350kPa的试验结果，水力梯度 $i=0.5$ 换算为 $i=1$ 的通水量</td></tr>
<tr><td>通水能力（q_w）</td><td colspan="2">cm^3/s</td><td colspan="4">当设计要求无井阻时由土工织物流量计算式确定</td></tr>
<tr><td rowspan="2">滤膜的拉伸强度</td><td rowspan="2">相应延伸率10%的拉伸强度（N/cm）</td><td>湿</td><td>10</td><td>10</td><td>20</td><td>20</td><td></td></tr>
<tr><td>干</td><td>15</td><td>15</td><td>25</td><td>25</td><td></td></tr>
<tr><td rowspan="2">滤膜渗透反滤特性</td><td colspan="2">渗透系数 K_G（cm/s）</td><td colspan="4">$>10^{-4}$ 和 $K_G>100k_s$</td><td rowspan="2">K_G——滤膜的渗透系数；
k_s——土的渗透系数</td></tr>
<tr><td colspan="2">等效孔 O_{95}（mm）</td><td colspan="4"><0.08</td></tr>
<tr><td rowspan="2">抗压屈服强度（kPa）</td><td colspan="2">带长 <15m</td><td colspan="4">250</td><td></td></tr>
<tr><td colspan="2">带长 >15m</td><td colspan="4">350</td><td></td></tr>
</table>

图 5-9 表示砂井平面布置及影响范围。图 5-9（a）表示等边三角形布置，图 5-9（b）表示正方形布置。图中等面积圆表示一个砂井的影响范围。记竖向排水体砂井的影响圆直径为 d_e，它与排水体中心间距 l 关系如下：

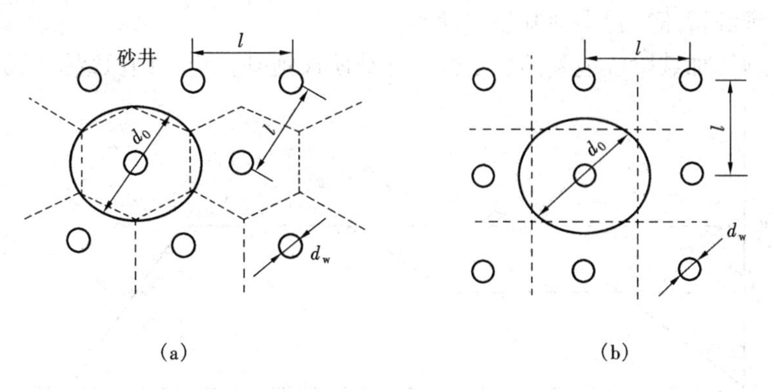

图 5-9　竖向排水体平面布置及影响范围

（a）等边三角形布置；（b）正方形布置

$$\left.\begin{aligned} d_e &= \sqrt{\frac{2\sqrt{3}}{\pi}}\,l = 1.05l \quad \text{等边三角形排列} \\ d_e &= \sqrt{\frac{4}{\pi}}\,l = 1.13l \quad \text{正方形排列} \end{aligned}\right\} \tag{5-38}$$

井径比 n 的取值主要取决于土体的固结特性和预压加固期限的要求。井径比取值小，表示最大排水距离短，地基固结速度快，但地基处理成本提高。

在预压法处理地基中，竖向排水体布置范围一般要比建（构）筑物基础范围稍大一些，以利于提高地基稳定性，减小在荷载作用下由于地基土体的侧向变形引起建（构）筑物的沉降。

若地基中的软黏土层厚度不大，或在软黏土层中含有较多的夹砂层，在地基中不设竖向排水体也能满足预压工期要求，则可不在地基中设置竖向排水体系，以降低地基处理成本。

（4）水平排水砂垫层设计

地表排水砂垫层是预压法处理地基排水系统的一部分。地表排水砂垫层采用中粗砂铺设，含泥量应小于5%，砂垫层的厚度一般应大于400mm。水平排水系统也可采用土工合成材料与砂垫层形成的混合垫层。水平排水系统应能保证在预压加固过程中由地基中排出的水能引出预压区。

2. 堆载预压计划设计

根据初步确定的排水系统和对地基处理的要求，包括提高地基承载力、减小工后沉降以及容许的堆载预压工期等要求，初步拟定一个堆载预压计划。例如初步拟定的堆载预压计划如图5-10所示。在图5-10中，预压荷载分两次等速加载。第一次预压荷载为 p_1，加荷期限为 t_1，然后保持恒载 p_1 预压至时间 t_2；第二次增加预压荷载为（p_2-p_1），加荷从 t_2 时刻开始，加荷期限为（t_3-t_2），再保持恒载预压，堆载预压结束时间为 t_4。对这一初步拟定的堆载预压计划，需要做下述几项验算：

（1）堆载预压过程中地基稳定性验算

主要验算加载阶段地基的稳定性。加载阶段地基稳定，则恒载预压阶段地基

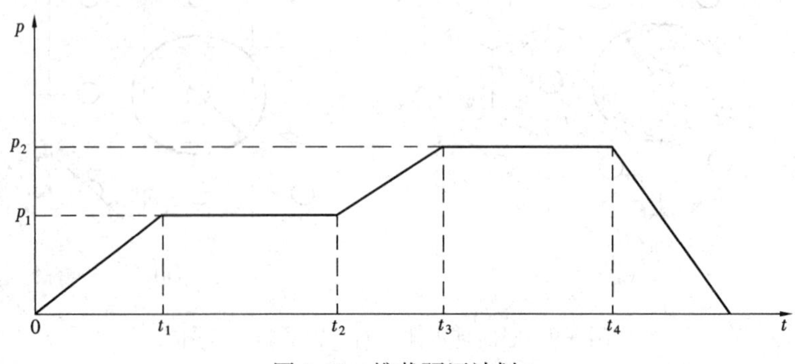

图5-10　堆载预压计划

肯定是稳定的。通常通过稳定分析验证加载计划，主要验证一级加载量和加载速率是否合理。稳定分析一般可采用圆弧滑动法分析。在稳定分析前，应计算此时刻地基的承载能力。第一级加载时，加载量大小主要取决于天然地基承载力；第二级加载时，加载量大小取决于在前一级堆载作用下地基承载力的提高，主要与第一次加载量和此时地基达到的固结度有关。根据地基固结情况以及蠕变对强度的影响计算第二级荷载施加时 t_2 时刻地基土体抗剪强度，然后进行稳定性计算。

若在加载阶段中地基的稳定性不能满足，可修改预压计划或排水系统设计。通过减小一次加载量或减慢加荷速率；或通过减小井径比，以提高地基的固结速率，进一步提高土体的强度，以达到满足地基的稳定要求。若在加载过程中地基稳定分析的安全度偏大，可修改预压计划增加一次加载量或加快加荷速率，或修改排水系统设计如增加井径比，以节约投资等。

(2) 堆载预压结束时刻（t_4）地基承载力和工后沉降是否满足设计要求

通过计算预压荷载作用下地基固结度、地基土体抗剪强度的提高，可进一步得到经堆载预压处理后的地基承载力，判断通过堆载预压处理后的地基是否已满足提高地基承载力的要求。

通过计算在预压阶段地基的固结沉降和固结度，可进一步计算工作荷载作用下的沉降。例如：工作荷载为 p_A，预压荷载为 p_B，而且 $p_B \leqslant p_A$，天然地基在预压荷载 p_B 作用下平均固结度达到 $\overline{U}$。卸载后建造建筑物，工作荷载为 p_A，试求建筑物沉降。为便于说明，只考虑固结沉降。若天然地基在荷载 p_A 作用下固结沉降为 S_C，在荷载 p_B 作用下固结沉降为 S_{CB}，经堆载预压处理后地基上建筑物工后沉降 S 可表示为：

$$S = S_E + S_C - \overline{U} S_{CB} \tag{5-39}$$

式中 S_C——在工作荷载 p_A 作用下原天然地基固结沉降，可采用分层总和法计算；

S_E——预压荷载卸荷时地基回弹量，数量较小；

S_{CB}——在预压荷载 p_B 作用下天然地基固结沉降，可采用分层总和法计算；

$\overline{U}$——预压卸荷时对荷载 p_A 地基达到的平均固结度。

若工后沉降不能满足要求，由式（5-39）可知，可通过延长堆载时间，或减小井径比以增加平均固结度 $\overline{U}$，或增大预压荷载，均可达到减少工后沉降的目的。

通过对初步拟定的堆载预压计划的验算，不断调整堆载预压计划，必要时还要调整排水系统的设计。通过不断调整，反复验算，确定排水系统和堆载预压计划设计。

一般情况下，第一级预压荷载大小根据天然地基承载力确定。待地基相对于第一级预压荷载平均固结度达到 80%左右开始施加第二级预压荷载。第二级预压荷载大小根据此时地基实际承载力确定，可以通过稳定分析验算。依次类推，拟定堆载预压计划。

3. 现场监测设计

堆载预压法现场监测项目一般包括地面沉降，地表水平位移观测和地基土体中孔隙水压力观测，如有条件也可进行地基中深层沉降和水平位移观测。

地面沉降观测点可沿堆载面积纵横轴线布置，以测量荷载作用范围内地面沉降、荷载作用范围外地面沉降或隆起。利用沉降观测资料可以估算地基平均固结度，也可推算在荷载作用下地基最终沉降量。在加荷过程中，如果地基沉降速率突然增大，说明地基中可能产生较大的塑性变形区。若塑性区持续发展，可能发生地基整体破坏。一般情况下，沉降速率应控制在10～20mm/d。

地面水平位移观测点一般布置在堆载的坡脚，并根据荷载情况，在堆载作用面外再布置2～3排观测点。通过水平位移观测限制加荷速率，监视地基的稳定性。当堆载接近地基极限荷载时，坡脚及外侧观测点水平位移会迅速增大。每天水平位移值一般应控制不超过4mm。

地基中孔隙水压力测点一般布置在堆载中心线和边线附近堆载面以下地基不同深度处。通过地基中孔隙水压力观测资料可以反算土的固结系数，推算地基固结度，计算地基土体强度增长，控制加荷速率。

深层沉降测点一般布置在堆载轴线下地基的不同土层中，一个深层沉降测点只能测一点的竖向位移。若采用分层沉降标，则可连续得到一竖直线上各点竖向位移情况。通过深层沉降观测可以了解各层土的固结情况，以利于更好地控制加荷速率。

深层侧向位移测点一般布置在堆载坡脚或坡脚附近。通过测斜仪测量预先埋设于地基中的测斜管在不同深度的水平位移得到地基土体的水平位移沿深度的变化情况。通过深层侧向位移观测可更有效地控制加荷速率，保证地基稳定。

4. 堆载预压法设计计算小结

从以上介绍可以看到，无论是排水系统设计还是堆载预压计划设计，影响因素都很多，而且排水系统和堆载预压计划两者也是相互影响、相互制约的。更为重要的是堆载预压计划还要通过现场监测情况来调整，以保证堆载预压过程中地基的稳定和达到加固要求。堆载预压法设计过程是一个反复调整、不断优化的过程。堆载预压法应采用动态设计，根据现场监测结果，不断调整堆载预压计划。

设计者不能只满足于技术上可行的方案，还要追求经济上的合理性，进行多方案比较、以达到优化设计。

5.3.2　施工

堆载预压法施工包括排水系统施工和堆载预压施工。

排水系统包括砂垫层和竖向排水体两部分。

在铺摊砂垫层时应注意与竖向排水体的连接。以保证排水固结过程中，排水流畅。若软土地基表面很软，直接进行竖向排水系统的施工有困难，可辅以土工聚合物。

竖向排水体通常有普通砂井、袋装砂井和塑料排水带三类。施工方法各不相同。

普通砂井成孔方法有两种：沉管法和水冲法。袋装砂井和塑料排水带施工采用专用施工设备。施工设备品种较多，如塑料排水带插带机等。如需详细了解请参阅《地基处理手册》（2008，中国建筑工业出版社）及其他施工手册。

堆载预压应严格按照堆载预压计划进行加载，并根据现场测试资料不断调整堆载预压计划，确保堆载预压过程中地基稳定性。堆载预压用料应尽可能就近取材，如卸载后材料还能二次应用最好。如大面积堆载预压，应尽可能分区、分批预压，以节省费用。如有条件，也可利用建（构）筑物自重进行堆载预压，节省预压费用。

5.3.3 质量检验

排水固结法施工过程中主要通过沉降观测、地基中超孔隙水压力监测来检验其处理效果，也可在加载不同阶段进行不同深度的十字板抗剪强度试验和取土进行室内试验，检验地基处理效果，并且通过上述检验手段验算预压过程中地基稳定性。

预压完成后，可通过沉降观测成果、超孔隙水压力监测成果以及对预压后地基进行十字板抗剪强度试验及室内土工试验检验处理效果。

5.4 真空预压法

真空预压法与堆载预压法不同的是加压系统，两者排水系统基本上是相同的。真空预压法是通过在砂垫层和竖向排水体中形成负压区，在土体内部与排水体间形成压差，迫使地基土中水排出，地基土体产生固结。

真空预压法示意图如图 5-11 所示。工艺过程为：首先在地基中设置塑料排水带等竖向排水通道，在地表面铺设砂垫层，形成排水系统。再在砂垫层中埋设排水管道，并与抽真空装置（如射水泵）连接，形成抽气、抽水系统。在砂垫层上铺设不透气封闭膜，在加固区四周将薄膜埋入土中一定深度以满足不漏水不漏气的密封要求。最后通过抽气、抽水在砂垫层和竖向排水体中形成负压区。薄膜下真空度一般可达 80kPa，最大可达 93kPa。通过持续不断抽气、抽水，土体在压差作用下，孔隙水排出土体，土体发生固结。

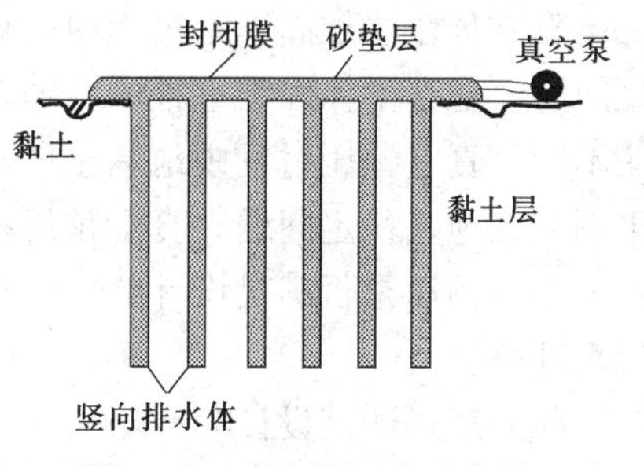

图 5-11 真空预压法示意图

真空预压法加固地基原理是土体在压

差（p_a-p_v）作用下固结，p_a 为大气压力，p_v 为砂垫层中气压。真空预压下地基土体固结计算可采用 Rendulic-Terzaghi 固结理论或 Biot 固结理论计算。地基土体除了在压差作用下固结外，抽气、抽水形成地下水位下降也促进地基土体固结。

5.4.1　设计

真空预压法设计包括下述几方面：

（1）排水系统设计和施工

通常采用塑料排水带、普通砂井、袋装砂井作为竖向排水体，设计计算和施工同堆载预压法。

（2）抽气、抽水系统和密封膜设计和施工

抽气、抽水系统由水平向分布滤管、真空管路和真空泵组成。

滤管可采用钢管或塑料管，要求能适应地基变形和承受径向压力。滤管滤水孔一般为 $\phi 8\sim 10$，间距 50mm，三角形排列，外包尼龙窗纱布一层，再包土工织物滤水层。滤管一般铺设在水平砂垫层中部。滤管接真空管路并与真空泵连接。真空管应满足排水量的要求。真空泵多采用射流真空泵。

铺设密封膜是否能形成封闭系统是真空预压法加固地基成败关键之一。材料一般采用密封性聚乙烯薄膜或线性聚乙烯专用薄膜，通过热合与粘结，形成 $500\sim5000m^2$ 密封膜。在水平砂垫层上铺设密封膜，并在四周将密封膜埋入地基中一定深度，形成封闭系统。若在加固区内地基中有水平透水性较好的土层，尚需在四周设置止水帷幕，否则难以在加固区内地基中形成负压区。地基加固区内有水平透水性好的土层，若不能进行有效隔离形成封闭系统，则采用真空预压法不能取得加固地基效果。

除采用密封膜外，也可采用淤泥密封。将塑料排水带直接跟水平排水排气管网连接，然后在管网及地面上覆盖厚度大于 300mm 的淤泥层，以达到密封的目的。采用淤泥密封时，在真空预压地基土体固结过程中，需及时检查淤泥密封效果。在真空预压过程中，密封层产生裂缝导致漏气应及时补漏。

（3）真空预压计划设计

真空预压法加固地基过程中，地基土体中有效应力不断增加，地基不存在失稳问题。地基土体固结过程中，地基产生沉降，同时产生水平位移。与堆载预压法不同，真空预压过程中地基土体水平位移一开始就向加固区中心方向移动。由于不存在地基稳定问题，真空预压抽真空度可一步到位，以缩短真空预压工期。

真空预压是否满足设计要求，何时停止抽气、抽水可通过地基沉降量的完成量来评定。

（4）现场测试设计

由于不存在地基稳定问题，现场监测重要性减小。为了了解地基固结情况，可在地基中设置孔隙水压力测点、地面沉降和深层沉降测点。为了了解地基变形情况，也可在加固区外侧埋设测斜管进行深层土体水平位移测量。在真空预压过程中，要重视土体水平位移对周围环境的影响。

现场测试设计同堆载预压法。

真空预压法能取得相当于78～92kPa的等效荷载堆载预压法的效果。

真空预压法加固地基的有效加固深度取决于真空区的扩展范围。真空区的扩展范围影响因素很多，如抽真空的功率，地基土和竖向排水体的渗透系数。真空区的扩展规律还在探讨之中。可以认为真空预压能取得相当于78～92kPa的等效荷载堆载预压法的效果是偏安全的。

5.4.2 施工

真空预压的施工工艺包括排水系统、抽真空系统和密封系统三方面，排水系统包括水平向和垂直向两个系统，前者一般指砂垫层，后者一般指垂直排水通道，即塑料排水板或袋装砂井；排水系统施工与堆载预压法类似，在此不予赘述。真空预压施工过程较堆载预压复杂，其基本流程如图5-12所示。

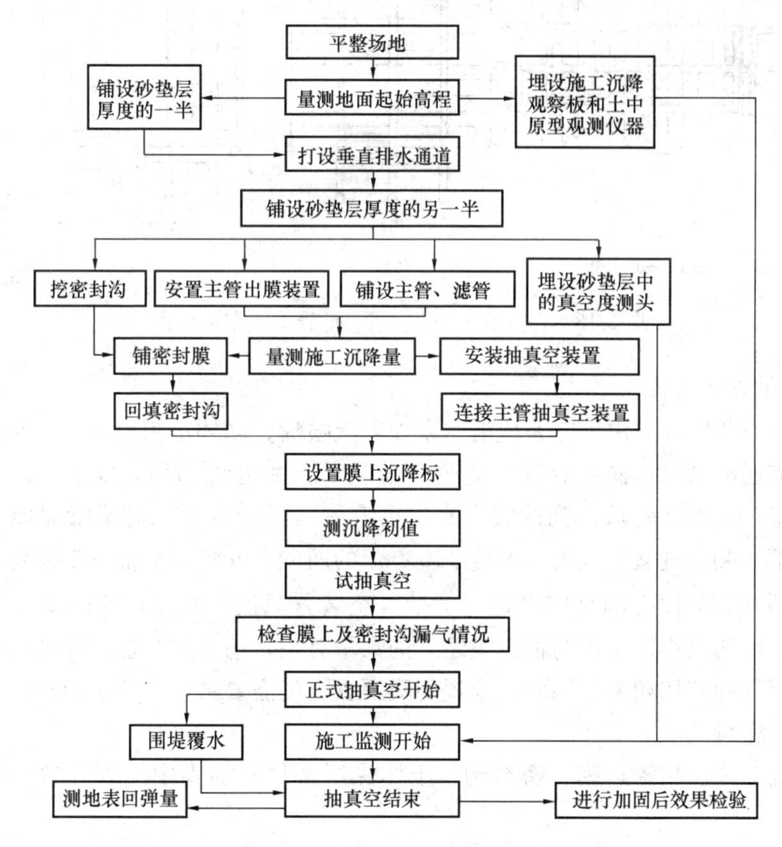

图5-12 真空预压法施工流程图

(1) 抽真空系统

1) 真空管、滤管布置

真空管、滤管布置的好坏会直接影响抽真空的效率和地基加固的效果，二者主要布置形式如图5-13所示。

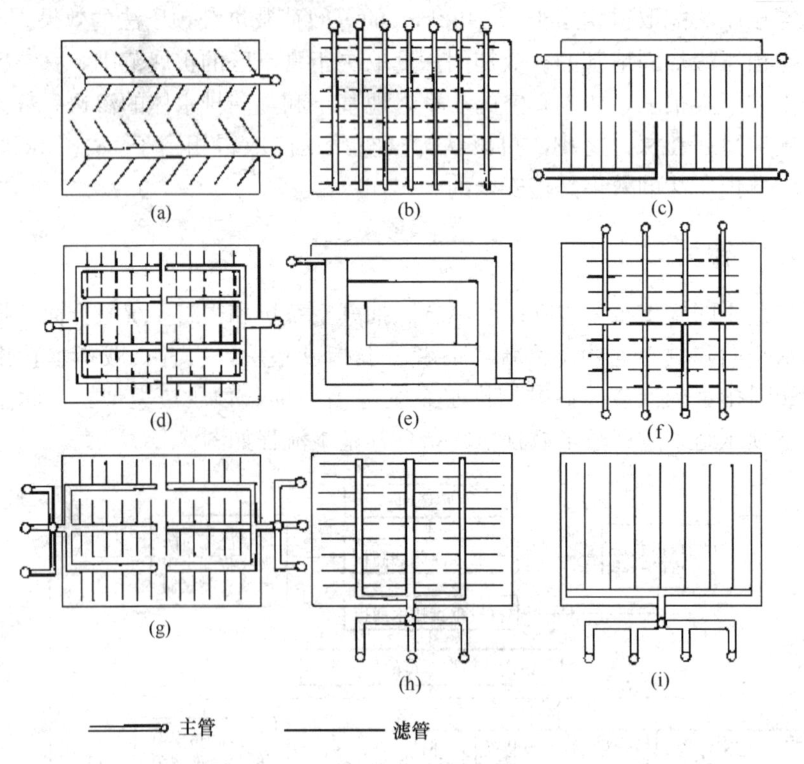

图5-13　真空预压法真空管、滤管主要布置形式

2) 抽真空装置

抽真空装置一般由离心泵或潜水泵加射流喷嘴、循环水箱组成。泵装置安装结束，需通电试机，检查装置在空载时真空度能否达到97kPa以上。抽真空装置的数量，与设计要求达到的膜下真空度有关。经验表明，对于淤泥质土和淤泥，膜下80kPa的真空度要求800～1000m^2的面积上安装一套抽真空装置；而要膜下达到90kPa以上的真空度，每套抽真空装置只能担负600～700m^2的面积。膜下真空度的大小，不仅与抽真空装置的数量有关，还与整个加固场地的密封和土层的透气性密切相关。因此，要提高膜下真空度需要采取综合密封措施。

(2) 密封系统

密封系统包括密封膜、密封沟、土体深层密封和加固中地表开裂的密封等方面。

1) 密封膜

铺设密封膜是否能形成封闭系统是真空预压法加固地基成败的关键之一。材料一般采用密封性聚乙烯薄膜或线性聚乙烯专用薄膜，通过热合与粘结，形成500～5000m^2密封膜。在水平砂垫层上铺设密封膜，并在四周将密封膜埋入地基中一定深度，形成封闭系统。若在加固区内地基中有水平透水性较好的土层，尚需在四周设置止水帷幕，否则难以在加固区内地基中形成负压区。地基加固区内有水平透水性好的土层，若不能进行有效隔离形成封闭系统，则采用真空预压法不能取得加固地基效果。

除采用密封膜外，也有采用淤泥密封。将塑料排水带直接跟水平排水排气管网连接，然后在管网及地面上覆盖厚度大于300mm的淤泥层，以达到密封的目的。采用淤泥密封时，在真空预压地基土体固结过程中，需及时检查淤泥密封效果。在真空预压过程中，密封层产生裂缝导致漏气应及时补漏。

铺设密封膜时应注意以下几点：

① 密封膜的大小应考虑密封沟的部分，留有足够的余地；

② 采用砂垫层时，为保证密封效果，密封膜应铺两层；采用小碎石垫层，可在其上先铺一层针刺无纺土工布，然后再铺上塑料薄膜；

③ 铺设一般自某一边开始，几层一道按顺序由近及远进行；

④ 保持粘贴部位清洁，应自上而下沿粘缝后退进行粘贴，缝下可垫一2m长条形木板，上胶后用力拉紧，然后将木板抽出后移、依次沿缝向后粘接；

⑤ 密封膜铺设完毕应反复检查无泄漏点后再抽气施工。

2）密封沟

加固区周边的密封多采用挖密封沟。密封沟的深度在1.2～1.5m之间。当被加固土的表层黏粒含量较高、渗透性较差时，可以取小值；反之，沟要挖深一些。沟的宽度一般最小为60cm；人工挖掘密封沟最小宽度为70cm。

挖沟时要注意土层中的植物根系和动物的孔洞。若发现有孔洞，沟需挖深，以避开孔洞，这些孔洞往往是漏气的通道。沟挖好后将膜放入沟中，应注意将膜贴于沟的内壁，并将膜放至沟底，然后分层回填。

3）土层深部密封

当被加固地层表面以下有透水层或强透水层（如粉细砂或砂层）存在时，应考虑对该透水层进行密封处理，目的是切断透水层在水平方向上的联系，把加固区内、外部分隔开来。对透水层的密封处理有钢板桩法、灌浆法、深层搅拌法、高压旋喷法等。对较细颗粒组成的透水层，如细砂或粉细砂的透水层要求的含泥量较大，目前主要采取泥浆搅拌墙法对深部透水层密封。

除了考虑墙体材料的渗透性之外，还需考虑墙在内外压力差作用下的抗渗能力。解决该问题的途径有二：一是加大渗径长度，即加大密封墙的厚度，加长气、水的渗径长度，减小水力坡降，降低溢出的风险；二是提高墙体的结构强度，增大墙体材料的黏聚力，使墙体的细小颗粒不易被“冲走”，保持墙体结构的整体性、完整性，发挥墙的整体抗渗性能。

4）对地表裂缝的处理

加固时土体收缩产生裂缝，裂缝宽度随加固过程不断扩大并向下延伸，且逐渐由加固区边缘向外发展，以致形成多条裂缝。裂缝发展到一定深度会成为漏气的通道，使膜下真空度降低。当发现有漏气时，可将拌制一定稠度的黏土浆倒灌到裂缝中，泥浆在重力和真空吸力的作用下向裂缝深处钻进，慢慢充填于裂缝中，堵住裂缝、达到密封的效果。

5.5　真空联合预压法

若单纯采用真空预压法不能满足地基加固设计要求，可采用真空预压和堆载预压相结合的处理方法，通常称为真空与堆载联合预压法。真空预压与堆载预压同属于排水固结法，其加固原理基本相同，均是通过增加地基有效应力对软土地基实施加固。孔隙水压力是中性应力，是一个标量，它是位置的函数，大小与某点的方向无关，所以因真空降低的孔隙压力（负超静水压力）与堆载增大的孔隙压力（正超静水压力）二者可叠加。从原理上看，可采用真空预压与堆载预压联合加固软土地基。

5.5.1　设计和施工

堆载时需考虑是否需要分级施加；经验表明，膜下真空度维持在80kPa时，总堆载高度在2m以下时，可不考虑分级堆载；当堆载高度在3m以上时，需分级加载，分级的次数、每级荷载和稳载时间，可按堆载预压法中的荷载分级设计进行。

真空联合预压法中，真空预压的和堆载预压加固效果可分别计算，然后将两者叠加就可得到联合预压法的加固效果。

施工同堆载预压法或真空预压法。

5.5.2　工程实例（根据参考文献［36］编写）

1985年4月在天津港区矿石码头堆场进行了真空联合堆载的现场加固试验，也是我国第一个真空联合预压法的工程实例。试验时膜下真空度达到80kPa，堆载为3.05m高的山坡土，相当于55kPa的荷载，分两次施加。加固区内打设袋装砂井，直径7cm，正方形排列，间距1.5m，长度10m。

该场地先经真空预压加固，经过78天的抽真空，区内最大沉降量达到77.7cm，其中含有17.4cm的袋装砂井等施工沉降量。加固后间歇了4个月，进行联合加固。联合前先抽真空，把已发生的地面回弹压缩到原来的标高，并且在膜下真空度恢复到80kPa时，才施加第一级荷载，进行真空与堆载的联合加固。

25 天后施加第二级荷载，经过 73 天后终止联合加固，总的堆载时间为 98 天。加荷过程见图 5-14 所示。

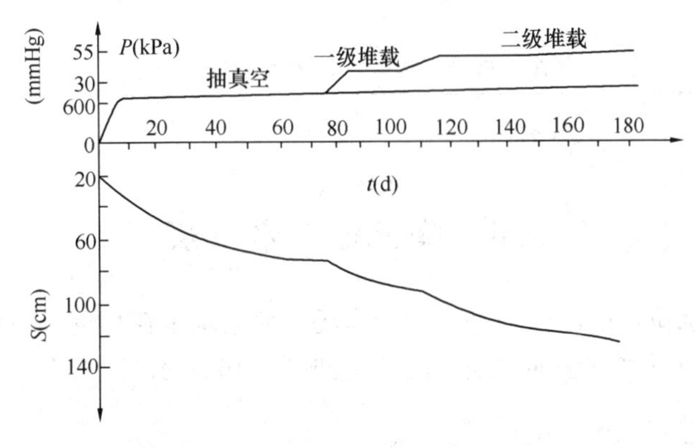

图 5-14 真空联合堆载加荷与沉降关系过程线

经过联合加固，总历时 176 天，总沉降量达到 131.2cm，其中在堆载阶段产生的沉降量 53.5cm。砂井范围内土体固结度达到 86%；土的物理性质与土的强度都发生了很大的变化，具体见表 5-3 和图 5-15 所示。大型荷载试验的结果表明承载力增加二倍（见表 5-4）。真空联合预压法加固效果显著。

加固前后土层十字板强度增长 **表 5-3**

	(1)	(2)	(3)	(4)	(5)	(6)
深度 (m)	加固前 (kPa)	真空预压后 (kPa)	真空＋堆载 (kPa)	[(2)−(1)]/(1) (%)	[(3)−(1)]/(1) (%)	[(3)−(2)]/(2) (%)
2.0～5.8	12	28	40	133	233	43
5.8～10.0	15	27	36	80	140	33
10.0～15.0	23	28	33	22	43	18

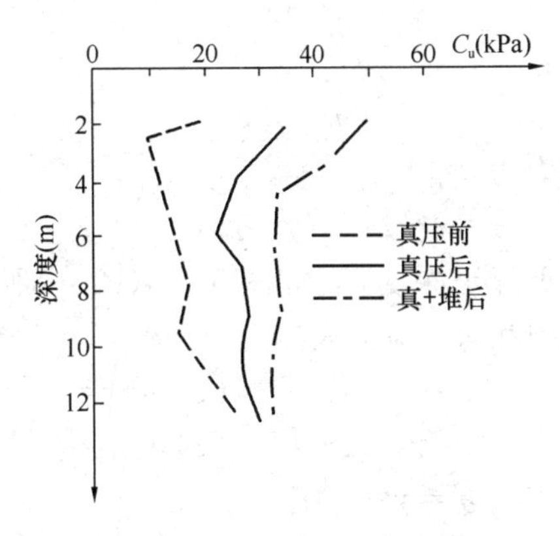

图 5-15 加固前后十字板强度沿深度的变化

加固前后静载试验推算的允许承载力（kPa） **表 5-4**

项目	荷载板面积		
	$0.5m^2$		$6.76m^2$
	真空预压前	真空＋堆载预压后	真空＋堆载预压后
允许承载力	74	250	200

5.6 降低地下水位法

降低地下水位可以改变地基中的应力场，使地基土在自重应力作用下产生排水固结。降低地下水位法加固地基的原理如图 5-16 所示。

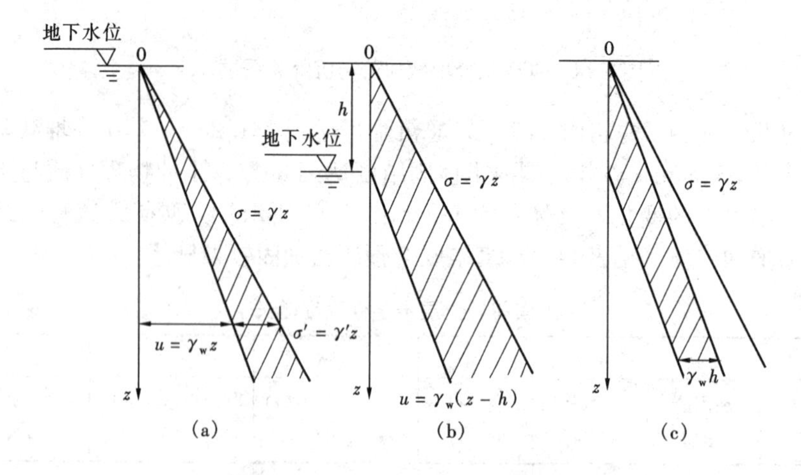

图 5-16 降低地下水位固结法示意图

在图 5-16（a）中，地下水位与地面平，地基土的重度为 γ，浮重度为 γ'，水的重度为 γ_w，则地基中土体的总应力为：

$$\sigma=\gamma z \tag{5-40}$$

地基中静水压力为：

$$u=\gamma_w z \tag{5-41}$$

地基土体中有效应力为：

$$\sigma'=\sigma-u=(\gamma-\gamma_w)z=\gamma' z \tag{5-42}$$

若地基中地下水位下降至深度 h，如图 5-16（b）中所示，则地基土中总应力保持不变，而静水压力和有效应力表达式为：

$$\left.\begin{aligned} &u=0 && (z<h)\\ &u=\gamma_w(z-h) && (z\geqslant h)\end{aligned}\right\} \tag{5-43}$$

$$\left.\begin{aligned} &\sigma'=\gamma z && (z<h)\\ &\sigma'=\gamma' z+\gamma_w z && (z\geqslant h)\end{aligned}\right\} \tag{5-44}$$

图 5-16（c）中阴影部分表示地下水位下降，地基土体固结完成后，地基土体中有效应力增加部分。对于渗透系数很小的软黏土地基，从图 5-16（a）表示的状态过渡到图 5-16（b）表示的状态需要较长的时间。对于渗透系数较大的土层，采用降低地下水位可达到较好的排水固结效果。

5.7 电 渗 法

电渗法是通过在插入土体中的电极上施加直流电使得土体加速排水、固结从而提高强度的一种地基处理方法，其历史可以追溯至 1809 俄国学者 Reuss 在试验室内的首次发现，后来各国学者在其加固机理、固结理论以及应用方面开展了大量的研究工作。电渗过程中，电渗渗透系数是决定土体排水速率的关键因素之一，与常用的水力渗透系数与土壤类型息息相关的特性不同，电渗渗透系数受土颗粒大小影响较小，如对于不同的土壤类型水力渗透系数的变化范围为 10^{-9}～10^{-1}（m/s），而电渗渗透系数的变化范围为 10^{-9}～10^{-8}（m^2/sV）。因而，电渗法被认为是处理高含水量、低渗透性软黏土地基很有发展前途的方法。

5.7.1 加固机理

水分子的极性使其易和水中溶解的阳离子结合形成水化阳离子，在外界电场作用下产生定向排列，同时黏土颗粒表面带一定的负电荷，在表面电荷电场的作用下，靠近土颗粒表面的极性水分子和水化阳离子因受到较强的电场引力作用而被土颗粒牢牢吸附，形成固定层，即强结合水层，强结合水因受较强的吸附作用不易排出；在紧贴固定层外面，极性水分子和水化阳离子受到的静电引力较小，分子间的扩散运动相对明显，形成扩散层，也叫弱结合水层，这层中水分子及水化阳离子仍受到静电引力的影响，因此普通的堆载预压和真空预压法不易将其排出，电渗法因其在土体中施加电压而将原有的静电平衡打破，可以达到排出弱结合水的效果。具体来说，离子在电场作用下发生迁移运动，并且拖拽周围的极性水分子一起移动，黏土颗粒的负电性使得离子较多地聚集在双电层中，且阳离子浓度要高于阴离子浓度，这使得阳离子转移的水量高于阴离子的转移量，于是在阳离子迁移方向产生净渗流，即电渗（图 5-17）。如果将汇聚于阴极的水排出，土中的水减少产生加固。

5.7.2 适用范围和特点

（1）适用范围

各国学者基于室内试验、现场试验、工程应用以及计算理论等方面对电渗法展开了诸多研究，报道了其在各种土壤类型中的应用，包括有机质土、泥炭土、含油淤泥、工业尾矿、疏浚淤泥、吹填淤泥、废弃泥浆、海洋底泥、污染土、城

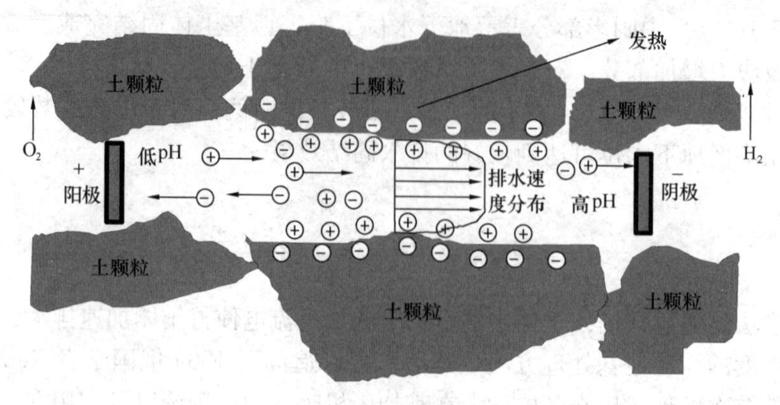

图 5-17　电渗原理图

市污泥等。可以看到，这些土壤均可归类为高含水量、低渗透性，也即一般认为电渗法适用于高含水量、低渗透性土体的加固，砂土采用传统地基处理方法即能达到较好处理效果，而盐渍土的高含盐量不利于电渗效果的发挥，因而一般认为电渗法不适于砂土和盐渍土的处理。

根据已有文献报道，在总结电渗工程实例和试验中数据的基础上，得到表5-5所示适宜电渗法的土体各参数大致范围。对于某特定场地地基，可以参考表5-5初步判定场地土壤是否适用于电渗法加固，再通过室内土工试验确定相关参数，如含水量、水力渗透系数、压缩系数以及含盐量、电导率等，并与表5-5中比较，然后确定是否适用。需要说明的是，表5-5中的数据仅为已有文献报道中各参数的范围，只能作为初步定性判断的参考，适用性的进一步判断和设计参数的确定还有赖室内模型试验。

电渗法适用土壤各参数范围　　**表 5-5**

主要参数	适宜范围
初始含水量 w_0（%）	（0.6～1）w_L
塑性指数 I_P	5～30
水力渗透系数 k_h（m/s）	10^{-10}～10^{-8}
体积压缩系数 m_v（MPa^{-1}）	0.3～1.5
孔隙水含盐量（g NaCl/L）	＜2
电导率 σ（S/m）	0.005～0.5
黏粒含量＜2μ（%）	＞30

（2）特点

用电渗法处理软土地基拥有很多有别于其他工法的特点，具体表现为：

1）固结速度快。用传统的地基处理方法处理水力渗透系数很小的细颗粒土，如堆载预压或真空预压法，土体中的水不易排出从而用时过长，但电渗法的排水效果很好，这主要因为黏性土的电渗透系数 k_e 比水力渗透系数 k_h 大 1～2 个数量级。研究发现，$k_h=1\times10^{-10}\mathrm{m/s}$，$k_e=5\times10^{-9}\mathrm{m^2/sV}$ 时，若要产生与单位电势梯度（V/m）相同的排水速率，水力坡度需为 $i_h=i_e\cdot k_e/k_h=50$。同时，比较电渗固结及常规的重力固结还发现若土体达到相同的含水量，电渗固结比常规的重力固结省时得多，假设 $k_h=1\times10^{-10}\mathrm{m/s}$，$k_e=5\times10^{-9}\mathrm{m^2/sV}$，电势梯度 $i_e=50\mathrm{V/m}$，水力坡度 $i_h=10$，同时假设电渗固结达到某一固结度所用时间为 t_e，则重力固结达到相同固结度所用时间为：$t_h=(k_e\times i_e)\times t_e/(k_h\times i_h)=250t_e$。

2）电渗法不会引起因软土承载力不足而发生的失稳现象。传统的堆载预压法由于载荷的单向性对于堆填方的加固可能会引起失稳现象，电渗固结虽然最终与堆载法所达到的使土固结的结果相似，但电渗排水时产生的是三维的孔隙水压力，不会引起土体的失稳。

3）安全性高。电渗法所需要的电压不高，一般为 30～160V 之间，施工时可以划出安全隔离带，容易进行安全控制。

4）金属材料作电极时，会腐蚀生成氧化物或是氢氧化物的胶体，形成电化学加固，使土体逐渐变得密实，电极周围，尤其是阳极周围土体提高的更明显，使土体的强度在一定程度上有所提高。另外，土体通电时存在发热现象，会蒸发其中的水分，使得土体含水量进一步降低。

5.7.3 设计计算

已有电渗固结理论大多基于 Esrig 固结理论，Esrig 一维电渗固结理论的假设条件为：

（1）土体均匀且饱和；

（2）土体的物理化学性质均匀，且不随时间变化；

（3）不考虑土颗粒的电泳现象，且土颗粒不可压缩；

（4）电渗水流速度和电势梯度成正比；

（5）电势梯度均匀恒定，且施加的电势完全用于电渗；

（6）不考虑电极处的电化学反应；

（7）电场和水力梯度引起的水流可叠加。

与达西定律类似，电渗过程中电渗流与电势梯度存在以下关系：

$$q_e=k_e i_e=k_e\frac{\partial\varphi}{\partial x}\tag{5-45}$$

式中 q_e——电渗流；

φ——电势。

叠加以水力流得到：

$$q=q_h+q_e=k_h i_h+k_e i_e=\frac{k_h}{\gamma_w}\frac{\partial u}{\partial x}+k_e\frac{\partial\varphi}{\partial x}\tag{5-46}$$

式中　q——总水流；

q_h——水力流；

k_h——水力渗透系数；

u——超孔隙水压力；

γ_w——水的重度。

由于孔隙水不可压缩，排出的水完全贡献于土体体积的减少，进一步推导得到以下控制方程：

$$\frac{\partial^2 u}{\partial x^2}+\frac{k_e\gamma_w}{k_h}\frac{\partial^2\varphi}{\partial x^2}=\frac{m_v\gamma_w}{k_h}\frac{\partial u}{\partial t} \tag{5-47}$$

在阳极不透水、阴极排水的常规边界条件，以及孔压 $u(x,0)=0$ 的初始条件下，其一维固结解为：

$$u(x,t)=-\frac{k_e\gamma_w}{k_h}\varphi(x)+\frac{8k_e\gamma_w\varphi_m}{k_h\pi^2}\sum_{m=1}^{\infty}\frac{(-1)^m}{(2m-1)^2}\sin\frac{(2m-1)\pi x}{2L}e^{-\left[\left(m-\frac{1}{2}\right)\pi\right]^2T_h} \tag{5-48}$$

其中，L 为阴极与阳极之间的距离（图 5-18）。基于应力的平均固结度为：

$$\overline{U}=1-\frac{16}{\pi^3}\sum_{k=1}^{\infty}\frac{(-1)^m}{(2m-1)^3}e^{-\left[\left(m-\frac{1}{2}\right)\pi\right]^2T_h} \tag{5-49}$$

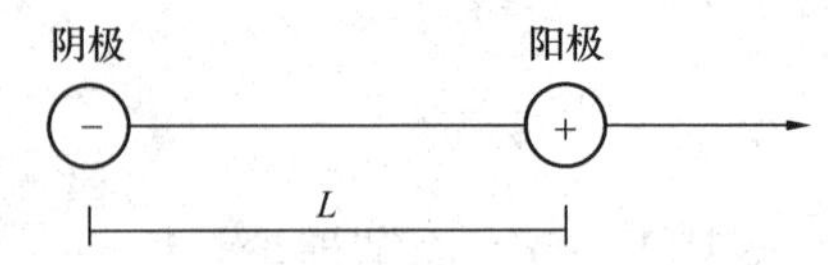

图 5-18　Esrig 一维电渗固结模型

其中，$\varphi(x)$ 为 x 处的电势，根据假设（5）知 $\varphi(x)=\frac{\varphi_m}{L}x$，$\varphi_m$ 为最大电势，T_h 为时间因子 $c_v t/L^2$。由公式（5-48）知，最大孔隙水压力为：

$$u_m=-\frac{k_e\gamma_w}{k_h}\varphi_m \tag{5-50}$$

则：

$$\frac{u(x,t)}{u_m}=\frac{x}{L}-\frac{8}{\pi^2}\sum_{k=1}^{\infty}\frac{(-1)^m}{(2m-1)^2}\sin\frac{(2m-1)\pi x}{2L}e^{-\left[\left(m-\frac{1}{2}\right)\pi\right]^2T_h} \tag{5-51}$$

5.7.4　工程实例（根据参考文献［36］编写）

1. 工程概况

广州中船龙穴造船基地某项目是首次大面积采用真空-电渗降水-低能量强夯联合的软弱地基加固技术的案例。该造船基地位于虎门外珠江右岸、龙穴岛围垦区的东岸线上，造船区原始泥面标高为 0.5～1.0m，原状淤泥均厚 6.88m，经吹填至标高 4.8m。吹填而成的地基含水量低、承载力低，难以上人，用于工程建设之前必须得到有效加固。场地某区所处地理位置复杂，为老河涌口位置，其南边线位置为老河涌的干砌块石护岸，护岸底部有散落的块石护底。该区域场地地质情况复杂。拟建场地上部除人工吹填土外，其上部覆盖层属于冲积和海陆交互沉积层，主要由淤泥、黏性土及砂性土等组成，且在该区四周不同深度之间散落有大小不一的块石，淤泥中还有夹层砂，下部基岩为混合花岗岩。

2. 方案设计

该场地如果按照常规工艺真空预压处理，泥浆帷幕墙质量无法保证密封效果，原设计采用的真空预压工法将无法实施。另外，该区块为业主需要提前交出的场地区块，工期要求尤其紧张，采用传统地基处理工法，如真空堆载预压工法在工期上无法满足业主要求，其他的地基处理方法如搅拌桩工法在造价上又大大超出业主的承受能力。考虑到电渗法适用于饱和软黏土地基，具有加固速度快，对细颗粒、低渗透性土有良好的加固效果等优点，综合各种地质指标和工期要求后，设计选用电渗加固法进行地基处理。另外，电渗加固法能耗较大，联合传统工法能实现保证工期的同时降低造价，因而最终采用真空-电渗降水-低能量强夯联合加固技术方案。

该工程具体设计参数为：电渗井点（深层电渗管，深度为 6.0m）采用正方形布置，密度为 4.0m×2.0m，其中阳极电渗井点和阴极电渗井点间距均为 4.0m×4.0m，深度均为 6.0m；强夯：夯锤直径不小于 2.0m，夯点正方形布置，间距 4.0m×4.0m；第 1 遍点夯夯击能 800～1000kN・m，第 2 遍点夯夯击能 1000～1200kN・m，满夯夯能 1000kN・m，夯印搭接 1/4（或冲击碾压，冲击能 30kJ，碾压 10～15 遍）。

3. 施工

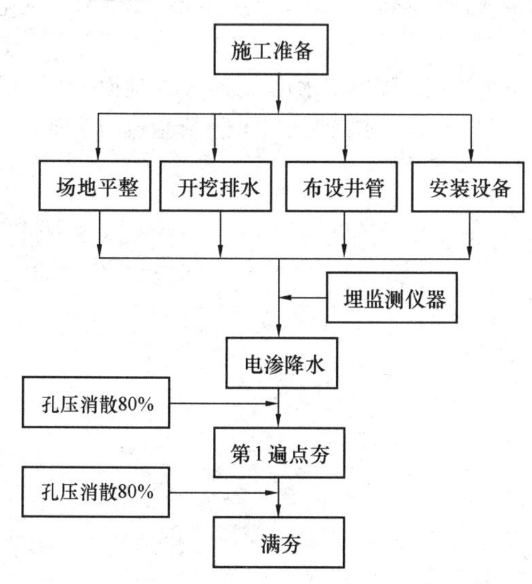

图 5-19 施工工艺流程图（刘凤松等，2008）

设计具体施工工序及工期为：施工准备（7d）；布设第 1 遍降水设备（12d）；第 1 遍电渗降水（20d）（针对不同的地质条件，采用 1 遍、2 遍，甚至 3 遍降水，但此工程仅采用 1 遍降水即可达到设计要求）；第 1 遍点夯（6d），孔压消散间隔期（13d）；第 2 遍点夯（6d），孔压消散间隔期（7d），满夯（7d）。共 78d 工期。工艺流程图见图 5-19。

4. 加固效果

该工程施工过程中对地下水位、电流、电压进行了监测，地基处理后，也对场地土开展了静力触探和浅层平板载荷试验以确定地基的承载情况。静力触探结果表明，地基交工面上的地基承载力为87.5kPa，达到了设计要求，而淤泥质黏土下层的吹填物承载力超过120kPa，得到大幅度提高。可见，经真空-电渗降水-低能量强夯联合法加固处理后，该区域浅层和深层的地基强度得到明显提高，均能满足设计要求。静载荷试验结果也表明，处理后地基承载能力大于80kPa，压缩模量15～22MPa，回弹模量为25～30MPa，均满足设计要求。

结合该工程对真空-电渗降水-低能量强夯联合法与真空预压法经济性进行比较：真空预压加固法造价都在100元/m^2以上，而采用真空-电渗降水-低能量强夯联合加固成本在80元/m^2以下；另外，若采用真空预压，加固期至少90d，而采用真空-电渗降水-低能量强夯联合法加固期实为68d，比预期的78d工期还节省了10d，不仅满足了业主工期要求，而且工期较之真空预压法提前了22d。该区采用电渗法加固取得了显著的经济效益和社会效益，真空-电渗降水-低能量强夯联合法较之传统的真空预压法具有一定的优势，在工期紧张且需要满足一定承载力要求的地基加固中具有很大的推广价值。

思考题与习题

1. 按排水系统分类，排水固结法可分为几类？按预压加载方法分类，排水固结法又可分为几类？试分析各类排水固结法的优缺点。

2. 简述砂井地基堆载预压法设计步骤及注意点。

3. 简述真空预压法加固地基原理，分析其与堆载预压法的异同。

4. 简述电渗法加固机理和适用范围。

5. 某饱和软黏土地基，软土层厚30m，土体不排水抗剪强度C_u＝12kPa，固结系数C_v＝$6\times10^4cm^2/s$，要求采用堆载预压处理后，地基承载力达到120kPa，工期不超过8个月。试完成堆载预压设计。

6. 某地基可压缩性土层20.0m厚，土层下为岩层。原地下水位±0.000与地面平。土层土的重度为γ，压缩模量为E_s。当地下水位下降－6.0m，求因地下水位下降造成的地面固结沉降量。

第6章 灌入固化物

6.1 概 述

灌入固化物是指在软弱地基中灌入水泥等固化物，通过固化物和地基土体间产生一系列物理、化学作用形成水泥土或其他固化土，通过固化土与原状土形成复合土体，达到加固地基的一类地基处理方法。例如：通过在地基中灌入水泥固化物，在地基中设置水泥土桩与地基土体形成水泥土桩复合地基，以达到提高地基承载力，减小沉降的目的；也有的是通过在地基中灌入水泥固化物，形成水泥土帷幕，达到截水、止水的目的；也有的是通过在地基中灌入固化物，达到土质改良的目的。在地基中灌入固化物是地基处理工程中常用的地基处理方法。

在地基中灌入的固化物有水泥、石灰以及其他化学固化材料。在工程建设中灌入的固化物应用得最多的是水泥，本章以介绍灌入水泥加固地基为主。

属于灌入固化物的地基处理方法主要有以下三类：深层搅拌法、高压喷射注浆法和灌浆法。

深层搅拌法可分为喷浆深层搅拌法和喷粉深层搅拌法两种，喷粉深层搅拌法又称为粉喷法。在深层搅拌法中，通常采用水泥为固化物，也有采用石灰为固化物。

高压喷射注浆法按施工工艺可分为旋喷法、定喷法和摆喷法；按喷射形式又可分为单管法、双管法和三重管法；按高压喷射注浆施工方向又可分为垂直高压喷射注浆和水平高压喷射注浆。

灌浆法按施工工艺又可分为渗入性灌浆法、劈裂灌浆法和压密注浆法等。采用不同的灌浆施工工艺进行灌浆，加固地基的原理不同，灌浆法适用范围也不同。

6.2 深 层 搅 拌 法

6.2.1 加固机理、分类和适用范围

深层搅拌法是通过特制的施工机械——各种深层搅拌机，沿深度将固化剂（水泥浆或水泥粉或石灰粉，外加一定的掺合剂）与地基土就地强制搅拌形成水泥土桩或水泥土块体的一种地基处理方法。通过深层搅拌法在地基中形成的水泥土强度高、模量大、渗透系数小，可用于提高地基承载力，减少沉降，也可用于

形成止水帷幕，构筑挡土结构等。深层搅拌法的工程应用将在6.2.3节中介绍。

第二次世界大战后，美国首先研制成功水泥深层搅拌法，所制成的水泥土桩称为就地搅拌桩（Mixed-in-place-Pile）。1953年，日本从美国引进水泥深层搅拌法。1967年日本和瑞典分别开始研制喷石灰粉的深层搅拌施工方法，并获得成功，并于20世纪70年代应用于工程实践。

我国于1977年由原冶金部建筑研究总院和交通部水运规划设计院引进、开发水泥深层搅拌法，并很快在全国得到推广应用，成为软土地基处理的一种重要手段。深层搅拌法施工顺序示意图如图6-1所示。

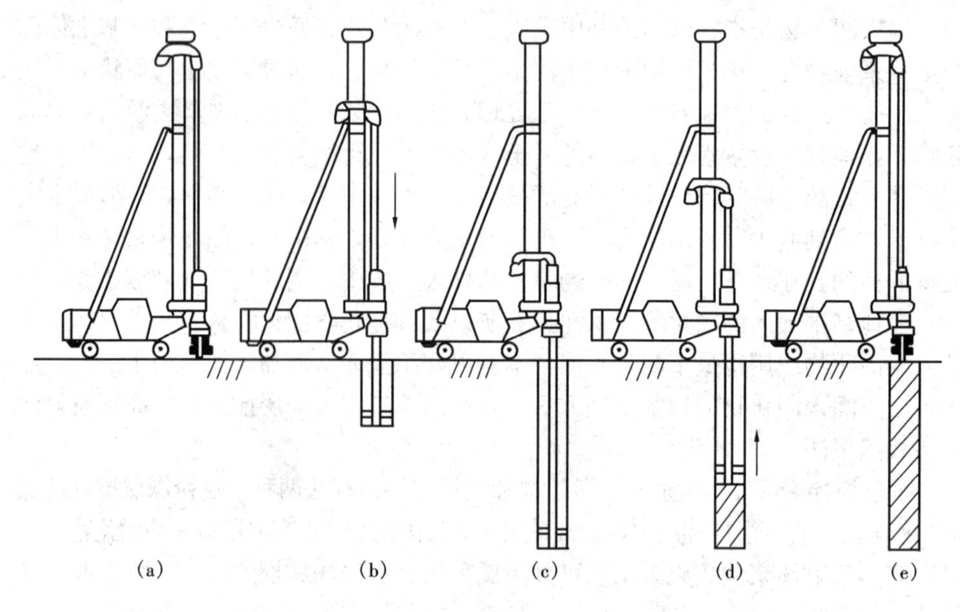

图6-1 深层搅拌法施工顺序示意图

(a) 机械就位；(b) 边搅边喷；(c) 达设计深度；(d) 搅拌上升；(e) 搅拌结束

深层搅拌法分喷浆深层搅拌法和喷粉深层搅拌法两种。前者通过搅拌叶片将由喷嘴喷出的水泥浆液和地基土体就地强制拌合均匀形成水泥土；后者通过搅拌叶片将由喷嘴喷出的水泥粉体和地基土体就地强制拌合均匀形成水泥土。一般说来，喷浆拌合比喷粉拌合均匀性好；但有时对高含水量的淤泥，喷粉拌合也有一定的优势。

深层搅拌法施工不仅可在陆上进行，也可在海上进行。我国已研制成功海上深层搅拌设备。海上深层搅拌设备采用喷浆深层搅拌法。

深层搅拌法通常采用水泥为固化物，也有采用石灰为固化物。目前采用石灰为固化物的深层搅拌法在我国已不多见。

深层搅拌法适用于处理淤泥、淤泥质土、黄土、粉土和黏性土等地基。对有机质含量较高的地基土，应通过试验确定其适用性。深层搅拌法是通过搅拌叶片就地拌合的，当加固地基土体的抗剪强度较高时，就地搅拌所需的功率也较大。遇到抗剪强度较高的土层时，采用深层搅拌法可能会搅不动。因此，深层搅拌法适用于加固较软弱的土层。

采用深层搅拌法加固地基可根据需要将地基土体加固成块状、圆柱状、壁状、格栅状等形状的水泥土。深层搅拌法主要用于形成水泥土桩复合地基、基坑支挡结构、基坑工程中形成止水帷幕等用途。采用深层搅拌法加固地基具有施工速度快、施工过程中振动小、不排污、不排土和对相邻建筑物影响小等优点，并且具有较好的经济效益和社会效益。近十几年来，在我国分布有较多软土的地区，如浙江、江苏、上海、天津、福建、广东、广西、云南、湖北、湖南、安徽、河南、陕西、山西以及台湾等地深层搅拌法得到广泛应用，发展很快。国外，在美国、日本、西欧以及东南亚地区应用广泛。

6.2.2 水泥土的基本特性

如前所述，深层搅拌法是通过特制的深层搅拌机械，在地基中沿深度就地将泥浆或水泥粉和地基土强制搅拌，经过一定时间，通过土和水泥水化物间的物理化学作用，形成有较高模量、较大强度和渗透性较低的水泥土固结体，以达到地基处理的目的。下面介绍水泥与黏性土形成水泥土的主要硬化机理。

当水泥浆与软黏土拌合后，水泥颗粒表面的矿物很快与黏土中的水发生水解和水化反应，在黏土颗粒间生成各种水化物。这些水化物有的继续硬化，形成水泥石骨料；有的则与周围具有一定活性的黏土颗粒发生反应。通过离子交换和团粒化作用使较小的土颗粒形成较大的土团粒；通过凝硬反应，逐渐生成不溶于水的稳定的结晶化合物，从而使土的强度提高。水泥水化物中游离的氢氧化钙能吸收水中和空气中的二氧化碳，发生碳酸化反应，生成不溶于水的碳酸钙，这种碳酸化反应也能使水泥土增加强度。黏土颗粒和水泥水化物之间的物理化学反应十分复杂，反应过程也是比较缓慢的。因此，水泥土的硬化过程也需要较长的时间。

不同水泥掺合比和不同龄期下的水泥土无侧限抗压强度（单位：MPa） **表 6-1**

T (d) / a_w (%)	7	14	28	60	90	150
5	0.23	0.24	0.39	0.42	0.45	
10	0.67	0.79	0.94	1.45	1.45	
15	0.91	0.89	1.35	1.69	2.41	2.90
20	1.47	2.11	2.40	3.28	3.56	
25	2.10	2.59	3.15	4.26	4.59	

（引自李明逵，1991）

水泥土中水泥含量通常用水泥掺合比 a_w 表示。水泥掺合比 a_w（%）通常是

指水泥重量与被拌和的软黏土重量之比，即

$$a_w(\%)=\frac{掺加的水泥重量}{被拌和的黏土重量}\times 100\% \quad (6\text{-}1)$$

试验研究表明，影响水泥土强度的主要因素有：水泥掺合比 a_w、水泥强度等级、养护龄期、土样的含水量、土中的有机质含量、外掺剂以及土体围压等。

表6-1和图6-2中所示的是一组试验得到的不同水泥掺合比的水泥土无侧限抗压强度与龄期的关系。试验用宁波黏土和水灰比为0.45的32.5级普通硅酸盐水泥浆拌合，拌合过程中加2%水泥重量的石膏。水泥土成型一天后拆模，然后浸水养护。由图6-2中可以看到，水泥土的强度随龄期的增长而增长。当水泥土的龄期超过28d后，其强度还有较大的增长，但增长幅度随龄期的增长有所减弱。《建筑地基处理技术规范》JGJ 79—2012建议以龄期90d无侧限抗压强度作为水泥土的强度值。水泥土设计强度的采用应考虑实际工程的施工进度。龄期为7d、30d的水泥土的无侧限抗压强度 $q_{u,7}$ 和 $q_{u,30}$ 与龄期为90d的强度 $q_{u,90}$ 之间的关系可近似地采用下式表示：

$$q_{u,7}\approx(0.3\sim0.55)q_{u,90} \quad (6\text{-}2)$$

$$q_{u,30}\approx(0.6\sim0.85)q_{u,90} \quad (6\text{-}3)$$

由图6-2还可以看到，水泥土的强度随水泥掺合比的增加而提高。当水泥掺合比 a_w 小于5%时，水泥土的固化反应很弱，水泥土比原状土强度增强甚微。当水泥掺合比 a_w 超过一定数值时，水泥土的强度增加幅度减缓，而且水泥土的成本增加幅度较大。水泥土强度增长率在不同的掺合比区域，在不同的龄期是不同的，而且与原状土的特性有关。原状土的特性不同，水泥土的强度增长率也不同。在工程应用上通常采用的水泥掺合比范围为 $a_w=(7\sim25)\%$。

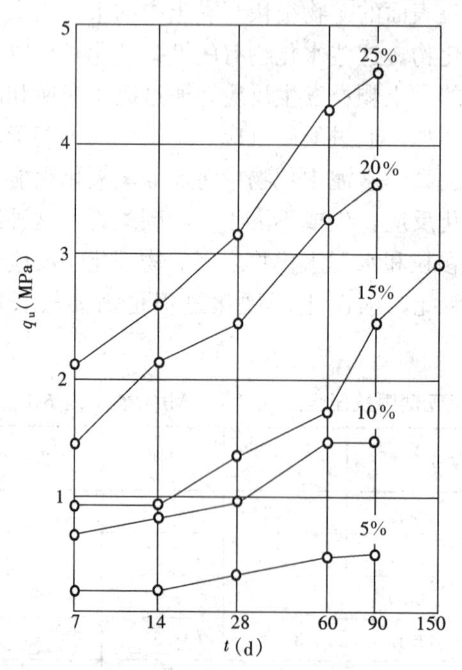

图6-2　不同水泥掺合比和不同龄期的水泥土无侧限抗压强度
（引自李明逵，1991）

当水泥土的水泥掺合比相同时，地基土的含水量高，形成的水泥土的密度小。水泥土的强度随地基土的含水量提高而降低。近期研究表明，采用喷粉深层搅拌时，当地基土体的含水量过小时，水泥水化不充分，采用喷粉深层搅拌加固效果不好。

水泥土的强度还随拌合水泥的强

度等级提高而提高。当水泥掺合比相同时，拌合水泥标号每增加 10 号，水泥土的无侧限抗压强度 q_u 约增大 20%～30%。水泥种类对水泥土的强度也有影响，而且还与土中矿物成分和有机质含量有关。

土体中的有机质会阻碍水泥土的水化反应，影响水泥土固化，降低水泥土强度。有机质含量愈高，其阻碍水泥水化作用愈大，水泥土强度降低愈多。而且土体中的有机质对水泥土固化的影响与土体中有机质的成分有关。有机质的成分不同，影响程度也不同。研究报告（邓剑涛、林琼，1993）认为：富含有机质的淤泥中，影响水泥土无侧限抗压强度的有机质主要成分为富里酸。当富里酸含量接近 2%时，应慎用水泥深层搅拌法加固地基。对含富里酸的有机质土加固时，应选用含铝酸三钙（Ca_3Al_2）和铁铝酸四钙（Ca_4Al_2Fe）等矿物成分较少的水泥，以减少水泥土强度的损失。近年来，由于忽视地基土中有机质含量对水泥土强度的不良影响，采用深层搅拌法加固地基未达到预定加固效果的工程实例经常发生，应引起工程师的重视。

在深层搅拌法中，为了改善水泥土的性能，常选用木质素磺酸钙、石膏、磷石膏、三乙醇胺等外掺剂。不同的外掺剂对水泥土强度的影响不同。通常可通过试验确定其影响程度。试验表明，木质素磺酸钙对水泥土强度影响不大，石膏和三乙醇胺对水泥土强度有增强作用。研究报告（胡同安等，1994）表明：水泥一磷石膏对于大部分软黏土来说是一种经济有效的固化剂。采用水泥一磷石膏一般可节省 26%的水泥。凡主要成分为 $CaSO_4 \cdot 2H_2O$ 的磷石膏或其他废石膏均有可能成为节省水泥的固化材料。

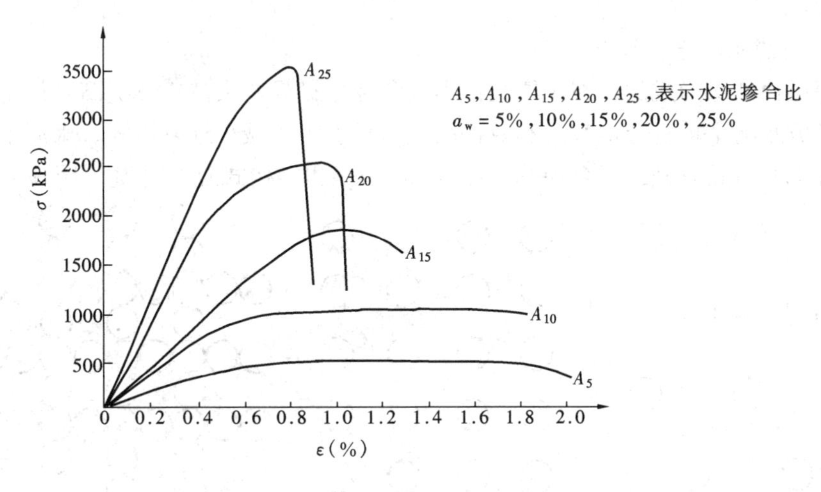

图 6-3 水泥土无侧限压缩试验应力应变关系

（引自胡同安等，1983）

图 6-3 表示由水泥土的无侧限压缩试验得到的不同水泥掺合料的水泥土的应力应变关系（胡同安，1983）。由图 6-3 中可以看出，随着水泥掺合比的提高，

水泥土强度提高，而且水泥土的破坏模式也是不同的。

表6-2表示由一组试验得到的水泥土的水泥掺合比对水泥土压缩特性的影响。由表中可知：水泥掺合比大，压缩模量也大。

通常水泥土的渗透系数比相应的天然土的渗透系数小几个数量级。如对渗透系数为1×10^{-6}cm/s的某黏土，在每立方米的黏土内掺入140kg水泥固化后，水泥土渗透系数为1×10^{-10}cm/s。

水泥土水泥掺合比对压缩特性的影响　　表6-2

水泥掺合比 a_w (%)	压缩系数 $a_{1\sim2}$ (10^{-6}kPa^{-1})	压缩系数 $a_{2\sim4}$ (10^{-6}kPa^{-1})	压缩模量 $E_{S(1\sim2)}$ (kPa)	压缩模量 $E_{S(2\sim4)}$ (kPa)	$E_{S(1\sim2)}$水泥土 / $E_{S(2\sim4)}$原状土	$E_{S(2\sim4)}$水泥土 / $E_{S(2\sim4)}$原状土
原状土	837		2609	1739		
10	59	139	31804	16103	14.6	9.26
15	40	58	58870	40531	22.56	23.31
20	31	56	73426	40702	28.22	23.41

（引自李明逵，1991）

6.2.3　深层搅拌法的工程应用

采用深层搅拌法加固地基主要利用在地基中形成的水泥土具有较高的强度和模量，以及具有较小的渗透性。目前，深层搅拌法在我国工程应用主要有下述几个方面：

1. 形成水泥土桩复合地基

深层搅拌法形成的水泥土增强体强度和变形模量比天然土体提高几倍至数十倍，形成水泥土桩复合地基可有效提高地基承载力和减少地基沉降。水泥土增强体复合地基可具有桩式复合地基（图6-4a、b）和格构式复合地基（图6-4c）两

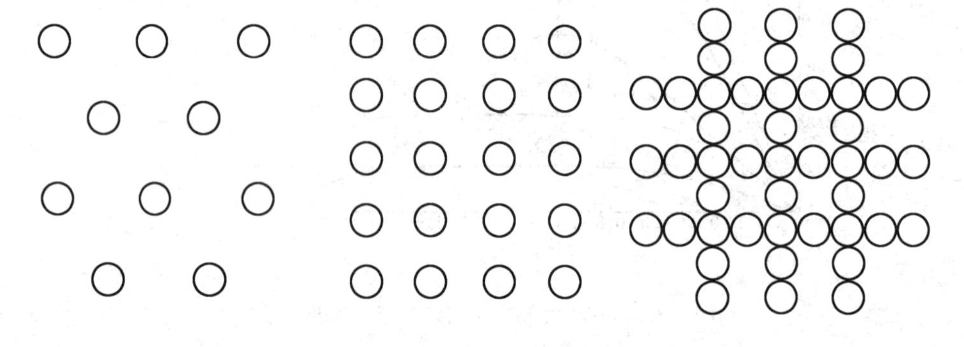

(a)　(b)　(c)

图6-4　复合地基平面布置形式

(a) 三角形布置；(b) 正方形布置；(c) 格构布置

种。桩式布置可采用三角形布置或正方形布置，有时也采用矩形布置。有时为了获得更高的承载能力，可取复合地基置换率 $m=1.0$，即在平面上对地基土体全面进行搅拌，形成水泥土块体基础，如图 6-5 所示。有时为了提高水泥土桩承载力，减小桩体压缩量，在水泥土桩中嵌入一钢筋混凝土桩以形成组合桩，如图 6-6 所示。

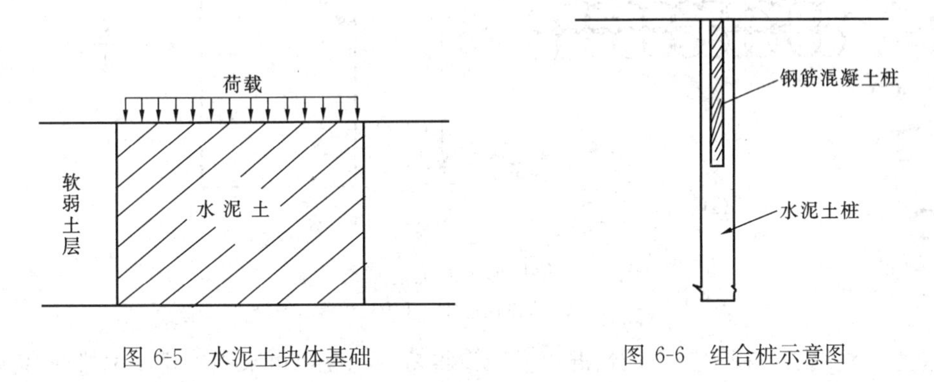

图 6-5 水泥土块体基础

图 6-6 组合桩示意图

水泥土增强体复合地基广泛应用于下述工程：

（1）建筑物地基，如多层民用住宅、办公楼、厂房、水池、油罐等建（构）筑物地基；

（2）堆场地基，包括室内、室外堆场；

（3）高速公路和机场停机坪、跑道地基等。

2. 形成水泥土支挡结构

对在软黏土地基中开挖深度为 5m 左右的基坑，应用深层搅拌法形成的水泥土重力式挡墙可以较充分利用水泥土的强度和防渗性能。水泥土重力式挡墙既是挡土结构又是防渗帷幕。为节省成本，水泥土重力式挡墙一般做成格构形式，如图 6-7 所示。图中重力式挡墙高为 l，宽为 B，基坑深度为 H，支挡结构插入深度为 d。由图 6-7（b）可以看到，水泥土重力式挡墙设计计算方法可采用一般重力式挡土墙设计计算方法。为了克服水泥土抗拉强度低的缺点，有人在水泥土挡墙中插置竹筋，也可取得较好效果。如图 6-8 所示，在水泥土挡墙中插置型钢，通常称为加筋水泥土挡墙。在日本，在水泥土挡墙中插置型钢称为 SMW 工法。近年来加筋水泥土挡墙在基坑围护工程中得到较多应用。国内外实践表明，如不能回收钢材，加筋水泥土挡墙的成本较高。在插置型钢前，在型钢表面涂上专用涂料，在围护功能完成后可拔出型钢，重复使用。

3. 形成水泥土防渗帷幕

试验研究表明：水泥土的渗透系数比相应的天然土的渗透系数小几个数量级。因此，水泥土具有很好的防渗水性能。近几年水泥土防渗帷幕被广泛用于软黏土地基基坑开挖工程和其他工程中的防渗帷幕。水泥土防渗帷幕由相互搭接的

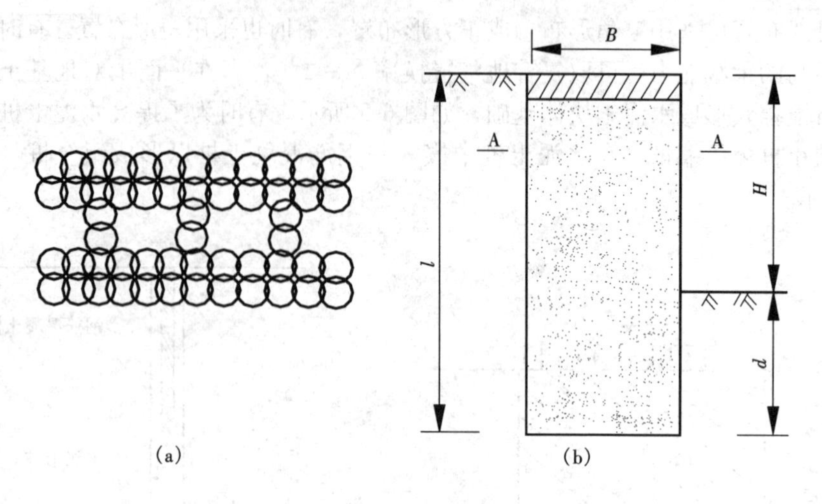

图 6-7　格构形水泥土重力式挡墙

(a) A—A 剖面；(b) 重力式挡墙

水泥土桩组成。视土层土质情况以及防渗帷幕的深度，可采用一排、两排或多排相互搭接的深层搅拌桩组成的水泥土防渗帷幕。

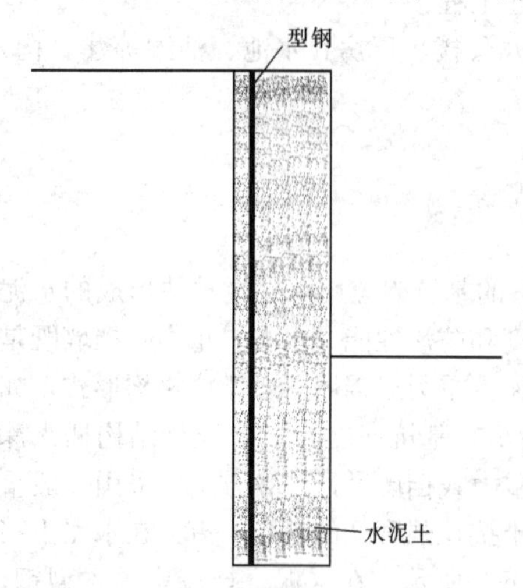

图 6-8　加筋水泥土挡墙

4. 其他方面的应用

除上述工程应用外，深层搅拌法还在下述工程中得到应用。如图 6-9 (a) 所示，水泥土桩与钢筋混凝土灌注桩联合形成拱形组合型围护结构应用于深基坑围护工程；如图 6-9 (b) 所示，深层搅拌法形成的水泥土用于沟底、河道底、基坑底水平止水层；如图 6-9 (c) 所示，深层搅拌法形成的水泥土应用于底部水平支撑；如图 6-9 (d) 所示，深层搅拌法形成的水泥土应用于盾构施工地段软弱地基土体的加固，以保证盾构稳定掘进，减小环境效应；如图 6-9 (e) 所示，水泥土应用于基坑围护支护结构被动区土质改良以增大被动土压力；如图 6-9 (f) 所示，水泥土应用于增加桩的侧面摩阻力，提高桩的承载力等。

6.2.4　深层搅拌桩复合地基设计

首先介绍深层搅拌桩复合地基设计步骤，然后通过一工程实例介绍具体的设计方法。在具体介绍深层搅拌桩复合地基设计步骤前首先说明两点：在介绍深层

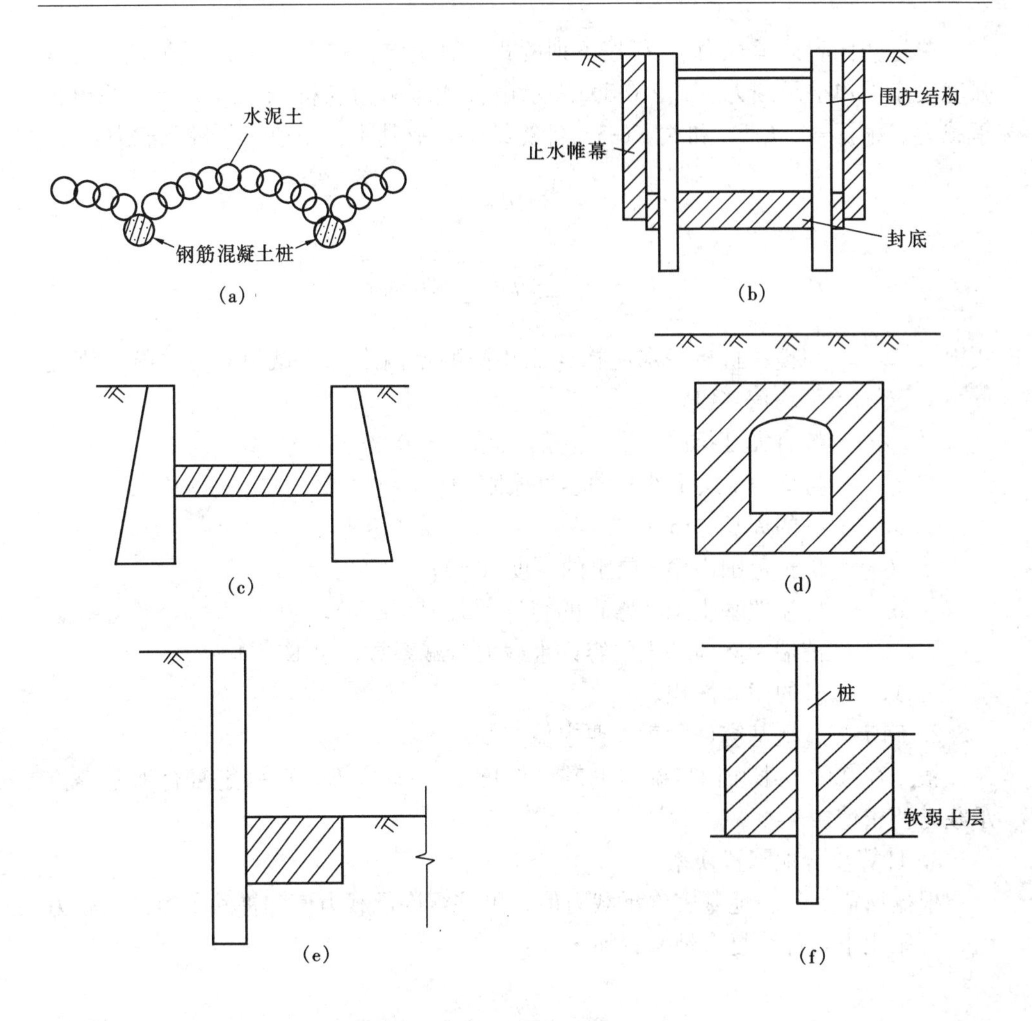

图 6-9 深层搅拌法其他应用示意图

(a) 拱形组合型围护结构；(b) 水平止水层；(c) 水平底部支撑；
(d) 盾构施工地基土质改变；(e) 被动区土质改变；(f) 增加桩侧摩阻力

搅拌桩复合地基设计中采用容许承载力值概念；下面介绍的深层搅拌桩复合地基的设计思路也可应用于其他柔性桩复合地基的设计。

深层搅拌桩复合地基设计步骤如下：

1. 初步确定单桩的容许承载力

根据天然地基工程地质情况和荷载情况，初步确定水泥土桩的桩长 l 和桩径 d，水泥掺合比 a_w，并由此初步确定单桩的容许承载力。

水泥掺合比 a_w 通常可采用 15%～25%。选定水泥掺合比 a_w 后可通过试验确定水泥土强度。也可首先确定采用的水泥土强度，通过试验确定采用的水泥掺合比 a_w。

单桩竖向容许承载力 p_p 可按下列两式计算确定：式（6-4）表示由桩身材料强度决定的单桩承载力；式（6-5）表示由桩侧摩阻力和桩端承载力提供的单桩承载力。根据式（6-4）和式（6-5）计算结果，取其中较小值为单桩承载力：

$$p_p = \eta f_{cu} A_p \tag{6-4}$$

$$p_p = u_p \sum_{i=1}^{n} q_{si} l_i + a q_p A_p \tag{6-5}$$

式中　f_{cu}——与搅拌桩桩身水泥掺合比相同的室内水泥土试块立方体抗压强度平均值（kPa）；

η——桩身强度折减系数，一般取 0.20～0.33；

q_{si}——桩周第 i 层土的侧向容许摩阻力；

u_p——桩的周长（m）；

l_i——桩长范围内第 i 层土的厚度（m）；

q_p——桩端地基土未经修正的容许承载力（kPa）；

a——桩端天然地基土的容许承载力折减系数，可取 0.4～0.6；

A_p——桩的截面面积。

2. 确定复合地基容许承载力要求值

根据荷载的大小和初步确定的基础深度 D 和宽度 B，可确定复合地基容许承载力要求值。

3. 计算复合地基置换率

根据所需的复合地基容许承载力值、单桩容许承载力值和桩间土容许承载力值，可采用下式计算复合地基置换率 m：

$$m = \frac{p_c - \beta p_s}{\frac{p_p}{A_p} - \beta p_s} \tag{6-6}$$

式中　p_c——复合地基容许承载力（kPa）；

m——复合地基置换率；

p_s——桩间天然地基土容许承载力（kPa）；

p_p——桩的容许承载力（kN）；

A_p——桩的横截面积；

β——桩间土承载力折减系数。

4. 确定桩数

复合地基置换率确定后，可根据复合地基置换率确定总桩数：

$$n = \frac{mA}{A_p} \tag{6-7}$$

式中 n——总桩数；

A——基础底面积。

5. 确定桩位平面布置

总桩数确定后，即可根据基础形状和采用一定的布桩形式（如三角形、正方形或梯形布置等）合理布桩，确定设计实际用桩数。

6. 验算加固区下卧软弱土层的地基强度

当加固范围以下存在软弱下卧土层时，应进行加固区下卧土层的强度验算。可将复合地基加固区视为一个假想实体基础进行下卧层地基强度验算。

$$R_b = \frac{p_c \cdot A + G - V\bar{q}_s - p_s(A - F_1)}{F_1} \leqslant R'_a \tag{6-8}$$

式中 R_b——假想实体基础底面处的平均压力；

G——假想实体基础的自重；

V——假想实体基础的侧表面积；

$\bar{q}_s$——桩周土的平均摩擦力；

F_1——假想实体基础的底面积；

R'_a——假想实体基础底面处修正后的地基容许承载力；

其余符号同前。

当加固区下卧层强度验算不能满足要求时，需重新设计。一般需增加桩长或扩大基础面积，直至加固区下卧层强度验算满足要求。

7. 沉降计算

在竖向荷载作用后，水泥土桩复合地基产生的沉降 S 包括复合地基加固区本身的压缩变形量 S_1 和加固区以下下卧土层的沉降量 S_2 两部分，即

$$S = S_1 + S_2 \tag{6-9}$$

水泥土桩复合地基沉降可采用分层总和法计算，其计算式为：

$$S = \sum_{i=1}^{n} \frac{\Delta p_i}{E_i} h_i \tag{6-10}$$

式中 Δp_i——第 i 层土上附加应力增量；

E_i——第 i 层土压缩模量，对加固区，为复合压缩模量 E_c；

h_i——第 i 层土的厚度。

复合压缩模量 E_c 可采用下式计算：

$$E_c = mE_p + (1 - m)E_s \tag{6-11}$$

式中 m——复合地基置换率；

E_p——水泥土压缩模量；

E_s——土的压缩模量。

若沉降不能满足设计要求，则应增加桩长，再重新进行设计。对深厚软黏土地基，水泥土桩复合地基沉降主要来自加固区以下土层的压缩量。对一般多层住

宅，水泥土桩复合地基加固区的压缩量一般在1～3cm左右。

8. 确定垫层

根据基础情况可在复合地基和基础间设置垫层。对刚性基础，可设置一柔性垫层，如设置30～50cm厚的砂石垫层；对土堤等情况，可设置一刚度较大的垫层，如加筋土垫层或灰土垫层等。

深层搅拌桩复合地基设计完成后，尚需通过现场试验检验复合地基承载力或水泥土单桩承载力。若现场试验检验达不到设计要求的承载力值，应修改设计。

下面通过一个工程实例来进一步说明水泥搅拌桩复合地基设计计算过程：

南京南湖地区东升片小区工程地质情况如表6-3所示。东升片小区的六层住宅荷载如下：载重横墙为196kN/m，自承重纵墙为137kN/m，阳台牛腿每个传力为19.6kN，双阳台牛腿每个传力39.2kN。

南湖地区东升小区土的物理力学指标 **表6-3**

层序	土名	层底埋深(m)	含水量 w (%)	孔隙比 (e)	塑性指数 I_P	压缩模量 $E_{s1\sim2}$ (MPa)	内聚力 c (kPa)	内摩擦角 φ (°)	桩周土的容许摩擦力 f (kPa)	桩尖土的容许承载力 R_j (kPa)	地基土容许承载力 (kPa)
1	填　土	2.0～2.9									
2	粉质黏土	3.7～3.8	35.2	0.972	15.1	4.06	10	15.0	12		90
3	淤泥质粉质黏土	13.9～14.0	41.5	1.185	15.0	2.06	9	13.0	9.8		70
4	淤泥质粉质黏土	45.8～46.5	38.4	1.127	16.0	3.06	11	11.5	9.8		70
5	淤泥质粉质黏土与粉砂互层	49.0～49.8	28.8	0.867	10.6	5.21	10	20.0	20		120
6	粉细砂	58.7～59.5	31.4	0.882		9.16	6	23.0	30	1500	250
7	卵砾石夹黏性土	60.0～63.4								4000	300
8	泥质粉砂岩	63.5～69.4									400～600
9	泥质黏砂岩	未钻穿									1000

搅拌桩复合地基的设计参数初步确定如下：深层搅拌桩的直径取500mm，桩的截面积$A_p=0.196m^2$，搅拌桩的周边长$S_p=1.57m$，桩长取$l_p=10.0m$，水泥掺合比采用$a_w=15\%$。根据初步确定的设计参数和天然地基情况以及荷载情况，设计计算如下：

（1）确定单桩承载力

根据桩侧摩阻力确定单桩承载力。按地质勘察报告桩侧容许摩阻力取为$f=9.8kN/m^2$，搅拌桩单桩承载力为：

$$p_{\mathrm{p}} = fS_{\mathrm{p}}l_{\mathrm{p}} = 153.9\mathrm{kN} \tag{6-12}$$

根据桩身强度确定单桩承载力。桩身强度取 $R=2000\mathrm{kPa}$，折减系数取 $\eta=0.33$，搅拌桩单桩容许承载力为：

$$p_{\mathrm{p}} = \eta RA_{\mathrm{p}} = 129.4\mathrm{kN} \tag{6-13}$$

综合以上两种计算，取单桩容许承载力 $p_{\mathrm{p}}=120\mathrm{kN}$。

（2）确定所需的复合地基承载力值

根据上部荷载以及条基宽度、深度，确定所需的复合地基承载力。初步确定横墙下条基宽 $B_1=15.5\mathrm{m}$，纵墙下条基宽 $B_2=1.0\mathrm{m}$，基础埋深统一取为 $D=1.0\mathrm{m}$，基础底面以上地基土及基础重度统一取为 $\gamma=19.6\mathrm{kN/m^3}$，横墙下荷载为 $N_1=196\mathrm{kN/m}$，纵墙下荷载为 $N_2=137.2\mathrm{kN/m}$，则所需复合地基承载力分别为：

①横墙下基础

$$P_{\mathrm{c1}} \geqslant N_1/B_1 + D\gamma = 151.6\mathrm{kN/m^2} \tag{6-14}$$

②纵墙下基础

$$P_{\mathrm{c2}} \geqslant N_2/B_2 + D\gamma = 156.8\mathrm{kN/m^2} \tag{6-15}$$

综上计算，取所需复合地基承载力 $P_{\mathrm{c}}=156.8\mathrm{kN/m^2}$。

（3）确定复合地基置换率，即确定复合地基承载力

根据所需的复合地基承载力值、单桩容许承载力值、桩间土容许承载力值，计算复合地基置换率 m。确定了复合地基置换率，也就确定了复合地基承载力设计值。

参照地质勘察报告，取桩间土容许承载力 $P_{\mathrm{s}}=68.6\mathrm{kN/m^2}$。由于水泥搅拌桩桩端仍处于软土层，取桩端折减系数 $\lambda=0.5$，则复合地基置换率为：

$$m = (P_{\mathrm{c}} - \lambda P_{\mathrm{s}})/(p_{\mathrm{p}}/A_{\mathrm{p}} - \lambda P_{\mathrm{s}}) \times 100\% = 21.2\% \tag{6-16}$$

取置换率 $m=22\%$，即复合地基承载力可满足要求。

（4）布桩设计

根据复合地基置换率要求、条基的宽度和搅拌桩的桩径确定布桩间距。

① 横墙下

每米距布桩数：

$$n_1 = B_1m/A_{\mathrm{p}} = 1.684\ \text{根} \tag{6-17}$$

布桩间距要求：

$$S_1 = 1/n_1 = 0.59\mathrm{m} \tag{6-18}$$

② 纵墙下

每米距布桩数：

$$n_2 = B_2m/A_{\mathrm{p}} = 1.122\ \text{根} \tag{6-19}$$

布桩间距要求：

$$S_2 = 1/n_2 = 0.89\mathrm{m} \tag{6-20}$$

考虑到局部加强以及施工便利性等因素，实际布桩间距可对以上计算结果进行适当调整。

另外：对于阳台、楼梯间等处有集中荷载传下的地方，采用将条基外挑1.5m的方式加以处理，外挑条基下复合地基设计同上所述。结果应偏于安全。

（5）验算加固区下卧土层强度

根据上部荷载、桩群体的体积力以及桩群体的侧摩阻力验算复合地基下卧层的强度。基本计算数据如下：

加固地基的基础底面积

$$F = 390.05\text{m}^2$$

桩群体底面面积

$$F_1 = 260.34\text{m}^2$$

桩群体侧表面面积

$$F_s = 5572\text{m}^2$$

桩群体的体积力

$$G = \gamma_p F_1 l_p = 20410.66\text{kN} \tag{6-21}$$

其中 γ_p 为复合地基上的平均浮重度，取

$$\gamma_p = 7.85\text{kN/m}^3$$

桩群体底面平均压力为：

$$p_a = [R_c F + G - \lambda R_s (F - F_1) - f_s F_s]/F_1 = 86.5\text{kN/m}^2 \tag{6-22}$$

下卧土层的强度修正：

下卧层为③$_1$ 层，为淤泥质粉质黏土，其容许承载力为 $[R]=68.6\text{kN/m}^2$，取其埋深为一个 $D=l_p=10.0\text{m}$，取深度修正数 $m_D=1.0$，其修正强度为：

$$R = [R] + m_D \gamma_p (D - 1.5) = 135.2\text{kN/m}^2 > p_a = 86.5\text{kN/m}^3 \tag{6-23}$$

所以，下卧土层的强度满足要求。

（6）沉降计算

复合地基的沉降 S 可分为两部分：其一为复合地基加固区部分即加固区的压缩量 S_1，其二为加固区下卧层的压缩量 S_2。根据经验，多层住宅下水泥土桩复合地基加固区压缩量小于3cm，因而可取 $S_1=3\text{cm}$。

下卧层压缩量按分层总和法计算，下卧层共计有两层：③$_1$ 层厚3m，压缩模量 $E_{s1\sim2}=2060\text{kN/m}^2$，③$_2$ 层厚30m，压缩模量 $E_{s1\sim2}=3060\text{kN/m}^2$。取下卧层顶面平均压力 $p_a=90\text{kN/m}^2$，取下卧层原上覆土加权平均浮重度 $\gamma=7\text{kN/m}^2$。

则下卧层顶面平均附加应力为：

$$p_0 = p_a - \gamma D = 20\text{kN/m}^2 \tag{6-24}$$

沉降计算示意图如图6-10所示。

沉降计算以建筑物中心沉降量最大处作为标准，其简化形式为长度 15.0m 的横墙下条基与长度为 40.0m 的纵墙下条基以中点相交，其余条基以影响系数 $\eta=1.5$ 计算。

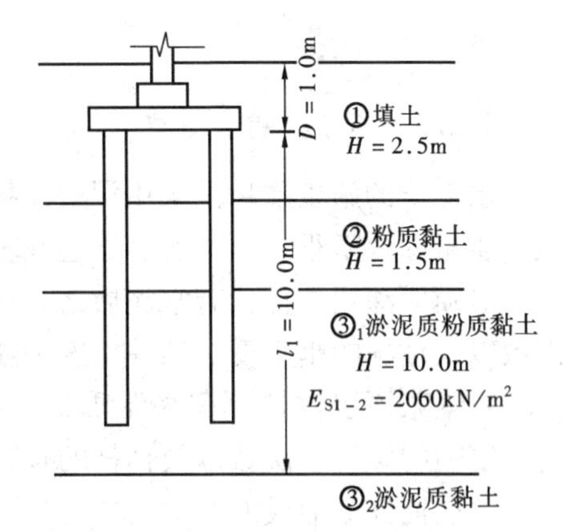

图 6-10　沉降计算示意图

① 横墙下条基

$B_1=1.5\text{m}\quad A_1=7.5\text{m}$

$z_1=11.0\text{m}\quad A_1/B_1=5$

$z_1/B_1=7.3$

查表得

$C_1=0.104\quad z_2=14.0\text{m}$

$A_1/B_1=5\quad z_2/B_1=9.3$

查表得

$C_2=0.088\quad z_3=44.0\text{m}\quad A_1/B_1=5\quad z_3/B_1=29.3$

查表得

$$C_3=0.046$$

$$S_a=\left[\sum_{i=1}^{n}\frac{p_0}{E_{si}}(z_iC_i-z_{i-1}C_{i-1})\times 2=1.17\text{cm}\right]\tag{6-25}$$

② 纵墙下条基

$B_2=1.0\text{m}\quad A_s=20.0\text{m}\quad z_1=11.0\text{m}\quad A_2/B_2=20\quad z_1/B_2=11$

查表得

$C_1=0.0815\quad z_2=14.0\text{m}\quad A_2/B_2=20\quad z_2/B_2=14$

查表得

$C_2=0.0692\quad z_3=44.0\text{m}\quad A_2/B_2=20\quad z_3/B_2=44$

查表得

$$C_3=0.0510$$

$$S_b=\left[\sum_{i=1}^{n}\frac{p_0}{E_{si}}(z_iC_i-z_{i-1}C_{i-1})\times 2=1.78\text{cm}\right]\tag{6-26}$$

式中　C_i、$C_{i=1}$分别为基础底面至第 i 层和第 $i-1$ 层底面范围内的平均附加应力系数。

下卧层的压缩量为：

$$S_2=m_s\mu(S_a+S_b)=5.75\approx 5.8\text{cm}\tag{6-27}$$

式中　m_s——沉降计算经验系数，由于下卧层各层的压缩模量 $E_{s1\sim2}$ 均小于 4000kN/m²，故取 $m_s=1.3$。

地基总沉降量为：

$$S=S_1+S_2=8.8\text{cm}\tag{6-28}$$

满足设计要求。

6.2.5 质量检验

水泥土的施工质量是采用深层搅拌法加固地基能否成功的关键。影响水泥土施工质量的因素很多，主要有下述几个方面：

对喷粉深层搅拌，有水泥质量、钻杆提升和下降速度、转速、复喷的深度和次数以及钻杆的垂直度、钻井深度和喷灰深度等。

对喷浆深层搅拌，有水泥质量、水泥浆质量、钻杆的提升和下降速度、转速、复喷的深度和次数以及钻杆的垂直度、钻井深度和喷浆深度等。

深层搅拌法形成的水泥土能否达到设计要求的一个关键问题在于水泥浆（或粉）与土是否搅拌均匀。除钻杆的升降速度和转速、复搅次数影响搅拌均匀程度外，搅拌叶片的形状对水泥与土搅拌均匀也有重要作用，应该重视。

在大面积施工前，应进行工艺性试验。根据设计要求，通过试验确定适用该场地的各种施工技术参数。工艺性试验一般可在工程桩上进行。

质量检验主要方法如下：

（1）检查施工记录：包括桩长、水泥用量、复喷复搅情况、施工机具参数和施工日期等。

（2）检查桩位、桩数或水泥土结构尺寸及其定位情况。

（3）在已完成的工程桩中应抽取2%～5%的桩进行质量检验。一般可在成桩后7日以内，使用轻便触探器钻取桩身水泥土样，观察搅拌均匀程度，同时根据轻便触探击数用对比法判断桩身强度。也可抽取5%以上桩采用动测进行质量检验。

（4）采用单桩载荷试验检验水泥土桩的承载力。也可采用复合地基载荷试验检验深层搅拌桩复合地基的承载力。

6.3 高压喷射注浆法

6.3.1 加固机理、分类和适用范围

高压喷射注浆法是将带有特殊喷嘴的注浆管置于土层预定的深度，以高压喷射流切割地基土体，使固化浆液与土体混合、并置换部分土体，固化浆液与土体产生一系列物理化学作用，水泥土凝固硬化，达到加固地基的一种地基处理方法。若在喷射固化浆液的同时，喷嘴以一定的速度旋转、提升，喷射的浆液和土体混合形成圆柱形桩体，则称为高压旋喷法。

高压喷射注浆法施工机械和施工工艺可分为单管法、二重管法和三重管法三种。单管法、二重管法和三重管法的比较见表6-4。

单管高压喷射注浆法是利用钻机等设备，把安装在注浆管底部侧面的特殊喷嘴置入土层预定深度后，依靠高压泥浆泵等装置，以20MPa左右的压力，把浆液从喷嘴中喷射出去冲击切割土体，同时借助注浆管的旋转和提升运动，使浆液与土体混合，经过一定时间，形成水泥土固结体，其示意图如表6-4中所示。

二重管高压喷射注浆法使用双通道的注浆管进行喷射。当双通道的二重注浆管钻进土层的预定深度后，通过在管底部侧面的一个同轴双重喷嘴，同时从外喷嘴射出0.7MPa左右的压缩空气和从内喷嘴喷射出20MPa的高压浆液。在高压浆液流和它外圈的环绕空气流共同作用下，土体被切割，随着喷嘴的旋转和提升，浆液与土体混合，经过一定时间形成水泥土固结体，其注浆示意图如表6-4中所示。二重管高压喷射流切割土体能力比单管高压喷射流切割土体能力强。

三重管高压喷射注浆法使用分别输送水、气、浆三种介质的三通道的注浆管进行喷射。在以高压泵等高压发生装置产生的40MPa左右的高压水喷射流周围，环绕一股0.7MPa左右的圆筒状气流，进行高压水喷射流和气流同轴喷射冲切土体，在地基土体中形成较大的孔隙，再另外由泥浆泵注入压力为2～5MPa的浆液填充，当喷嘴旋转和提升时，浆液和土体混合，经过一定时间，形成水泥土固结体，其注浆示意图如表6-4中所示。三重管高压喷射流切割土体能力比双管高压喷射流切割能力更强。因此，采用三重管高压喷射注浆法所形成的水泥土桩直径大。

单管法、二重管法和三重管法比较 **表6-4**

项目 \ 工法		单管法	二重管法	三重管法
浆土混合特点		搅拌混合	半置换混合	半置换混合
适用范围		黏性土 $N<5$	黏性土 $N<5$	
		砂性土 $N<15$	砂性土 $N<15$	砂性土 $N<200$
常用压力		20MPa	20MPa	40MPa
高压喷射流		高压浆液流	高压浆液流＋高压气流	高压浆液流＋高压气流
改良土体有效直径（mm）		300～500	1000～2000	1200～2000
改良土体强度(q_u,kPa)	黏性土	500～1000	500～1000	500～1000
	砂性土	1000～3000	1000～3000	1000～3000
示意图		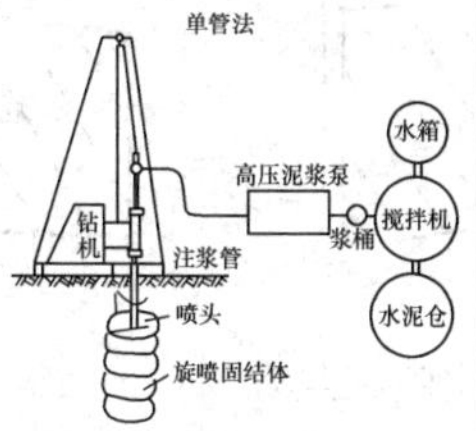 单管法 钻机 高压泥浆泵 水箱 搅拌机 浆桶 水泥仓 注浆管 喷头 旋喷固结体	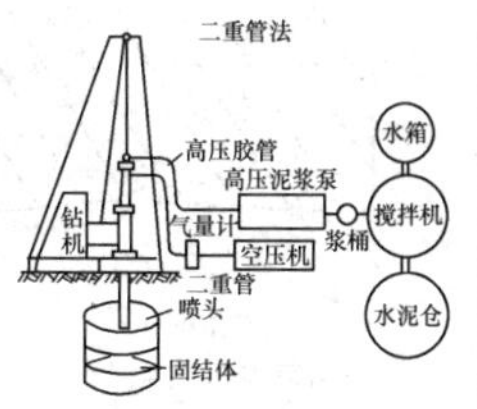 二重管法 钻机 高压胶管 高压泥浆泵 水箱 搅拌机 浆桶 气量计 空压机 二重管 喷头 水泥仓 固结体	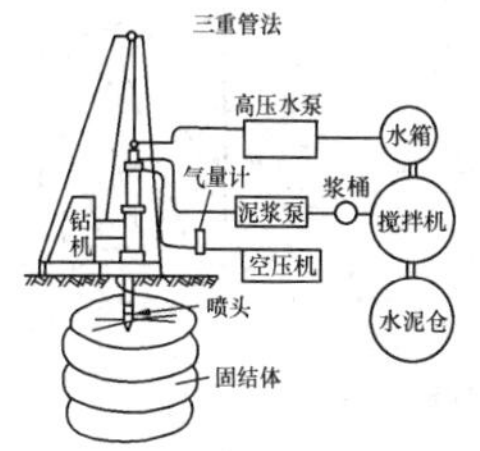 三重管法 钻机 高压水泵 水箱 气量计 浆桶 泥浆泵 搅拌机 空压机 喷头 水泥仓 固结体

高压喷射注浆法施工顺序如图 6-11 所示。钻机就位后，首先钻孔至设计深度，然后进行高压喷射。一边喷射，一边旋转、提升，直至设计高度，结束高压喷射。

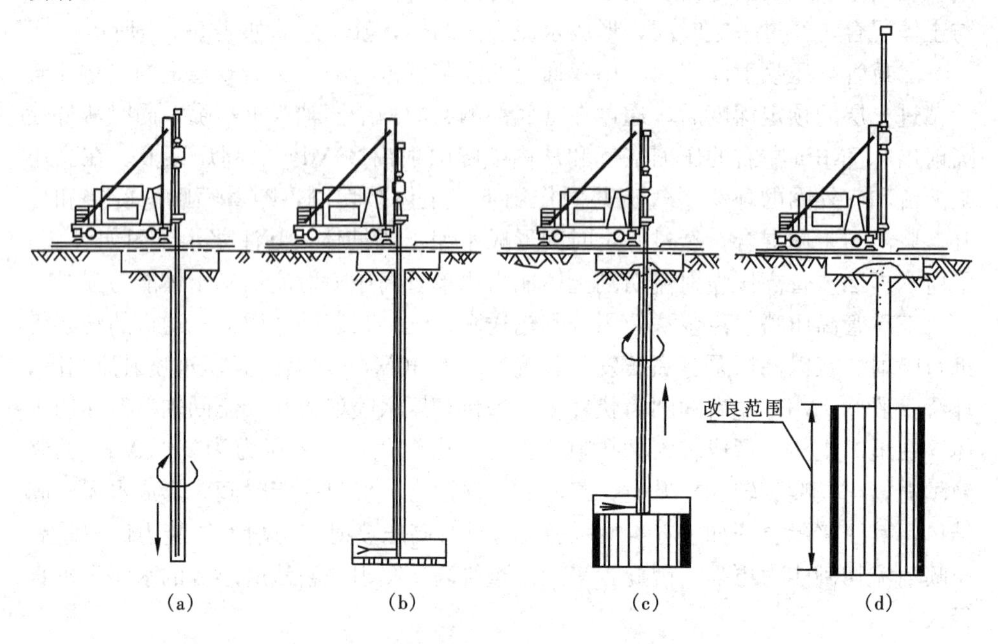

图 6-11　高压喷射注浆法施工顺序
(a) 就位并钻孔至设计深度；(b) 高压喷射开始；
(c) 边喷射、边提升；(d) 高压喷射结束准备移位

若在高压喷射过程中，钻杆只进行提升运动，钻杆不旋转，称为定喷；在高压喷射过程中，钻杆边提升，边左右旋转某一角度，称为摆喷；在高压喷射过程中，旋喷可形成圆柱形固结体，如图 6-12 (a) 所示。摆喷和定喷可形成扇形和

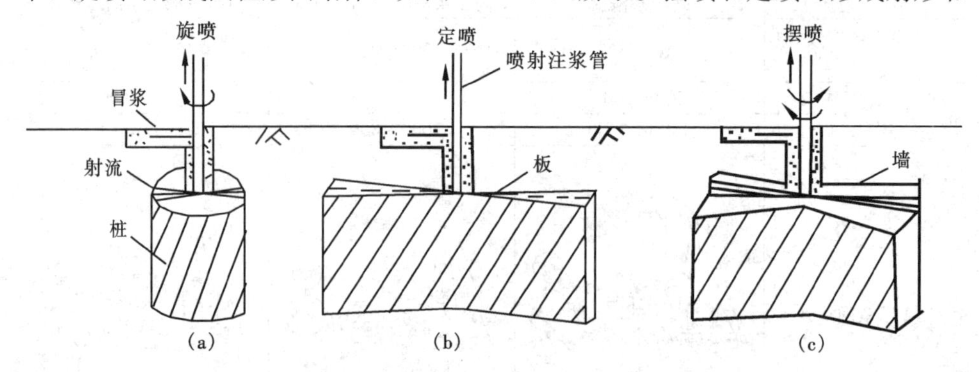

图 6-12　旋喷、定喷和摆喷
(a) 旋喷形成圆柱形固结物；(b) 定喷形成片状固结物；
(c) 摆喷形成扇形固结物

片状固结物，如图 6-12（c）、（b）所示。旋喷常用于地基加固，定喷和摆喷常用于形成止水帷幕。

高压喷射注浆法形成的改良土的有效直径不仅取决于采用的施工方法（单管法、二重管法、三重管法），还与被改良土的性质和深度有关。一般需通过试验确定，无试验资料时采用二重管法和三重管法施工，改良土体的有效直径分别可参考表 6-5 和表 6-6 所示大小采用。

采用高压喷射注浆法加固地基除水泥与土体就地混合形成水泥土外，还有置换作用。在施工过程中，正常情况下约有 20%的泥浆溢出地面。泥浆中含有水泥和被置换的土体。在高压喷射注浆施工过程中如无泥浆溢出，应检查是否遇到地下水流过大或孔洞带走喷射浆液。在施工过程中如溢出泥浆数量偏大，也应检查施工质量，是否产生未能有效切割土体，浆液未能与土体混合而沿钻杆溢出。溢出泥浆可脱水用于填筑路基等用途。

二重管法改良土体有效直径 **表 6-5**

N 值	黏性土	$N<1$	$N=1$	$N=2$	$N=3$	$N=4$	
	砂性土	$N\leqslant 10$	$10<N\leqslant 20$	$20<N\leqslant 30$	$30<N\leqslant 35$	$35<N\leqslant 40$	$40<N\leqslant 50$
有效直径（m）	$(0<z\leqslant 25)$	2.0	1.8	1.6	1.4	1.2	1.0
提升速度（min/m）	黏性土	30	27	23	20	16	
	砂性土	40	35	30	26	21	17
浆液喷射（m^3/min）	0.06						

注：z 为改良土体深度。

三重管法改良土体有效直径 **表 6-6**

N 值	黏性土	—	$N\leqslant 3$	$3<N\leqslant 5$	$5<N\leqslant 7$	—	$7<N\leqslant 9$
	砂性土	$N\leqslant 30$	$30<N\leqslant 50$	$50<N\leqslant 100$	$100<N\leqslant 150$	$150<N\leqslant 175$	$175<N\leqslant 200$
有效直径（m）	$0<z\leqslant 30$	2.0	2.0	1.8	1.6	1.4	1.2
	$30<z\leqslant 40$	1.8	1.8	1.6	1.4	1.2	1.0
提升速度（min/m）		16	20	20	25	25	25
浆液喷射（m^3/min）		0.18	0.18	0.18	0.14	0.14	0.14

注：z 为改良土体深度。

高压喷射注浆法除垂直钻孔喷射外，20 世纪 80 年代发展了水平高压喷射注浆法，俗称水平旋喷。水平高压喷射注浆法就是在土层中水平或小角度俯、仰和外斜钻进成孔，注浆管呈水平状，或与水平呈一小角度，喷嘴由里向外移动旋喷、注浆。喷射压力根据设计旋喷直径和土质情况而定，一般在20MPa左右。水平旋喷多用于隧道工程施工。

水平旋喷施工顺序如图6-13所示，主要步骤为：钻机定位（图6-13a）；钻孔至设计进尺（图6-13b）；高压喷射注浆（图6-13c）；高压喷射注浆结束（图6-13d）。

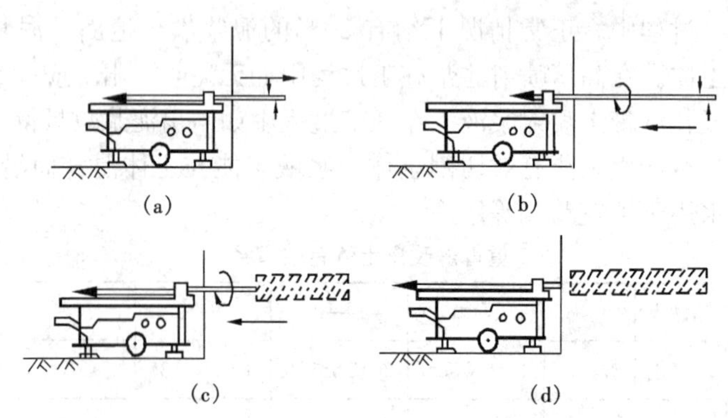

图6-13　水平喷旋工艺流程图
(a) 钻机定位；(b) 钻孔至设计进尺；(c) 高压喷射注浆；
(d) 高压喷射注浆结束

高压喷射注浆法适用于淤泥、淤泥质土、黏性土、粉土、黄土、砂土、人工填土和碎石土等地基。当地基中含有较多的大粒径块石、坚硬黏性土、大量植物根茎或土体中有机质含量较高时，应根据现场试验结果确定其适用程度。遇地下水流流速过大和已涌水的工程不宜使用。

高压喷射注浆法通过高压喷射流切割土体，使固化剂与土混合，并置换一部分土体，经一系列物理化学作用形成水泥土。高压喷射注浆法形成的水泥土的力学性质可参考表6-7所示。高压喷射注浆形成的水泥土比相应的天然土体强度高，压缩模量大，且渗透系数小。在工程上一般用于形成复合地基以提高地基承载力，减小沉降，或形成止水帷幕用于防渗，也有用于形成支挡结构。

高压喷射注浆水泥土的力学性质　　表6-7

性质＼加固土类	砂　土	黏性土	黄　土	砂　砾
最大抗压强度（MPa）	10～20	5～10	5～10	8～20
抗拉强度/抗压强度	1/10～1/5	1/10～1/5	1/10～1/5	1/10～1/5
C（MPa）	0.4～0.5	0.7～1.0		
φ（°）	30～40	20～30		

（引自朱庆林、王吉望，1988）

6.3.2 高压喷射注浆法的工程应用

高压喷射注浆法工程应用主要包括下述几个方面：

(1) 加固已有建（构）筑物地基

由于施工设备所占空间较小，可创造条件在室内施工，因此高压喷射注浆法可应用于加固已有建筑物地基。国内已完成多项工程，取得良好效果。高压喷射注浆法可在室内施工，在已有建筑物基础下设置旋喷桩，形成旋喷桩复合地基（图 6-14），以提高地基承载力，减小建筑物沉降。在采用高压喷射注浆法加固已有建筑物地基时，需要重视采取措施减小施工期间的附加沉降。如采取合理安排旋喷桩施工顺序、施工进度，以及采用速凝剂加速水泥土固化等措施。

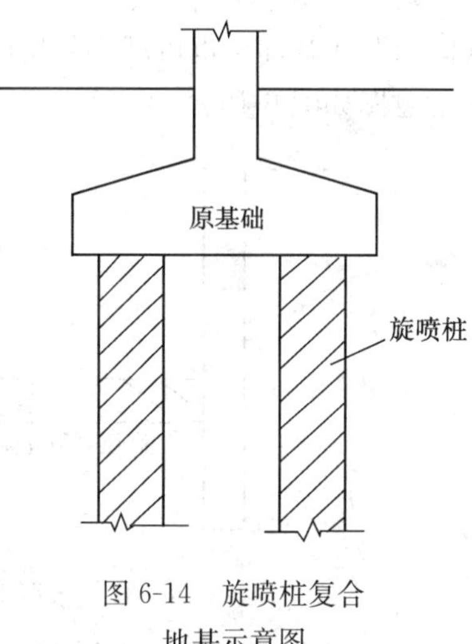

图 6-14 旋喷桩复合地基示意图

(2) 形成水泥土止水帷幕

采用摆喷和旋喷可以在地基中设置所需要的止水帷幕，在水利工程、矿井工程和深基坑围护工程中得到应用。止水帷幕可以由高压喷射注浆法施工单独形成。在图 6-15 中，图 6-15（a）表示由摆喷形成的止水帷幕，图 6-15（b）表示由旋喷形成的止水帷幕，图 6-15（c）表示由旋喷和摆喷组合形成的止水帷幕。止水帷幕也可由高压喷射注浆法施工形成的水泥土与围护结构中的排桩联合形成。图 6-15（d）表示由钢筋混凝土桩与旋喷桩联合形成的止水帷幕，图 6-15（e）表示由钢筋混凝土桩与摆喷形成的止水帷幕。高压喷射注浆法形成的水泥土止水帷幕与由深层搅拌法形成的相比，高压喷射注浆法的适用范围广，可应用于不能进行深层搅拌法施工的地基和工况，而且形成的止水帷幕厚度可较小，一般在 300～400mm 范围，就有较好的防渗能力。

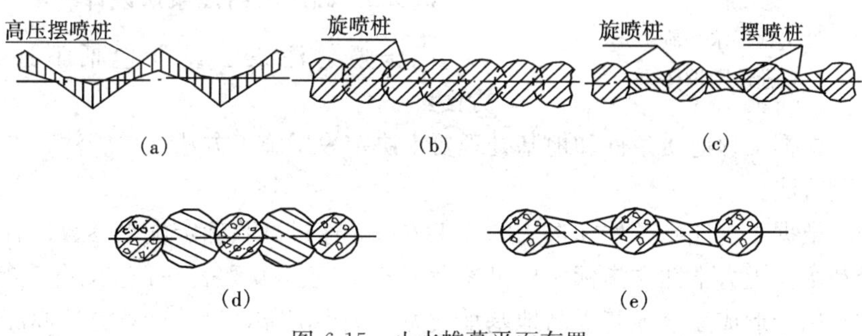

图 6-15 止水帷幕平面布置

与灌浆法相比，高压喷射注浆法加固范围准确，形成的止水帷幕可靠。但采用高压喷射注浆法设置止水帷幕费用较高，与深层搅拌法相比，形成同体积水泥土，费用是深层搅拌法的三倍。

（3）应用于基坑开挖工程封底

基坑围护体系中需要采用水泥土封底时可采用高压喷射注浆法施工。水泥土封底既可防止管涌，也可减小基坑隆起，对支护结构还可以起支撑作用。水泥土封底示意图如图6-16所示。

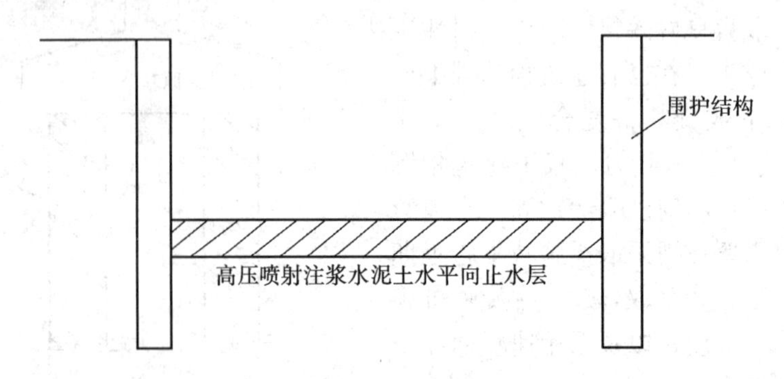

图6-16　水泥土封底在围护体系中的应用

（4）水平高压喷射注浆法工程应用

水平高压喷射注浆法主要用于地下铁道、隧道、矿山井巷、民防工事等地下工程的暗挖施工及其塌方事故的处理。图6-17表示采用水平旋喷形成隧道的水泥土拱支护结构。

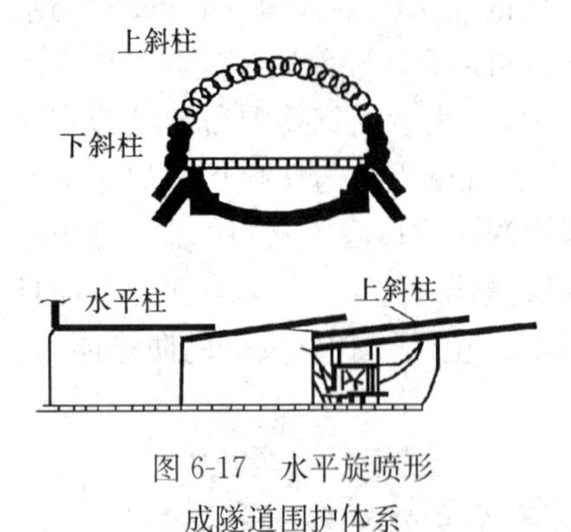

图6-17　水平旋喷形成隧道围护体系

（5）其他工程应用

高压喷射注浆法还可形成水泥土挡土结构应用于基坑开挖支护结构。应用于盾构施工时防止地面下降，也可应用于地下管道基础加固，桩基础持力层土质改良，构筑防止地下管道漏气的水泥土帷幕结构等。

6.3.3　高压喷射注浆法设计

高压喷射注浆法设计包括下述几个方面：

（1）根据工程地质条件和地基处理要求决定采用施工方法：单管法、二重管法和三重管法。

（2）根据工程地质条件和选用的施工方法，通过试验确定施工参数、有效改良直径和水泥土力学性质指标。也可参考表6-5、表6-6和表6-7选用有关参数。

（3）用于形成复合地基提高地基承载力，减小沉降，设计计算方法同深层搅拌桩复合地基；用于形成止水帷幕防渗，需进行防渗设计。以基坑围护止水帷幕抗管涌验算为例，其示意图如图 6-18 所示。

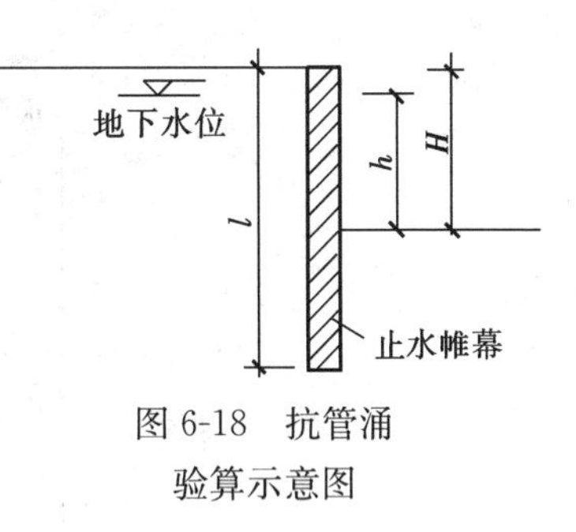

图 6-18 抗管涌验算示意图

止水帷幕一侧与另一侧水位差为 h，止水帷幕高为 l，基坑深度为 H，则基坑底土体承受的最大渗透力 F 为：

$$F = ir_{\mathrm{w}} = \frac{hr_{\mathrm{w}}}{2(l-H)+h} \qquad (6\text{-}29)$$

式中 i——水力梯度；

r_{w}——水的重度。

抗管涌安全系数 K_{s} 的表达式为：

$$K_{\mathrm{s}} = \frac{r'}{F} = \frac{r'[h+2(l-H)]}{r_{\mathrm{w}}h} \qquad (6\text{-}30)$$

式中 r'——土的有效重度。

根据式（6-30）可计算止水帷幕高 l。抗管涌安全系数一般应不小于 1.5～2.5。

6.3.4 质量检验

采用高压喷射注浆法加固地基质量检验可采用开挖检查、钻孔取芯、标准贯入、载荷试验或压水试验等方法进行相应的检验。具体工程应采用的检验方法可视其工程要求和应用情况而定。用于形成复合地基提高地基承载力和减小沉降可采用载荷试验，用于形成止水帷幕可采用压水试验等。

6.4 灌 浆 法

6.4.1 分类和灌浆材料

灌浆法是指将固化浆液注入地基土体，以改善地基土体的物理力学性质，达到地基处理的目的的一类地基处理方法。灌浆浆液由灌浆材料（主剂）、溶剂（水或其他有机溶剂）及各种附加剂，按一定比例配制而成。

灌浆法主要用于提高岩土的强度和变形模量，用于降低岩土的渗透性，提高抗渗能力，也用于封填孔洞、堵截漏水，有时还用于建筑物纠偏。

按照灌浆机理，可分为渗入性灌浆、劈裂灌浆、压密灌浆和电动化学灌浆。各种灌浆采用的工艺和材料以及适用范围都有较大差异，将在后面介绍。

灌浆材料按原材料和溶液特性分类如下：

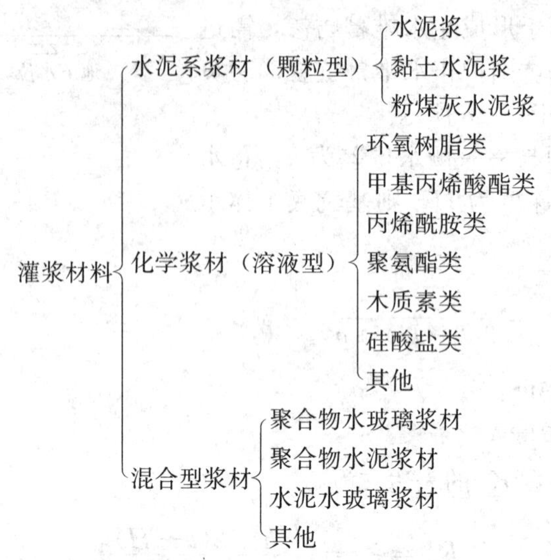

水泥浆液常用附加剂如下所示：

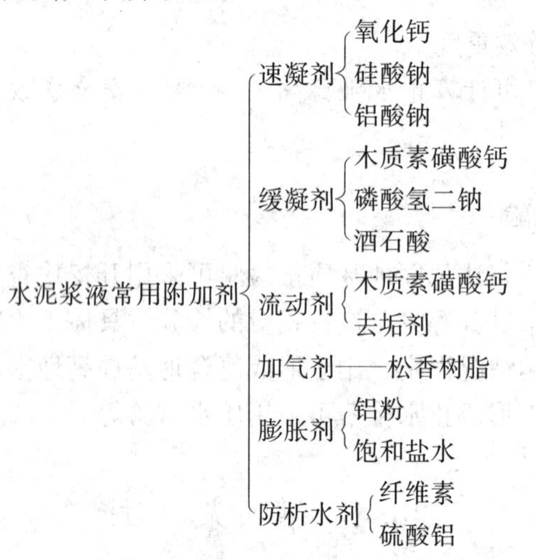

化学浆液常用附加剂视浆液性质不同而异，以聚氨酯浆液为例，常用附加剂如下所示：

聚氨酯浆液常用附加剂
- 增塑剂——邻苯二甲酸二丁酯
- 稀释剂
  - 丙酮
  - 二甲苯
- 表面活性剂
  - 吐温
  - 硅油
- 催化剂
  - 三乙醇胺
  - 三己胺

其他化学浆液常用附加剂这里不一一介绍了，如需要可参阅有关灌浆材料手册。

在灌浆工程中，水泥浆液用途最广、用量最大。水泥浆液的主要特点是灌浆形成的水泥复合土体具有较好的物理力学性质和耐久性，无毒，材料来源又广，而且价格较低。在水泥浆液中应用最广的是普通硅酸盐水泥，在某些特殊条件下也采用矿渣水泥、火山灰水泥和抗硫酸盐水泥等品种。水泥浆液是颗粒型浆液，有时需要提高水泥颗粒细度，如采用超细水泥，掺入各种附加剂以改善浆液性质，提高其可灌性、稳定性。有时为了节省材料、降低成本，在水泥浆液中掺入黏土、砂和粉煤灰等廉价材料。

化学浆液属于真溶液，其主要特点是初始黏度小，可灌注到地基中的细小裂缝或孔隙中。化学浆液的缺点是造价较高，而且不少化学溶液具有一定毒性，造成环境污染，影响其推广使用。

6.4.2 加固机理

1. 渗入性灌浆

渗入性灌浆是指在灌浆压力作用下，浆液克服各种阻力，渗入到地基土层中的孔隙或裂缝中。此时，地基土层结构基本不受扰动和破坏，渗入到地基土层中的浆液在地基中与土体产生一系列物理化学作用，地基土体得到改良，抗剪强度提高，压缩模量增大。渗入性灌浆适用于地基中存在孔隙或裂缝的地基土层，如砂土地基等。对颗粒型浆液，其颗粒尺寸必须能进入土层中存在的孔隙或裂缝中，因而渗入性灌浆存在浆液可灌性问题。浆液可灌性常用可灌比值 N 表示，对砂砾石地基：

$$N=\frac{D_{15}}{d_{85}}\leqslant 10\sim 15 \tag{6-31}$$

式中 D_{15}——砂砾石中含量为15%的颗粒尺寸；

d_{85}——灌浆材料中含量为85%的颗粒尺寸。

也可用渗透系数 K 来间接评价，当地基土体渗透系数 $K>(2\sim3)\times10^{-1}$ cm/s 时，可用水泥浆液灌浆；当渗透系数 $K>(5\sim6)\times10^{-2}$ cm/s 时，可用水泥黏土浆液灌浆。

另外，浆液的黏度对渗入性灌浆影响较大。浆液的黏度越大，其流动阻力也越大。因此当浆液黏度较大时，需要较高的压力以克服其流动阻力，而且只能灌注较大的孔隙尺寸。除丙凝等少数浆液外，多数浆液的黏度随时间增加而增加，在灌浆过程中应予以重视。

在渗入性灌浆中，影响浆液扩散范围的因素有地基土层的渗透系数（或裂隙和孔隙尺寸）、浆液的黏度、灌浆压力、灌入时间等。各国学者对灌浆浆液扩散范围提出许多计算理论，如球形扩散理论、柱形扩散理论和袖阀管法理论等。上述理论对天然地层都作了一些简化，而天然地层情况往往比较复杂。因此在工程应用上，一般还是以现场灌浆试验确定灌浆压力、灌浆时间和浆液扩散范围相互之间的关系，并从技术和经济方面进行综合比较分析，然后作出灌浆设计，确定施工参数。

2. 劈裂灌浆

劈裂灌浆是指依靠较高的灌浆压力，使浆液能克服地基中初始应力和土体抗拉强度，使土体沿垂直于小主应力的平面或土体强度最弱的平面上发生劈裂，使浆液可灌入土体，增大浆液扩散范围，达到土质改质目的的灌浆方法。

对岩石地基，目前常用的灌浆压力尚不能使新鲜岩体产生劈裂，主要是使原有的隐裂隙或微细裂缝产生扩张。

对于砂砾石地基，其透水性较大，浆液渗入将引起超静水压力提高，到一定程度后灌浆引起砂砾石层的剪切破坏，土体产生劈裂，达到劈裂注浆。

对黏性土地基，在具有较高灌浆压力的浆液作用下，土体可能沿垂直于小主应力的平面产生劈裂，浆液沿劈裂面扩散，并使劈裂面延伸。在荷载作用下地基中各点小主应力方向是变化的，而且应力水平不同，在劈裂灌浆中，裂缝的发展走向较难估计，因此劈裂灌浆的范围也较难控制。对软黏土地基，在较高灌浆压力下，土体能否产生劈裂，能否进行劈裂灌浆尚有争论。

3. 压密灌浆

压密灌浆是指在地基中灌入较浓的浆液，浆液迫使注浆点附近土体压密而形成浆泡。开始灌浆压力基本上沿径向扩散，随着浆泡的扩大，灌浆压力的增大，周围土体产生压密。对饱和土，则在土体中产生较大的超孔隙水压力，并产生较大的上抬力。压密灌浆形成的上抬力能使地面隆起，或使建筑物上抬。压密灌浆的过程是用浓浆液置换和挤密土体的过程。

压密灌浆常用于砂土地基加固，黏土地基中若有较好的排水条件也可采用压密灌浆进行加固。

压密灌浆形成的浆泡形状与土的物理力学性质、地基土的均匀性、灌浆压力、灌浆速率等因素有关。浆泡形状在均质地基中常为球形或圆柱形，浆泡横截面直径可达1.0m或更大。离浆泡界面0.3～2.0m以内土体能受到明显的挤密。

有时可利用压密灌浆在地基中设置桩体，达到加固地基的目的。也有利用压密灌浆形成的上抬力，进行建（构）筑物纠倾。

压密灌浆还可用于补偿注浆，以减小基坑开挖、盾构施工等造成的环境影响。

4. 电动化学灌浆

在地基中插入金属电极并通以直流电，在电场作用下，土中水会从阳极向阴极流动，这种现象称为电渗。借助于电渗作用，在黏土地基中即使不采用灌浆压力，也能靠直流电将浆液（如水玻璃溶液或氯化钙溶液）注入土体中，达到改良土质的目的。或者将浆液依靠灌浆压力注入电渗区，通过电渗使浆液扩散均匀，以提高灌浆加固效果。

6.4.3 适用范围

由于灌浆加固机理具有充填、渗透、压密和劈裂的特点，因此灌浆技术适用于各种岩土体的加固，应用范围较广，在土木工程的各个领域尤其是地下工程、边坡工程、防渗工程、隧道工程、矿山工程、水利工程，已成为不可缺少的加固施工方法之一。它主要应用在以下几个方面：

（1）构筑物地基的加固（提高地基承载力）；

（2）土坡稳定性加固（提高岩土体抗滑能力）；

（3）裂隙岩体的止水和破碎岩体的补强（提高岩体整体性）；

（4）已有建筑混凝土裂缝缺陷的修补（混凝土构筑物补强）；

（5）坝基加固及防渗（提高岩土体密实度，改善其力学性能，减小透水性，增强抗渗能力）。

6.4.4 设计

灌浆法加固地基设计一般包括下述程序：

1. 地质调查

探明需处理地层的工程地质和水文地质条件。

2. 选择灌浆方案

灌浆方案包括：灌浆处理范围、灌浆材料和灌浆方法等，根据工程性质、灌浆目的、所处理对象的条件、工期要求及其他要求进行灌浆方案设计，按灌浆的不同目的，对浆材和工艺进行选择，见表6-8。

浆材及工艺的选择表 **表6-8**

灌浆目的	浆材类型	工艺技术	浆液类型
岩基防渗	悬浮浆液、低强度化学浆	渗入性及脉状灌浆	水泥浆、聚氨酯浆、丙凝浆、AC-MS浆
岩基加固	悬浮浆液、高强度化学浆	渗入性及脉状灌浆	水泥浆、环氧浆、甲凝浆、聚酯浆
地基土防渗	悬浮浆液、低强度化学浆	渗入性及脉状灌浆、电动化学灌浆、高喷灌浆	水泥浆、黏土浆、聚氨酯浆、丙凝浆、AC-MS浆、酸性水玻璃
地基土加固	悬浮浆液、高强度化学浆	渗入性及脉状灌浆、电动化学灌浆、挤密灌浆、高喷灌浆	水泥浆、环氧浆、甲凝浆、聚酯浆、改性水玻璃、碱液、铬木素浆

续表

灌浆目的	浆材类型	工艺技术	浆液类型
混凝土加固	高强度化学浆	渗透灌浆	环氧浆、聚酯浆
混凝土接缝灌浆、回填灌浆	悬浮浆液	渗透灌浆、挤密灌浆	水泥浆、水泥砂浆

其中灌浆材料目前有如下几种：

（1）水泥浆液。具有结石体力学强度高、透水性低、材料源广价廉、贮运方便、注入设备工艺简单等优点，是应用最广泛的基本灌浆材料；一般用于裂隙大于0.4～0.5mm的岩土层或粒径大于1mm的砾石、极粗砂层中。

（2）黏土浆。用于粒径大于0.1mm的表土层（尤其是大面积表土层），有较大的溶洞、裂隙的岩层，或地下水流速较低以及对水泥有侵蚀作用的岩层。

（3）水泥—水玻璃浆液用于地下水流速较大，有较大的溶洞、裂隙的岩层。当地下水流速较大时，应先注入大骨料，也可用于粒径大于0.5mm的粗砂层中。

（4）化学浆液品种繁多。成本较高，只能在颗粒性浆液达不到灌浆效果之时，或者在水泥灌浆之后，为提高灌浆效果，进行补充灌浆之时，才考虑选用；一般用于细裂隙、具有各种地下水流速的岩土层，以及粒径为0.1～0.015mm的细砂和粉土层灌浆。在地基处理工程中常用的化学灌浆材料主要有水玻璃（硅酸钠）、丙烯酸盐、聚氨酯等。

浆液的配合比就是组成浆液的水和干料二者的比例，如水泥浆液的配合比就是水与水泥之比，简称为水灰比。配合比一般均采用重量比值来计算。浆液中水与干料的比值或水泥浆的水灰比值越大，表示浆液越稀；反之，则浆液越浓。水泥浆常用的水泥浆水灰比为5∶1、3∶1、2∶1、1∶1、0.8∶1、0.6∶1、0.5∶1七个比级。以水泥为主体并掺有其他材料如膨润土黏土、砂等的浆液，其配合比根据受灌岩土体情况和对灌浆的要求，经室内的浆液配比性能试验和现场试验而选定。

3. 灌浆孔位置

灌浆孔位置包括布置形式和孔距。可根据灌浆目的和灌浆试验得到的灌浆有效范围确定灌浆孔位置。通过合理确定灌浆孔位置以获较好的经济效益。

4. 灌浆压力

灌浆压力既要保证地层空隙得到充分灌注，又不能给地层带来不利影响，需根据地基和建筑物的具体条件并结合灌浆方法等情况来确定灌浆压力。在进行灌浆压力设计时，一般先对灌浆压力进行理论计算，再根据计算结果开展现场灌浆试验确定最终灌浆压力，具体施工时的灌浆压力主要是依据现场灌浆试验的压力值来调整。

6.4.5 质量检验

灌浆效果是指浆液在地层中的实际分布状态与预定注入范围的吻合程度及灌浆后复合岩土体参数（标贯击数、波速值、抗剪强度、承载力、密度、渗透系数等）的提高程度。

灌浆效果检验视灌浆目的不同而异。以堵漏和纠偏为目的的灌浆工程，在施工过程中是否已达到目的就是最好的效果检验。在灌浆过程中灌浆质量应符合设计要求和施工规范，如灌浆材料的品种规格、浆液配比和性能、钻孔位置和角度、灌浆压力和灌浆量等。在灌浆过程中根据堵漏、纠偏情况发展，不断调整设计参数也是经常的。以防渗为目的的灌浆工程，效果检验除灌浆质量应符合设计要求和施工规范外，还要通过现场渗透试验检验灌浆效果。

以下对常用几种灌浆效果检测方法进行介绍。

1. 施工质量检查及技术资料分析法

对灌浆过程的施工质量以及有关施工记录的技术资料加以整理、分析，据此初步判断灌浆质量。对灌浆过程中的灌浆压力、浆液浓度、吸浆量等变化情况进行分析，可以判断灌浆工作是否正常。

2. 钻孔抽（压）水检查法

灌浆前后开展钻孔抽（压）水试验，根据实验结果计算岩层渗透系数（或吸水率）和井筒涌水量变化，分析岩层不均质性和灌浆处理的偶然缺陷，并判断灌浆质量好坏。

3. 灌浆前后水量比较法

根据灌浆前后渗水量的变化确定堵水率，进一步分析灌浆质量和效果，即封水效果，计算公式为：

$$K=(Q_1-Q_2)/Q_1 \tag{6-32}$$

式中 K——封水效果（%）；

Q_1——灌浆前工程的涌水量（m^3/h）；

Q_2——灌浆后工程的涌水量（m^3/h）。

4. 取样检查法

（1）钻孔取样。灌浆结束后，用钻机在灌浆段钻孔取芯，观察浆液在地层空隙中的充填和胶结情况，以了解浆液扩散范围，评价灌浆效果。

（2）开挖检查。在灌浆区域进行开挖，直接观测浆液在地层空隙中的充填胶结程度、扩散范围以及浆液结石体渗透性，测定涌水量变化；另可凿取岩样，加工成试件，进行力学性能试验，以评价灌浆后的防渗、补强和固结效果。

5. 钻孔检测法

（1）钻孔摄影。将钻孔摄影仪置于钻孔内的预定深度，对灌浆前后孔壁四周进行摄影，整理得到一组孔壁岩石的展示照片，据此分析浆液结石体对裂隙的充填情况。

（2）钻孔电视。通过孔中的摄影机拍摄孔壁图像，传送至地面监视器，并由屏幕直接反映出来，观察裂隙中浆液的结石、充填情况，判断灌浆效果。

6. 无线电波透视法

高频无线电波在地下岩体中传播时，若遇到比其岩层电阻率低的介质体，低阻介质对电磁波的吸收和界面反射等作用，将会损失电磁波的能量，减弱电磁波的穿透能力，形成接收信号显著减弱的“阴影区”，此“阴影区”可作为判断、解释低阻介质体性质的依据。

7. 旋转触探法（RPT）

根据钻孔时的阻力（钻头贯入推力、钻头扭矩）等参数，直接定量地评价地层强度。

8. 声波测试法

以测量声波在介质中传播的时间和脉冲（或振幅）的衰减为依据，利用灌浆前后岩体声学参数变化，检测灌浆帷幕形成的质量和效果。

6.5　TRD法

6.5.1　加固机理

TRD是渠式切割水泥土连续墙工法（Trench Cutting & Re-mixing Deep wall method）的简称。TRD技术通过TRD主机将刀具立柱、刀具链条以及其上刀具组装成多节箱式刀具，并插入地基至设计深度；在由刀具链条及其上刀具组成的链式刀具围绕刀具立柱转动作竖向切削的同时，刀具立柱横向移动、底端喷射切割液和固化液。链式刀具的转动切削和搅拌作用，使得切割液和固化液与原位置被切削的土体进行混合搅拌，如此持续施工而形成等厚度水泥土连续墙。

6.5.2　技术特点

TRD工法主要特点是成墙连续、表面平整、厚度一致、墙体均匀性好，具有高抗渗和高工效性特点，适用于开挖面积较大，开挖深度较深，对止水帷幕的止水效果和垂直度有较高要求的土建工程。TRD工法主要的优势如下：

（1）施工机架重心低、稳定性好，安全度高，适用于对机械高度有限制的场所；

（2）机械功率大，施工深度大，最大深度可达60m；

（3）机械切割能力强，适用土层广；

（4）施工精度高，墙面垂直度和平整度好；

（5）墙体上下固化性质均一，墙体质量均匀，截水性能好；

（6）连续成墙施工，墙体等厚度，接缝少；可按设计要求以任意间距设置芯材；

（7）施工机架水平、竖向所需的施工净空间小，适用于周边建（构）筑紧邻的工况；

（8）施工机架可变角度施工，其与地面的夹角最小可为 30°，从而可施工倾斜的水泥土墙体，满足堤坝防渗等要求。

6.5.3　应用类型和适用范围

1. 应用类型

TRD 工法可用于岩土工程的土体加固、止水帷幕以及挡土结构。

（1）土体加固，提高地基承载力，改善地基变形特性

TRD 工法相当于地基处理中的深层搅拌法，可用于形成水泥土复合地基。其水泥土增强体和天然土形成复合地基，有效提高地基承载力，减少地基上建筑物的沉降；也可形成基坑工程被动区加固土体，提高土体的侧向变形能力，控制基坑围护结构的变形。由于 TRD 工法水泥土连续墙较为均匀，强度高，采用格子状被动区加固体可在坑底形成纵、横向刚度较大的墙体，有效加固坑底被动区土体。格子状被动区加固体的置换率低，当基坑宽度较小，格子状加固体的加固效率将大大提高。

（2）止水帷幕

由于 TRD 工法独特的施工工艺，其在地基中形成的等厚度水泥土墙防渗效果优于柱列式连续墙和其他非连续防渗墙。在渗透系数较大的土层且地下水流动性较强的潜水含水层中，TRD 工法水泥土连续墙作为止水帷幕，可有效阻隔基坑外地下水向坑内的渗流，具有较大的优势。当基坑开挖深度加深，基底存在承压水突涌的可能时，采用 TRD 工法水泥土墙有效切穿深层承压含水层，不仅大大降低承压水突涌以及降水不可靠带来的工程安全风险，而且和地下连续墙相比，工程造价也大大降低。

（3）挡土结构

当边坡高度较低，TRD 工法墙体受弯、受剪承载力满足要求的前提下，可采用 TRD 工法水泥土连续墙形成重力式挡墙。当边坡高度较高，墙体受弯、受剪不满足要求时，可选择在墙体内插入芯材；当 TRD 工法水泥土连续墙内插入芯材形成较强的围护结构时，可和内支撑、锚杆、土钉组合形成 TRD 工法水泥土连续墙内插芯材的内支撑体系、锚杆体系以及土钉墙等组合支护形式。

2. 适用范围

（1）适用的深度

据现有 TRD 工法施工机械，理论成墙深度为 60m。但深度加深后，墙体施工难度增大，质量控制要求提高，机械的损耗率大大增加。相应的，TRD 主机

的施工功率、配套辅助设备均应提高或加强。目前，国内实际工程的成墙深度约为50m。当成墙深度超过50m时，应采用性能优异的机械，通过试验确定施工工艺和施工参数。

（2）适用的土层

TRD工法适用于人工填土、黏性土、淤泥和淤泥质土、粉土、砂土、碎石土等地层。对于复杂地基、无工程经验及特殊地层地区，应通过试验确定其适用性。如砂卵石、圆砾层，切割硬质花岗岩、中风化砂砾岩层，由于其强度大，目前虽已有其成功切割混有800mm直径砾石的卵石层以及单轴抗压强度约为5MPa基岩的工程实例，但施工速度极其缓慢，刀头磨损严重。因此，施工中必须切削硬质地基时，需进行试成槽施工，以确定施工速度和刀头磨损程度，以备施工中及时更换磨损的刀头。当卵石层中混有的砾石含量较多时，且直径大多超过100mm时，应预先进行试成槽施工。

寒冷地区应避免在冬期施工；确需施工时，应防止地基冻融深度影响范围内的水泥土冻融导致的崩解；必要时，可在水泥土表面覆盖养护或采取其他保温措施。

黄土多具湿陷性。TRD工法水泥土连续墙施工时水灰比大，在湿陷性黄土地基施工时，必须考虑施工期间地基湿陷引起的危害。湿陷性土层采用TRD工法时，应通过试验确定其适用性。同样对于膨胀土、盐渍土等特殊性土，也应结合地区经验通过试验确定TRD工法水泥土连续墙的适用性。

杂填土地层或遇地下障碍物较多地层时，应提前充分了解障碍物的分布、特性以及对施工的影响，施工前需清除地下障碍物。

6.5.4　设计

需对TRD工法水泥土连续墙的厚度、深度以及平面布置进行设计。

（1）墙体厚度和平面布置原则

TRD工法水泥土连续墙的厚度取决于施工机械和工程中墙体渗透性能、受力性能的要求。一般墙体厚度取550～850mm，常用厚度取550mm、700mm、850mm。当需要采用其他规格的墙体厚度时，应在550～850mm之间按50mm模数递增选取。

（2）平面布置原则

当水泥土墙施工结束或直线边施工完成、施工段发生变化时，需拔出切割刀具，移位再重新组装。为尽量避免刀具系统的起拔和安装次数，提高施工效率，平面布置应简单规则，尽量采用直线布置，避免或减少基坑的转角。若采用圆弧，圆弧段的曲率半径不宜小于60m。TRD工法一般形成直线形的格子状加固体，见图6-19。

（3）墙体深度

图 6-19 格子状加固体

墙体深度可综合复合地基的承载力、复合地基下卧层的承载力以及相关要求确定。

（4）承载力计算

根据天然地基条件，初步拟定的水泥土掺量、TRD 工法墙的深度和厚度，初步确定墙的承载力，可采用如下公式：

$$R = R_a + R_b \tag{6-33}$$

其中墙侧摩阻力：

$$R_a = b\Sigma q_{si} l_i \tag{6-34}$$

墙端摩阻力：

$$R_b = \alpha q_p A_p, A_p = a \times b \tag{6-35}$$

式中 q_{si}——第 i 层土的墙侧摩阻力特征值；

q_p——墙端地基土未经修正的承载力特征值；

l_i——第 i 层土的厚度（m）；

a——地下连续墙槽段的厚度（m）；

b——地下连续墙槽段的宽度（m）。

结合天然地基承载力和初步确定的复合地基置换率，计算得到复合地基承载力设计值。根据上部结构荷载和初步确定的基础深度、宽度，得到复合地基的荷载值。该值不大于地基承载力设计值时，进行下卧层承载力验算；该值大于地基承载力设计值时，则需进一步调整 TRD 工法墙的相关参数，如初步拟定的水泥土掺量 TRD 工法墙的深度和厚度等，重新设计。同时还需进行复合地基沉降验算，以满足上部建（构）筑物的使用要求。

工程正式施工前，尚需通过现场试验检验设计的相关参数、复合地基承载力以及墙体承载力设计值的可靠性。

6.5.5 施工

TRD 工法成墙施工流程如图 6-20 所示，具体流程为：竖向导杆在门形框架上下两个横向油缸的推动下沿横向架滑轨移动，带动驱动轮及箱式刀具水平移动至一个行程后，解除压力成自由状态；主机向前开动，相应的竖向导杆及其上的驱动轮回到横向架的起始位置，开始下一个行程，如此反复运行直至完成全部水泥土连续墙的施工，形成一步施工法。需要插入型钢时，在移动的过程中，还需将工字钢芯材按设计要求插入已施工完成的水泥土连续墙中。在箱式刀具水平走完一个行程，解除压力成自由状态后反向运动，进一步切割已搅拌过的土体，获得更高的搅拌均匀度，形成三步施工工法。

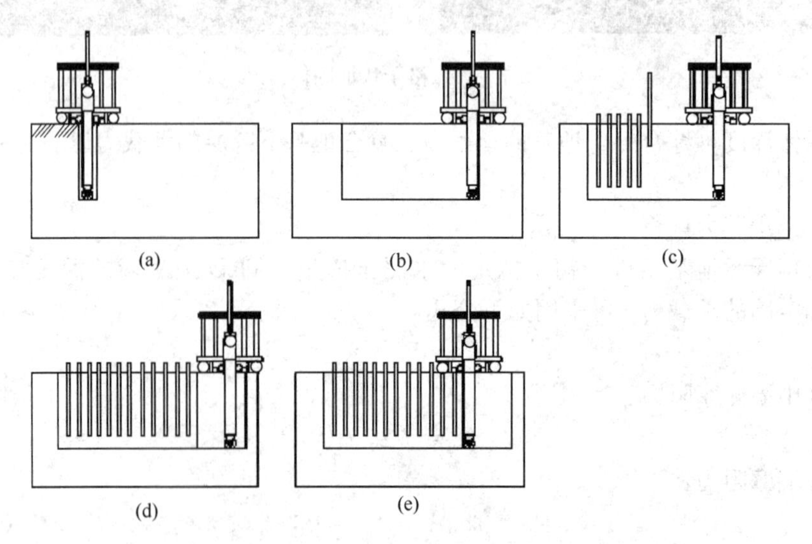

图6-20　TRD工法成墙流程示意图

(a) 主机连接（工序1）；(b) 切削、搅拌（工序2）；(c) 插入芯材，重复2～3工序；(d) 推出切削（当施工结束时）；(e) 搭接施工

注：搭接施工完成后，返回到工序2。

根据施工机械是否反向施工以及何时喷浆的不同，TRD工法可分为一步、二步、三步三种施工法：一步施工法在切割、搅拌土体的过程中同时注入切割液和固化液；三步施工法中第一步横向前行时注入切割液切削，一定距离后切割终止，主机反向回切（第二步），移动过程中链式刀具旋转，使切割土进一步混合搅拌，此时可根据土层性质选择是否再次注入切割液，然后主机正向回位（第三步），刀具立柱底端注入固化液，使切割土与固化液混合搅拌。二步施工法即第一步横向前行注入切割液切割，然后反向回切注入固化液；二步施工法施工的起点和终点一致，仅在起始墙幅、终点墙幅或短施工段采用，实际施工中应用较少。

根据土质条件、墙体深度以及防渗要求可选择不同的施工工法以及切割液、固化液的喷射时间。工程中一般多采用一步和三步施工法。三步施工法搅拌时间长，搅拌均匀，可用于深度较深的水泥土墙施工；一步施工法直接注入固化液，易出现链式刀具周边水泥土固化的问题，一般可用于深度较浅的水泥土墙的施工。

6.5.6 检测与检验

TRD 工法的质量控制贯穿于施工的全过程，施工过程中须随时检查施工记录和计量记录，根据规定的施工工艺，对墙体进行质量评定。检查的重点包括：施工机械性能和材料质量，渠式切割水泥土连续墙的定位、长度、垂直度，切割液的配合比，固化液的水灰比、水泥掺量、外加剂掺量，混合泥浆的流动性和泌水率，开放长度、浆液的泵压、泵送量与喷浆均匀度，水泥土试块的制作与测试，施工间歇时间等。

水泥、外加剂等原材料的检验项目和技术指标应符合设计要求和现行国家标准的规定，按检验批检查产品合格证及复试报告。浆液水灰比、水泥掺量应符合设计和施工工艺要求；浆液水灰比用比重计、水泥掺量用计量装置按台班检查，每台班不得少于 3 次。严禁使用过期水泥、受潮水泥，对每批水泥进行复试，合格后方可使用。

思考题与习题

1. 试分析采用灌入固化物加固地基的机理，哪些地基处理方法属于灌入固化物?

2. 简述深层搅拌法的工程应用。

3. 简述深层搅拌桩复合地基设计步骤。

4. 某住宅小区软土地基不能满足设计要求，现决定采用水泥搅拌桩复合地基加固。天然地基承载力特征值为 100kPa，设计承载力特征值要求到 130kPa。设桩长取 15m，桩径取 0.5m，地基土能提供桩周侧阻力为 9.0kPa，搅拌桩桩端承载力可不计，水泥土抗压强度为 1.8MPa，桩间土承载力折减系数取 0.5，试进行水泥搅拌桩复合地基设计。

5. 什么叫旋喷、摆喷和定喷? 简述它们的主要工程应用。

6. 在高压喷射注浆施工过程中，为什么会产生冒浆现象?

7. 请分析渗入性灌浆、劈裂注浆、压密注浆区别，并说明它们的主要工程应用。

8. 请分析 TRD 工法的应用前景。

第7章 加 筋

7.1 概 述

加筋泛指在地基土体中设置强度高、模量大的筋材，使土体与筋材一起形成加筋复合体，以达到提高稳定性，改善变形性能为目的的一类地基处理方法的总称。这里加筋是一个比较笼统的概念。加筋法中所用的筋材可以是土工合成材料，如土工布、土工格栅等；也可以是指在地基中设置的土钉、锚杆等。

本章介绍的加筋法主要包括加筋土垫层法、加筋土挡墙、锚杆和土钉支护、锚钉板挡土结构等。除上述加筋法外笔者还将低强度桩复合地基、刚性桩复合地基和长短桩复合地基也放在这一部分介绍。

加筋法加固地基的机理比较复杂。采用的加筋方法不同，或加筋方法相同而所用筋材不同，其加固机理也可能不同。不少加筋法的加固设计计算方法还处在探讨之中，本章重点介绍加固概念，加固形式，对详细的设计计算方法，多数不作介绍。

7.2 加 筋 土 垫 层 法

加筋土垫层法多应用于路堤软土地基加固，主要用于提高地基稳定性，减小地基沉降。采用加筋土垫层加固的示意图如图 7-1 所示。

可用于形成加筋土垫层的土工合成材料的种类繁多，主要有土工织物、土工条带、土工格栅、土工格室、土工网等。如土工格栅是一种以高密度聚乙烯或聚丙烯等塑料为原料加工形成的类似格栅状的产品，具有较大的网孔。除塑料格栅外，还有编织格栅、玻纤格栅等。在土工格栅加筋垫层中，土工格栅具有的网孔和土嵌锁在一起表现出较高的筋土界面摩阻力。因此，不少情况下，土工格栅作为加筋材料比土工织物效果更好。

通常认为：采用加筋土垫层加固路堤地基的破坏形式具有下述四种类型：滑弧破坏、加筋体绷断破坏、地基塑性滑动破坏和薄层挤出四种类型。对某一具体工程的主控破坏类型与工程地质条件、加筋材料性质、受力情况以及边界条件等影响因素有关。而且在一定条件下，破坏类型可能发生变化，可能从一种形式向另一种形式过渡转化，这主要由土的强度发挥和加筋体的强度发挥的相互关系决定。

Fowler（1982）介绍荷兰一处公路试验堤的破坏情况如图 7-2（a）所示，这

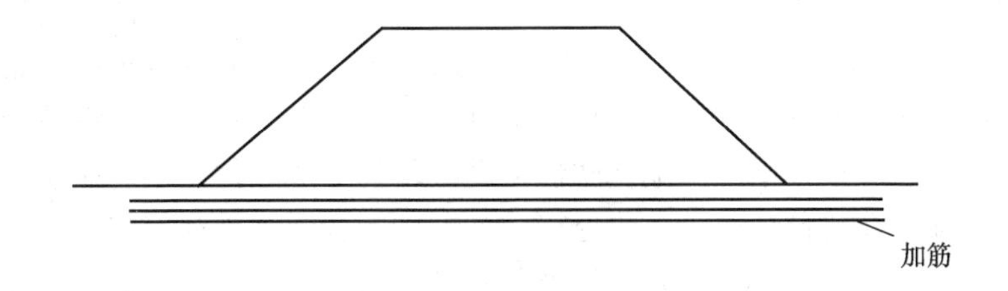

图 7-1 加筋土垫层示意图

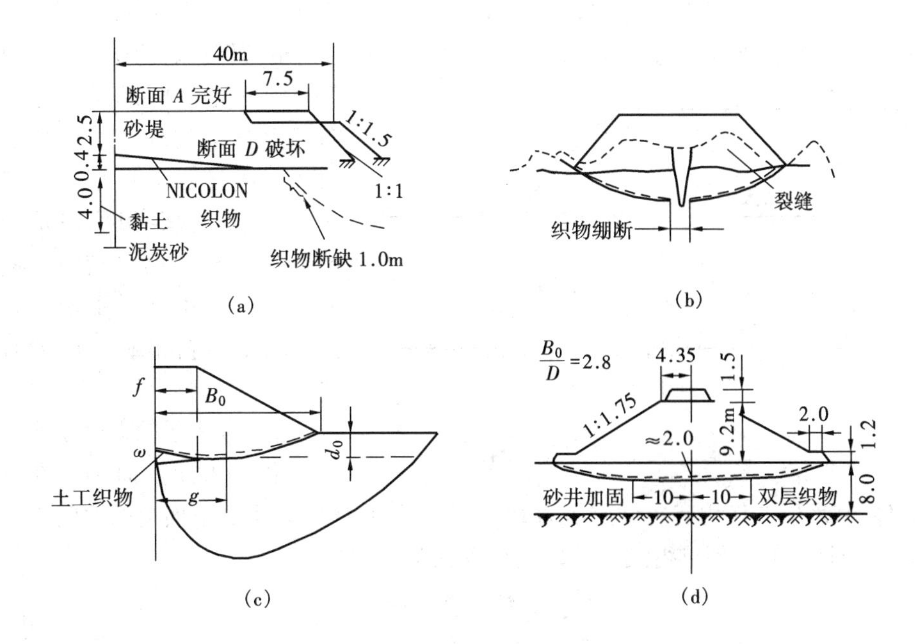

图 7-2 加筋土垫层加固堤基破坏形式

(a) 荷兰试验堤滑弧破坏；(b) 美国一桥头路堤加筋体绷断破坏；

(c) 黄埔港试验堤地基塑性滑动破坏；(d) 三茂铁路试验堤薄层挤出破坏

种破坏形式属滑弧破坏型。滑弧破坏型的特点是填土路堤、地基和加筋体三者共同起抗滑作用，三者在滑弧面上产生的抗滑力矩可以相互叠加。滑弧破坏型的形成条件是加筋体的抗拉刚度低、延伸率较大。对这种破坏形式，可采用圆弧滑动稳定分析法进行分析。在分析中假定滑动面上各点，包括填土、地基土和加筋体，同时达到强度峰值，并且假定加筋体的存在基本上不改变滑弧位置，加筋体拉力方向与滑弧相切。

Hannon（1982）报道的美国旧金山一段桥头路堤的破坏情况如图 7-2（b）所示，这种破坏形式属加筋体绷断破坏型。加筋体绷断破坏形式的特点是路堤的破坏与路堤底面弓形沉陷曲线的扩张程度有关。加筋体绷断破坏的形成条件是加筋体的刚度大、延伸率小而强度又不太高的情况。

我国黄埔港试验堤的断面如图7-2（c）所示。填筑中曾因一次加荷过大路堤突然下沉0.8m，但路堤仍未丧失稳定，其破坏形式与前两种不同。黄埔港试验堤最终破坏形式属地基塑性流动破坏。地基塑性流动破坏的主要特点是加筋土垫层形成一个柔性的整体基础。地基塑性流动破坏的形成条件是加筋体能够确保加筋土的整体性。在这种情况下，路堤稳定问题转化为地基承载力问题。

图7-2（d）表示我国三茂铁路试验堤的断面图，路堤底宽$2B_0=45$m，软弱土层厚$D=8$m，宽厚比$B_0/D=2.8$，施工中也曾发生突然下沉，日沉降达0.419m，但仍能很快趋向稳定，而且仅用43天时间即填到9.2m堤高。成功的原因主要是薄层土的抗剪强度较高，未产生软弱薄层挤出破坏。若薄层土的强度低，则可能造成薄层土水平向塑性挤出破坏。产生水平向薄层土挤出破坏是有条件的。当存在软弱薄层时应验算是否会产生薄层挤出破坏。下面介绍采用极限平衡法进行软弱薄层挤出破坏的验算方法。

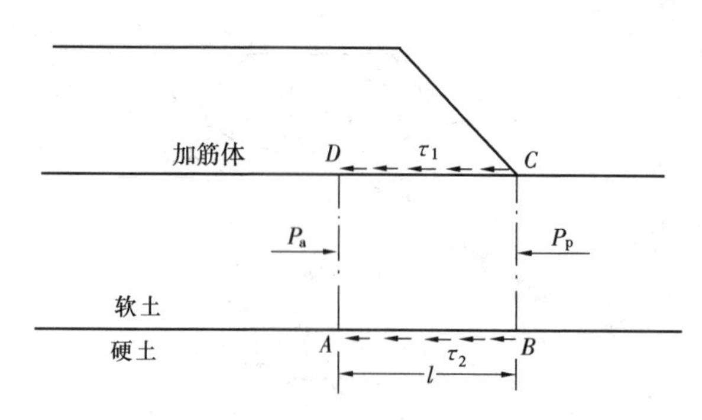

图7-3　薄层挤出破坏计算简图

图7-3表示软弱薄层水平向挤出破坏计算简图。在软弱土体$ABCD$上作用有主动土压力P_a，被动土压力P_p，上、下面上的摩阻力τ_1和τ_2。根据力的平衡可得到抗挤出安全系数F计算式为：

$$F=\frac{P_p+\tau_1+\tau_2}{P_a} \tag{7-1}$$

式中　τ_1、τ_2——分别为作用在软弱土体$ABCD$顶面和底面上的抗滑力；

P_a、P_p——分别为作用在软弱土体上主动土压力和被动土压力。

$$\left.\begin{aligned}\tau_1&=l(c_1+\sigma_{v1}\tan\varphi_1)\\ \tau_2&=l(c_2+\sigma_{v2}\tan\varphi_2)\end{aligned}\right\} \tag{7-2}$$

式中　l——软土块长度；

c_1、φ_1——分别为软土与加筋复合土体相互作用面上的黏聚力和内摩擦角；

c_2、φ_2——分别为软土的黏聚力和内摩擦角；

σ_{v1}、σ_{v2}——分别为软弱土体顶面和底面上的法向应力。

由上述分析可以看到，在荷载作用下加筋土垫层加固地基的工作性状是很复杂的，加筋体的作用及工作机理也很复杂。加筋土地基的破坏具有多种形式，形成破坏的影响因素也很多，而且很复杂。到目前为止，许多问题尚未完全搞清楚，其计算理论正处在发展之中，尚不成熟。

在加筋土地基设计中要考虑防止上述四种破坏形式（滑弧破坏、加筋体绷断破坏、加筋土地基塑性流动破坏和软弱薄层挤出破坏）的发生。对滑弧破坏情况采用土坡稳定分析法验算其安全度。对加筋体绷断破坏，要验算加筋体所能提供的抗拉力。如加筋体所能提供的抗拉力不够，可增加加筋体断面尺寸，或加密铺设加筋体。加筋土地基塑性流动破坏实质上是加筋土层下卧层不能满足承载力要求。因此，在加筋土地基设计中要验算加筋土层下卧层承载力。

采用加筋土垫层法可使路堤荷载产生扩散，减小地基中附加应力的强度。当路堤下软弱土层不是很厚，采用加筋土垫层可有效减小沉降。当路堤下软弱土层很厚时，采用加筋土垫层的应力扩散作用可使浅层土体中的附加应力减小，但使地基土层压缩的影响深度加大。在这种情况下，采用加筋土垫层对减小总沉降的作用不大，有限元分析和工程实践都证明了这一点。

应用加筋土垫层加固地基主要是提高了地基的稳定性。当路堤地基采用桩体复合地基加固时，在路堤和复合地基之间铺设加筋土垫层，既可有效提高地基承载力又可有效减小路堤的沉降。

7.3 加筋土挡墙法

按照应用土工合成材料形式的不同，加筋土挡墙可分为条带式加筋土挡墙和包裹式加筋土挡墙两种，如图 7-4 所示。条带式加筋土挡墙结构如图 7-4（a）所示。在条带式加筋土挡墙中，土工合成材料加筋条带在填土中按一定间距排列，一端按所需长度伸入土内，另一端与支挡结构外侧面板连接。包裹式加筋土挡墙结构又可分为两种，如图 7-4（b）、（c）所示。包裹式加筋土挡墙施工顺序为：首先在地表面满铺土工织物，并留有一定长度的土工织物用于包裹在土工织物上的填土。然后在土工织物上填土压实，再将已铺的土工织物外端部分卷回一定的长度。在其上满铺一层土工织物，然后再在土工织物上填土压实，并将后铺的土工织物外端部分卷回一定长度。每层填土厚约 0.3～0.5m。一层一层一直填到设计高度。可根据需要在包裹式加筋土挡墙结构外侧设置面板，如图 7-4（b）所示；也可不设面板，如图 7-4（c）所示。对设置面板的，需在加筋土挡墙中埋设

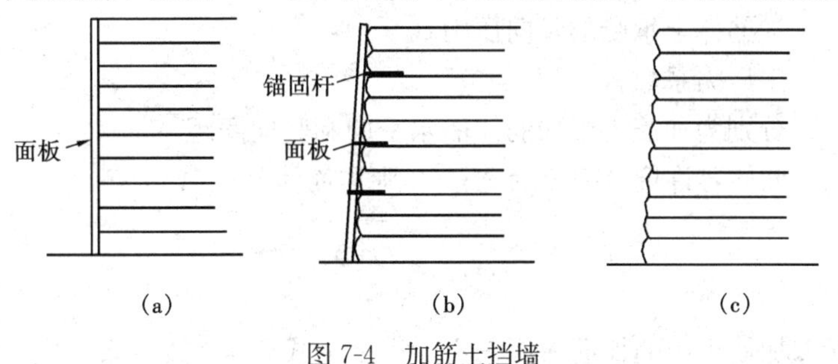

图 7-4 加筋土挡墙

（a）条带式；（b）包裹式（1）；（c）包裹式（2）

锚固杆以固定面板。

加筋土挡墙具有以下特点：

（1）可实行垂直填土以减少占地面积。减少占地面积具有较大的经济价值。

（2）面板、筋带可工厂化生产，易于保证质量。

（3）充分利用土与拉筋的共同作用，使挡墙结构轻型化。加筋土挡墙具有柔性结构性能，可承受较大的地基变形。因而加筋土挡墙可应用于软土地基上砌筑挡土墙，并具有良好的抗震性能。

（4）加筋土挡墙外侧可铺面板，面板的形式可根据需要拼装，造型美观，适用于城市道路的支挡工程。加筋土挡墙也可与三维植被网结合，在加筋土挡墙外侧进行绿化，景观效果也好。

加筋土挡墙设计包括两个方面，一方面是加筋土挡墙的整体稳定验算，另一方面是加筋土中拉筋的验算。一般先按经验初定一个断面，然后验算拉筋的受力，确定拉筋的设置，确定拉筋的长度。最后验算挡土结构的整体稳定性。若挡土结构的整体稳定性不能满足要求，则需调整拉筋的设置；若稳定性验算安全系数偏大，可进一步进行优化，调整拉筋的设置以获得合理断面。对加筋土挡墙设计下面作简要介绍。

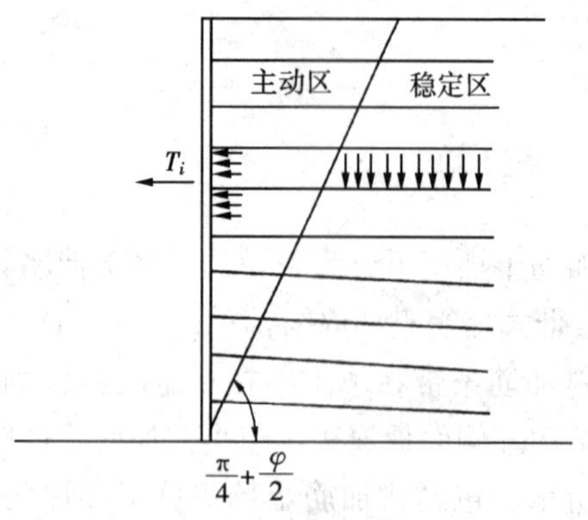

图7-5　加筋土挡墙筋体受力分析（朗金法）

按经验初定一加筋土挡墙断面后，根据作用于加筋土挡墙的外荷载，包括填土重、挡墙表面上各种荷载，如车辆重量和其他活荷载等，计算作用在加筋体上的拉力。采用朗金法计算如图7-5所示。根据极限平衡原理，在加筋土挡墙内某一加筋体上的拉力应等于填土所受到的侧压力。加筋体上拉力 T_i 可用下述计算式表示：

$$T_i = \sigma_v K_i S_x S_y \tag{7-3}$$

式中　σ_v——加筋体上承受的竖向压力；

K_i——土压力系数；

S_x、S_y——分别为加筋土中加筋体的水平向和竖向间距。

若所用加筋体容许抗拉强度为 $[\sigma_a]$，则加筋体面积 A_i 为：

$$A_i = \frac{T_i}{[\sigma_a]} \tag{7-4}$$

如果所取加筋土中的加筋体面积不能满足上式要求，或富余较大，需调整加筋体的面积或加筋体的布置。

确定加筋土中加筋体的断面和布置后，然后确定筋体的长度。

根据加筋土挡墙潜在破裂面位置，要求筋体具有足够的锚固长度，以保证筋体不会产生拔出破坏。

根据理论和实测成果分析，加筋土挡墙潜在破裂面具有两种类型：简化破裂面类型和朗金理论破裂面类型，如图 7-6 所示。

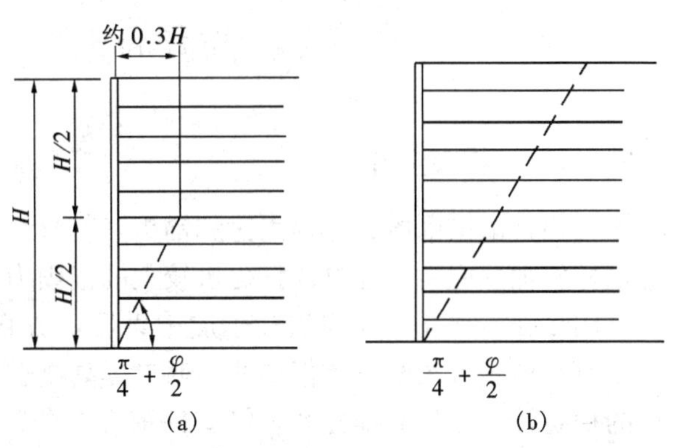

图 7-6 加筋土挡墙破裂面形状类型
(a) 简化破裂面；(b) 朗金理论破裂面

图 7-6（a）所示的简化破裂面类型适用于采用大刚度筋材加筋的加筋土挡墙，且墙高小于 8.0m；图 7-6（b）所示的朗金理论破裂面类型适用于加筋体较柔、墙高较大的情况。若锚固长度为 l_2，则抗拔力 F_i 的表达式为：

$$F_i = 2fl_2\sigma_v b \tag{7-5}$$

式中 f——筋体与土体界面间的摩擦系数；

b——筋体宽度；

σ_v——作用在筋体上的竖向压力。

抗拔安全系数 F 为：

$$F = \frac{F_i}{T_i} \tag{7-6}$$

式中 T_i——第 i 层筋体拉力，由式（7-3）计算；

F_i——第 i 层筋体抗拔力，由式（7-5）计算。

抗拔安全系数 F 值一般要求大于 1.5～2.0。

加筋土挡墙中筋体长度 l 表达式为：

$$l = l_1 + l_2 \tag{7-7}$$

式中 l_2——第 i 层筋体锚固长度；

l_1——主动区中筋体长度。

加筋土挡墙中筋体长度、断面以及布置初步确定后，再进行整体稳定性验算。

加筋土挡墙的整体稳定性验算项目及方法同一般挡土墙结构的设计计算，主要包括：抗滑移、抗倾覆、整体稳定、地基容许承载力等。若验算不合格，可调整加筋体的尺寸，或调整加筋体的布置，进行优化设计。一般挡土墙整体稳定性的验算方法在这里不作进一步介绍。

7.4 锚杆和土钉支护

7.4.1 锚杆和土钉

锚杆通常由锚固段、非锚固段和锚头三部分组成，锚固段处于稳定土层，一般对锚杆施加预应力。通过锚杆提供较大的锚固力，维持和提高边坡稳定。土钉通常采用钻孔、插筋、注浆法在土层中设置，或直接将杆件插入土层中形成土钉。土钉一般布置较密，类似加筋，通过提高复合土体抗剪强度，以维持和提高土坡的稳定性。典型的锚杆和土钉支护示意图分别如图7-7（a）、图7-7（b）所示。土钉和锚杆有较大的差别，但将土钉和锚杆截然分开也是困难的。有时可将土钉视为一种特殊形式的锚杆。土钉通常没有非锚固段；土钉没有要求设锚头；土钉墙的面板不是受力构件，其主要作用是防止边坡表面土体脱落，防止表面水流侵蚀边坡土体。

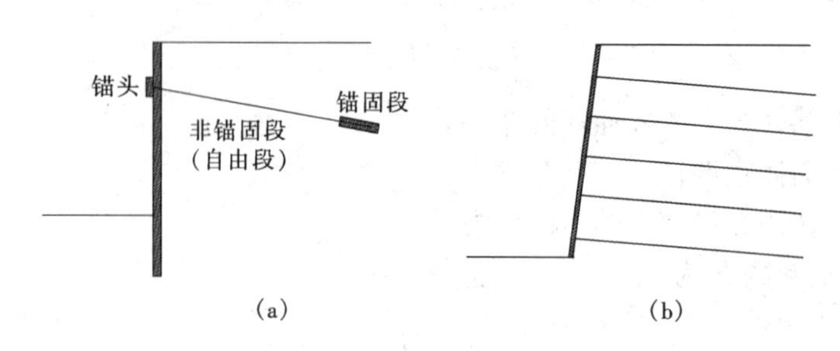

图7-7 锚杆和土钉支护示意图

（a）典型锚杆示意图；（b）土钉支护示意图

7.4.2 锚杆加固

锚杆加固技术在岩土工程中的应用范围很广。锚杆除了用于加固地下建筑物、基坑围护等临时性设施外，还在许多工程中用作永久性的加固措施：如边坡稳定加固、防止坝体和桥台等发生倾覆的加固，以及抵抗浮托力地下工程的加固等。在天然地层中的锚杆加固方法多以钻孔灌浆为主，一般称为灌浆锚杆。灌浆锚杆的受拉杆件有粗钢筋、高强钢丝、钢绞丝等不同的类型。施工工艺有：常压和高压灌浆、化学灌浆以及许多特殊的专利锚固灌浆技术。在实际锚杆加固工程中，水泥砂浆灌浆锚杆占大多数。

灌浆锚杆的钻孔方向一般沿水平向下倾斜10°～45°，钻孔的深度必须超过构筑物背后的主动土压力区或已有的滑动面，并须在稳定的地层中达到足够的有效锚固长度。锚杆末端锚入土体内的有效锚固段所能承受的最大拉力称为锚固段的极限抗拔力，如图 7-8 所示。

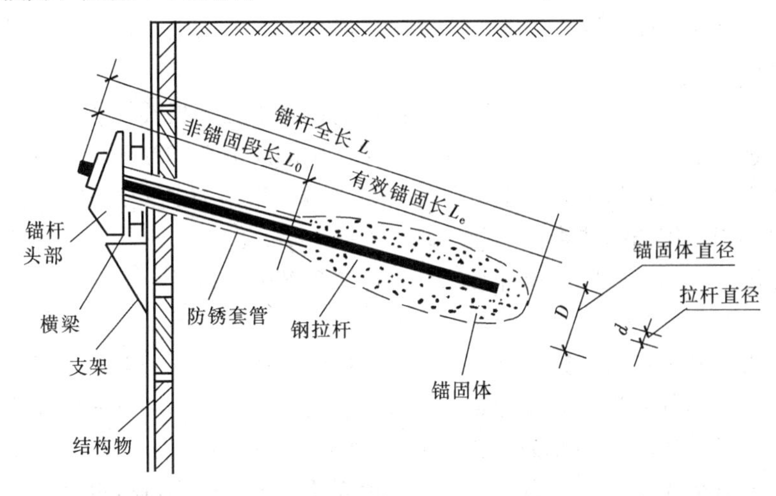

图 7-8 锚杆的组成

灌浆锚杆的设计主要包括下述几个方面：锚杆的配置及其与结构物的相互关系，确定锚杆拉力、锚杆的截面、锚头连接、锚杆的长度以及锚杆与结构物的整体稳定性验算等。

下面对锚杆加固的设计要点作简要介绍：

在设计前必须对周围环境和工程地质及水文地质条件做详细调查。周围环境包括附近建筑物基础类型和埋置深度，各种地下管线分布情况以及道路等情况。工程地质及水文地质条件包括：工程地质剖面、地基土层类别及厚度，地下水位及水质对锚杆的侵蚀性影响，锚固土层的颗粒级配、抗剪强度和渗透系数等物理力学性质。

锚杆的锚固力需通过抗拔试验确定。抗拔试验应在加固现场或在与施工地段相同的工程和水文地质条件下进行。

拉杆可采用钢绞线、高强钢丝或精轧螺纹钢等材料，也可采用 HRB335 级钢筋或 HRB400 级钢筋。

灌浆水泥可采用硅酸盐水泥或普通硅酸盐水泥，强度等级宜大于 32.5 级。视工程要求可适量掺入早强剂和减水剂等。搅拌水泥浆用的水不得含油、酸类、盐类、有机物及其他对注浆材料和预应力钢丝、钢绞线、钢筋等可能产生不良影响的物质。

在基坑围护及其他支挡结构中，锚杆的作用主要是承受侧壁土压力。因而首先应计算作用在支挡结构物侧壁上的总土压力及其分布，然后才能确定锚杆的配置及其锚固力。

锚杆设置主要根据支护结构的内力和允许变形的情况、施工的可能性和可靠性而定。锚杆设置可采用单排，也可以采用多排。一般情况下，当支挡高度小于6.0m时，可设置一排；支挡高度为6.0～8.0m时，可设置两排锚杆；支挡高度达10m时，需考虑设置2～4排。排与排之间的间距由优化计算决定，但一般不小于2.0m。

锚杆之间的水平间距取决于所需要提供的锚固力和每根锚杆所能提供的抗拔力两个因素决定。如间距太小，锚杆在地层产生的应力场相互重叠，将减小锚杆的抗拔能力并增加位移量，产生所谓的“群锚效应”。一般在黏土地层中的锚杆间距不得小于6倍锚固体直径；而在砂土地层中最小间距不得小于2.0m。

锚杆设计包括锚固体、拉杆及锚杆头部三个部分的设计。

（1）锚杆头部

锚杆头部简称锚头。锚头是构筑物与拉杆的连接部分，一般包括台座、承压板和紧固器三部分。为了能够可靠地传递来自结构物的力，一方面要保证锚头本身的材料有足够强度，相互的构件能紧密固定；另一方面又要能将集中力分散开。为此要对组成锚头的台座、承压板及紧固器三部分分别进行设计。

（2）拉杆设计

拉杆是锚杆的中心受拉部分。拉杆的长度为从锚杆头部到锚固体尾端的全长。因此，拉杆的长度 L 包括有效锚固长度 L_e 和非锚固长度 L_0 两部分的和，如图7-8所示。有效锚固长度取决于每根锚杆需要提供的抗拔力。非锚固段长度（又称自由长度）取决于锚杆穿过墙体背后的潜在滑动面达到稳定层面之间的实际距离。

根据具体施工条件决定拉杆材料的选用。拉杆截面设计需要确定每根拉杆所用钢拉杆的钢材规格、断面积和根数，并确定钻孔的直径。拉杆截面积可按下式确定：

$$A = \frac{K \cdot P}{[\sigma]} \tag{7-8}$$

式中　A——拉杆截面积（m^2）；

$[\sigma]$——拉杆材料的标准强度（kPa）；

P——锚杆拉力（kN）；

K——拉杆安全系数，取 $K=1.2$～1.3。

（3）锚固体设计

锚固体是指锚杆的锚固部分。通过锚固体与土层之间的相互作用，将锚固力传递给地层。锚固体能否提供所需锚固力是锚杆加固成败的关键。根据锚固力和锚固条件确定有效锚固长度，并提出形成锚固体施工要求。

锚杆加固有多种破坏形式，设计时必须认真验算各种可能的破坏形式。因此除了要求每根锚杆必须能提供足够的锚固力外，还需要考虑包括锚杆和地基在内的整体稳定性。通常认为锚固段所需的长度是由于锚固力的需要，而锚杆所需的总长度则取决于稳定的要求。

以下简要介绍单层锚杆的整体稳定验算。

从地基内取一平面楔体（包括桩、锚杆与土体）作为单元体，假设单元体在一组力的作用下处于平衡状态，于是可采用力多边形图解法对锚杆的稳定性进行验算。图 7-9 表示单层锚杆稳定性验算的示意图。在图 7-9 中，通过锚固体中心点 c 与基坑围护桩下端的假想支承点 b 连一直线，并假定 bc 线为深部滑动线；再通过点 c 垂直向上作直线 cd。这样 $abcd$ 土体上除作用有自重 G 外，还有作用在基坑围护结构上的主动土压力的反力 E_a、bc 面上的反力 F 和作用在 cd 面上的主动土压力 E_1。当土体 $abcd$ 处于平衡状态时，可利用力多边形求得锚杆承受的最大拉力 R_{tmax}。而 R_{tmax} 与锚杆轴向拉力 N_t 之比就是锚杆的稳定安全系数 K_s，一般可取 1.5，即

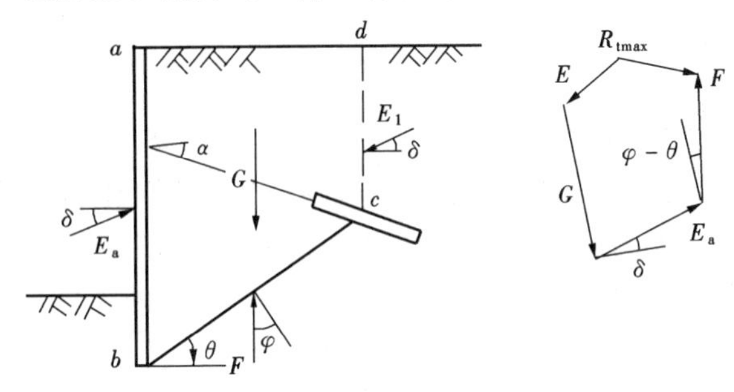

图 7-9 单层锚杆深部破裂的稳定性验算

G—深部破裂面范围内土体重量；E_a—作用在基坑支护上的主动土压力的反力；E_1—作用在 cd 面上的主动土压力；F—bc 面上反力的合力；φ—土的内摩擦角；δ—基坑支护与土体间的摩擦角；θ—深部破裂面与水平面的夹角；α—锚杆倾角

$$K_s = \frac{R_{tmax}}{N_t} \geqslant 1.5 \tag{7-9}$$

若锚固段中点 c 位于基坑底面以下，则必须进行整体稳定验算。

对双排及多排锚杆的深层稳定验算，其基本假定与单排锚杆情况相同。双层锚杆的稳定性验算的示意图如图 7-10 所示。图 7-10 中点 c 和 e 为锚固体的中心点，b 为围护桩下端的假想支点，ef 和 cd 为竖直线。在图中单元体内存在 bc、be、bec 三个滑动面。当单元体处于平衡状态时，与单层锚杆稳定分析类似，可利用力多边形求得锚杆承受的最大拉力 $R_{t(bc)max}$、$R_{t(be)max}$ 和 $R_{t(bec)max}$。类似得到的相应的稳定安全系数 $K_{s(bc)}$、$K_{s(be)}$ 和 $K_{s(bec)}$ 应都不小于 1.5。

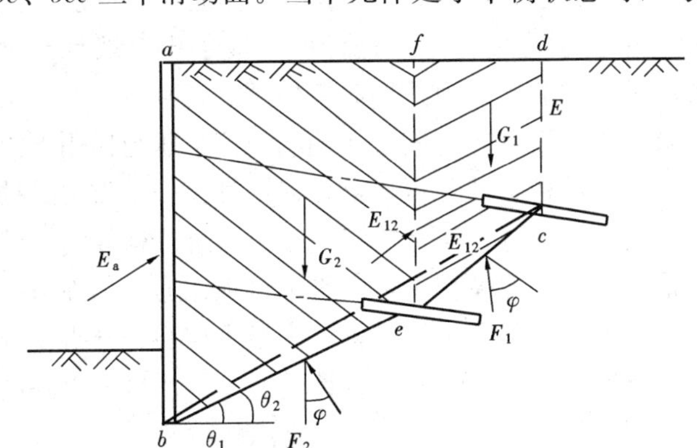

图 7-10 双层锚杆深部破裂面稳定性验算

锚杆拉拔试验的目的是为了评价锚杆设计和施工的可靠性。若不能满足时，应及时调整设计参数

或采取补救措施，以保证工程安全。

在施工前应进行锚杆现场极限抗拔力试验，必要时需进行特殊试验，如蠕变试验等。锚杆施工完成后还需进行效果检验与监测，重要工程还需进行长期监测。

7.4.3 土钉支护

土钉支护计算模型大致可以分为两类：土钉墙计算模型和边坡锚固稳定计算模型。下面结合土钉支护机理分析，谈谈两类计算模型的本质以及两者间的差别。

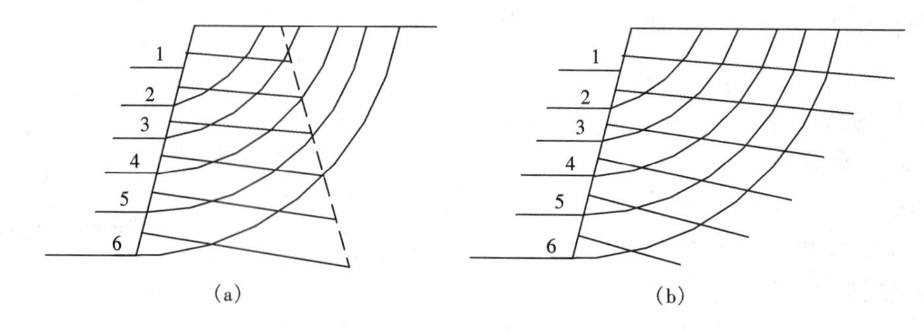

图 7-11 土钉支护形式

(a) 上短下长；(b) 上长下短

为了说明土钉支护机理，现举一基坑开挖工程为例，并作下述假设：基坑分六层开挖，每挖一层土基坑边坡接近极限平衡状态，设潜在剪切滑移面为圆形，且通过坡趾，如图 7-11 所示。为了维持土坡稳定，每挖一层土，在边坡土层中设置一层土钉，土钉长度应能保证开挖下一层土时土坡保持稳定。土钉设置如图 7-11 (a)、图 7-11 (b) 所示。同时在土坡表面挂钢筋网，喷混凝土面层。混凝土面层的主要作用是防止表面土的脱落。

在图 7-11 (a) 中，可将土钉设置区视为一加筋土重力式挡墙。由面层和加筋土体形成的重力式挡墙的稳定维持了边坡稳定，这样就形成了土钉墙计算模型。土钉墙模型要求土钉设置应满足加筋土重力式挡墙墙体部分自身不会产生破坏，这就是内部稳定性分析要求。土钉设置还应满足在挡墙外侧土压力作用下重力式挡墙的整体的稳定性，这就是外部稳定性分析要求。该计算模型中重力式挡墙的界定有一定虚拟成分，图中用虚线划分，实际工程应用中很难严格界定。

另一类计算模型——边坡锚固稳定计算模型中，则将土钉视作通过加强滑移土体和稳定土体间的联系，以维持土坡稳定。土钉设置从满足土坡稳定分析要求出发。土钉设置满足土坡稳定分析要求就是土钉支护设计的要求。从这一思路出发，也有人将土钉支护称为喷锚网支护。

单纯从维持土坡稳定考虑，比较图 7-11 (a)、图 7-11 (b) 可知，上短下长设置土钉用量比上长下短设置所用土钉总量少。若从土坡变形角度考虑，则上长下短设置比上短下长设置土坡坡顶水平位移小。

土钉支护不能止水，因此要求不能有渗流通过边坡土体。下述情况可考虑采用土钉支护：地下水位低于基坑底部；通过降水措施（如井点降水、管井降水等）将地下水位降至基坑底部以下；地下水位虽然较高，但土体渗透系数很小，开挖过程中土坡表面基本没有渗水现象，也可采用土钉支护，但要控制开挖深度和开挖历时；在地下水位较高时，设置止水帷幕，也可采用土钉支护。当土层渗透系数较大，地下水较丰富时，通过止水帷幕设置土钉常常会遇到困难，应予以重视。不能有效解决地下水渗流问题，往往造成土钉支护失效，应引起充分重视。

土钉支护的极限高度是由基坑底部土层的承载力决定的。按照这一思路可以得到各类土层土钉支护的极限高度。

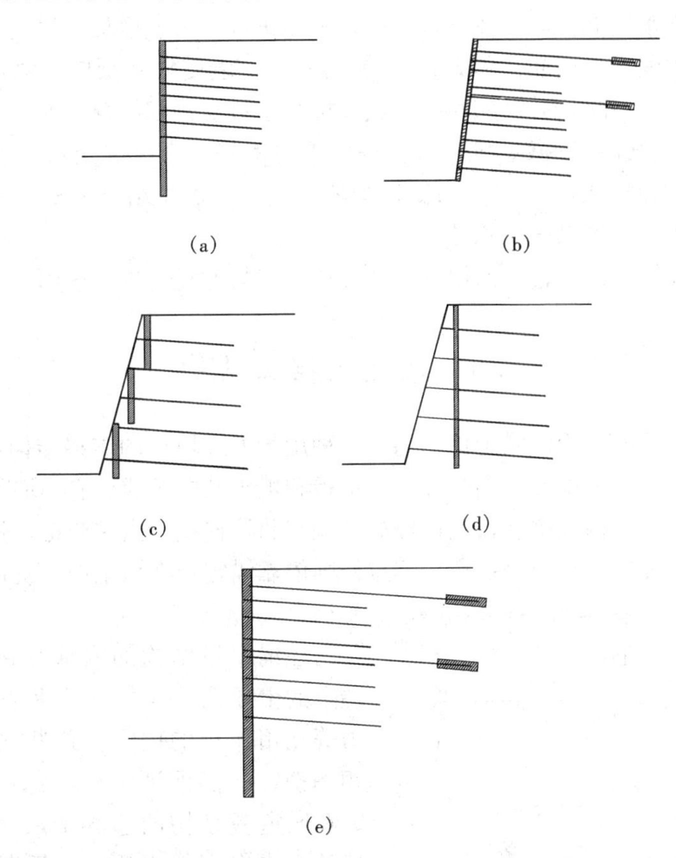

图 7-12 常用复合土钉支护形式

(a) 挡墙与土钉支护结合；(b) 锚杆与土钉支护结合；(c) 微型桩和土钉支护结合 (1)；(d) 微型桩和土钉支护结合 (2)；(e) 挡墙、锚杆和土钉支护结合在分析土钉支护的适用范围时，不能忽略采用土钉支护的基坑位移对周围环境的影响。至今尚没有较好的计算理论能够较好地预估土钉支护的位移，特别是在软土地基中的土钉支护。因此，在周围环境对基坑位移要求较严时，应重视对土钉支护位移的分析和对周围环境影响的评价。

7.4.4 复合土钉支护

复合土钉支护是以土钉支护为主，辅以其他补强措施以保持和提高土坡稳定性的复合支护形式。复合土钉支护是一个比较笼统的概念。常用复合土钉支护形式如图 7-12 中所示。

图 7-12（a）表示一水泥土挡墙与土钉支护相结合。水泥土挡墙可采用深层搅拌法施工，也可采用高压喷射注浆法施工。图 7-12（a）中水泥土挡墙也可换成木桩组成的排桩墙，或槽钢组成的排桩墙，或微型桩组成的排桩墙。水泥土桩具有较好的止水性能，而上述排桩墙一般不能止水。为了增加水泥土墙的抗弯强度，还可在水泥土中插筋。图 7-12（b）表示土钉墙支护和预应力锚杆支护相结合。图 7-12（c）和图 7-12（d）表示微型桩与土钉支护相结合，前者分层设置微型桩，后者一次性设置微型桩。微型桩可采用木桩，也可采用水泥土桩。图 7-12（e）表示水泥土挡墙、预应力锚杆支护与土钉支护相结合。复合土钉支护形式很多，很难一一加以归纳总结。

复合土支护尚缺乏相应的设计计算方法，多数凭经验进行选用。

7.5 锚定板挡土结构

与加筋土挡墙类似，锚定板结构是一种用于人工填土的支挡结构，如图7-13所示。锚定板结构由墙面、钢拉杆、锚定板和填土共同组成。它的墙面用预制的钢筋混凝土肋柱和挡板拼装，钢拉杆的外端与肋柱连接，内端与锚定板连接。填土的侧压力通过墙面传至钢拉杆，钢拉杆则依靠锚定板在填土中的抗拔力而维持平衡。

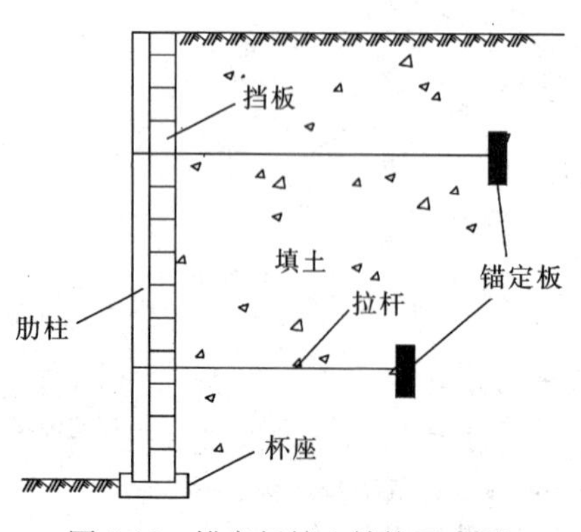

图 7-13　锚定板挡土结构示意图

在锚定板结构的内部存在有作用在墙上的土压力、拉杆拉力和锚定板抗拔力等互相作用的内力。这些内力必须互相平衡，才能保证结构内部的稳定。同时在锚定板结构的边界上，存在有边界以外土体作用的土压力、活载以及结构自重所产生的反作用力和摩擦力等。这些作用在边界上的力也必须处于平衡，才能保证锚定板结构的整体稳定。

锚定板挡土结构与加筋土挡墙都是用于填土中的轻型挡土结构。锚定板结构依靠填土与锚定板接触面上的侧向承载力以维持结构的平衡，不需利用钢拉杆与填土之间的摩擦力。因此，锚定板结构中的钢拉杆的长度可以较短，钢拉杆的表面可用沥青玻璃布包扎防锈，填料也不必限于采用摩擦系数较大的砂性土。

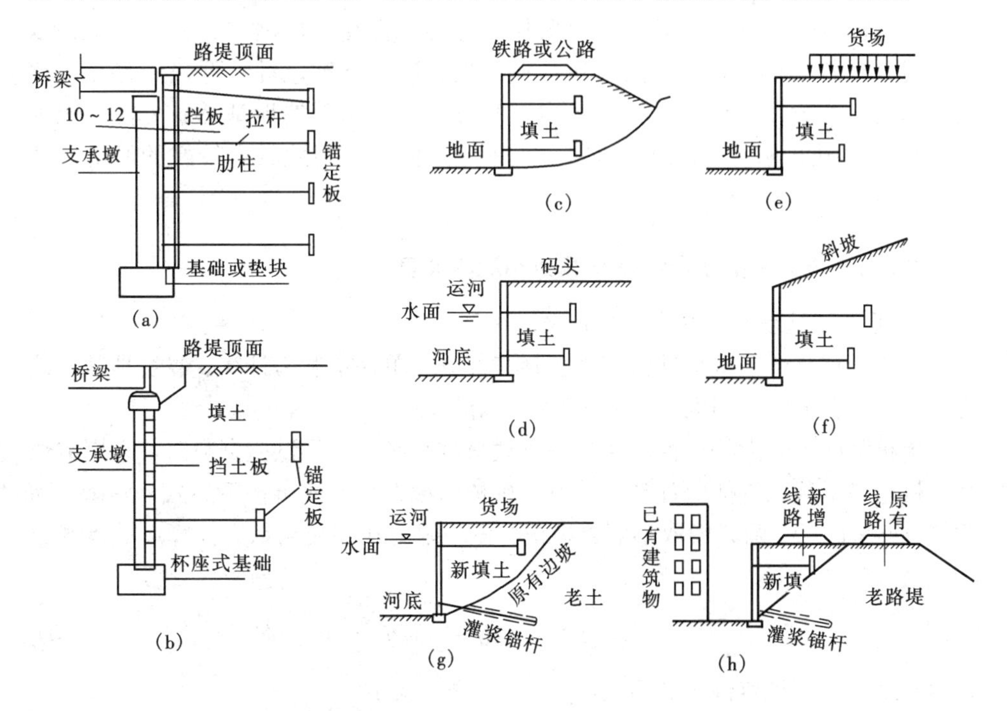

图 7-14 锚定板结构的用途

(a) 分开式桥台；(b) 结合式桥台；(c) 路肩墙；(d) 码头墙；(e) 货场墙；
(f) 坡脚墙；(g) 货场码头墙；(h) 某单线路堤改为双线设计

锚定板挡土结构的用途如图 7-14 所示，可用于桥台、挡土墙或港池护岸，亦可与锚杆联合应用。

锚定板结构的设计主要包括：墙面土压力、锚定板抗拔力、整体稳定性、肋柱及各部分构件设计，这里不作进一步介绍。

7.6 低强度桩复合地基

7.6.1 低强度桩复合地基概念

凡桩体复合地基中的竖向增强体是由低强度桩形成的复合地基，可以统称为低强度桩复合地基。低强度桩桩身强度低是与钢筋混凝土桩、钢管桩相比较而言。低强度桩常用水泥、石子及其他掺合料（如砂、粉煤灰、石灰等）加水拌合，用各种成桩机械在地基中制成的强度等级为C5～C25的桩。低强度混凝土桩可以较好地发挥桩的侧摩阻力，而且当桩端落在较好的土层上时，还可较好地发挥桩端阻力作用，所以桩体可将荷载传递给较深的土层，因此低强度混凝土桩复合地基的承载力较大、沉降较小。低强度混凝土桩的施工工艺基本同一般沉管灌注桩，施工工艺简单。低强度混凝土桩复合地基因为桩长、桩径以及桩身强度较易控制，施工速度快，工期短。通过合理设计，低强度桩复合地基技术可以充分发挥桩体材料的潜力，又可充分利用天然地基承载力，并能因地制宜，利用工业废料和当地材料，工程造价低廉，因此具有较好的经济效益和社会效益。

7.6.2　低强度桩复合地基承载力和沉降计算

1. 低强度桩复合地基承载力计算

低强度桩复合地基承载力计算包括三部分：单桩承载力计算、复合地基承载力计算和复合地基加固区下卧层承载力验算。

单桩竖向承载力特征值应通过现场载荷试验确定，无试验资料时可采用类似摩擦桩单桩承载力特征值计算式计算。单桩承载力特征值可按下述式（7-10）和式（7-11）计算，两者中取小值。根据桩侧摩阻力和桩底端承力计算单桩承载力特征值为：

$$R_a = \Sigma q_{sai} S_p l_i + \alpha A_p q_{pa} \tag{7-10}$$

式中　R_a——单桩容许承载力（kN）；

q_{sai}——按土层划分的各土层桩周土容许摩阻力（kPa）；

S_p——桩身周边长度（m）；

l_i——按土层划分的各段桩长（m）；

α——桩端天然地基承载力折减系数；

A_p——桩的横截面积（m^2）；

q_{pa}——桩端地基土未被修正的承载力特征值。

根据桩身材料强度确定单桩承载力特征值时，可采用下式计算：

$$R_a = \eta f_{cu} A_p \tag{7-11}$$

式中　η——折减系数，一般取为0.33；

f_{cu}——桩身材料立方体抗压强度（kPa）；

A_p——桩的横截面积（m^2）。

低强度桩复合地基承载力特征值 f_{ck} 可用下式表示：

$$f_{ck} = m\frac{R_a}{A_p} + \lambda(1-m)f_{sk} \tag{7-12}$$

式中 f_{sk}——桩间土承载力特征值（kPa）；

m——复合地基置换率；

R_a——桩体竖向承载力特征值（kN）；

A_p——桩体横截面积（m^2）；

λ——桩间土承载力发挥度。

低强度桩设置一般应穿透软弱土层，如加固区下卧层中不存在软弱土层，则无需进行下卧层承载力验算。若存在软弱下卧层，则应进行下卧层承载力验算。

2. 低强度桩复合地基沉降计算

低强度桩复合地基的沉降由三部分组成，一是加固区的压缩量 S_1，二是加固区的下卧土层的压缩量 S_2，三是垫层的压缩量 S_3。复合地基的总沉降量 S 为：

$$S = S_1 + S_2 + S_3 \tag{7-13}$$

垫层压缩量一般较小，且多发生在施工期，故一般可不予考虑。因此，式（7-13）可改写为：

$$S = S_1 + S_2 \tag{7-14}$$

复合地基加固区变形量 S_1 的计算方法主要有：复合模量法、应力修正法和桩身压缩量法，应用时需针对各类复合地基的特点，选用其中一种或几种方法计算。下卧土层的压缩量 S_2 的计算通常采用分层总和法，具体方法见复合地基概论部分的介绍。

7.6.3 低强度桩复合地基设计

低强度桩复合地基设计一般需要根据上部结构对地基的要求和工程地质条件确定低强度桩的桩长、桩径、复合地基置换率、低强度桩桩体配方，并提供复合地基承载力和沉降计算值。设计计算步骤如下：

（1）根据工程地质条件，初步确定低强度桩桩长。如能穿透较软弱土层，一般宜穿透软弱土层，进入较好土层 1.0m 左右。

（2）初步确定桩径和桩体强度。原则上使由桩体强度确定的单桩承载力和由桩侧摩阻力和端承力之和确定的单桩承载力两者比较接近。

（3）通过室内试验确定桩体材料的配合比以及有关施工参数。

（4）根据地基承载力要求，确定复合地基置换率：

$$m = \frac{f_{ck} - \lambda f_{sk}}{f_{pk} - \lambda f_{sk}} \tag{7-15}$$

式中 f_{ck}——复合地基承载力特征值（kPa）；

f_{sk}——桩间土地基承载力特征值（kPa）；

f_{pk}——桩体承载力特征值（kPa）；

λ——复合地基破坏时，桩间土强度发挥度。

（5）根据复合地基置换率确定布桩数，完成桩位布置设计。

以片筏基础为例，每平方米布桩数 n 为：

$$n=\frac{m}{A_{\mathrm{p}}} \tag{7-16}$$

式中　A_{p}——桩体横截面积（m^2）。

根据布桩数，完成桩位布置设计。

（6）垫层设计。

为了改善低强度桩复合地基受力性状，通常在基础与复合地基加固区之间设置一垫层。对刚性基础，设置柔性垫层，如砂石垫层。其作用可减小桩土荷载分担比，减小桩顶刺入填土路堤的刺入量，可有效减小沉降。垫层厚度一般取30～50cm。对填土路堤则应设置灰土垫层、加筋土垫层等刚度相对较大的垫层。

（7）验算复合地基沉降。

计算复合地基沉降量。若复合地基沉降量超过允许值，可通过增加桩长等措施减小沉降。

7.6.4　工程实例（根据参考文献［30］编写）

1. 工程概况

精矿库是铜陵金隆铜业有限公司的重要建筑物，其平面长 300m，宽 33m。地面堆载 $20\mathrm{t/m^2}$。厂房采用桩基础。厂房南部属长江右岸河漫滩，北部位于长江右岸的阶地与河漫滩接触处。场区地形比较平坦。通过钻孔揭露，场区内的地层分别有人工填土，厚度 3.6m；粉质黏土层 1，厚度 2.5m；黏土层 1，厚度 1.5m；黏土层 2，厚度 1.8m；粉质黏土层 2，厚度 11.5m；粉质黏土层 3，厚度 1.3m；粉质黏土层 4，厚度 9.7m；再下层为卵碎石层。场地内的地下水有潜水和上层滞水两种类型。潜水主要贮存于黏性土层中；上层滞水主要贮存于粉质黏性土层中，水量较小。场地内的地下水对混凝土无侵蚀性。整个场地软弱土层较厚，下伏硬土层呈北高南低，地层层位变化较为复杂，属复杂场地。天然地基承载力设计值 100kPa 左右，远小于堆场所需承载力 200kPa，采用二灰混凝土桩复合地基处理可达到设计要求。试验区位于整个场地的中央位置，长 23m，宽 16m，地基土的物理力学性质见表 7-1 所示。

2. 加固机理

二灰混凝土桩是指二灰混凝土经振动沉管灌注法形成的一种低强度混凝土桩。与普通混凝土桩相比，二灰混凝土桩的桩体材料强度较低，一般设计桩体强度在 6～12MPa 之间。二灰混凝土桩与桩间土形成二灰混凝土桩复合地基。

地基土层物理力学性质 表 7-1

土的名称	含水量 w	重度 γ	孔隙比 e	液限 w_L	塑限 w_P	不排水		桩周土摩擦力标准值 q_s	压缩模量 E_{s1-2}	承载力标准值 f_k
						内摩擦角 φ_s	黏聚力 c_u			
	%	kN/m³		%	%	°	kPa	kPa	MPa	kPa
人工填土										
粉质黏土	27.3	19.6	0.76	33.9	20.2	1.40	39.6	30		180
黏　土	28.7	19.1	0.83	43.1	22.5	3.6	67.2	35	6.9	170
黏　土	39.0	18.0	1.09	40.3	21.8	1.68	37.3	20	4.31	95
粉质黏土	32.8	18.7	0.92	33.7	19.5	1.97	32.3	22	5.5	115
粉质黏土	27.8	19.2	0.78	32.6	18.3	5.69	53.3	28	7.84	190
粉质黏土	24.2	19.8	0.68	36.2	19.5			40	13.8	280
卵碎石层								60	32	550

二灰混凝土桩的承载力取决于二灰混凝土的强度和桩侧摩阻力和桩端阻力。在设计中，可使两者提供的桩体承载力接近，以充分利用桩体材料。二灰混凝土桩采用振动沉管灌注法施工。在成桩过程中，对桩间土有挤压作用。对于砂性地基和非饱和土地基，挤压作用对桩间土有振密挤密作用，桩间土土体强度提高、压缩性减少。对饱和软黏土地基，挤压作用使桩间土中产生超孔隙水压力，并对桩间土有扰动作用。初期桩间土强度可能会有所降低，随着时间发展，扰动对土体结构破坏会得到恢复，超孔隙水压力消散，土体强度会有所提高。二灰混凝土由水泥、粉煤灰、石灰、砂、石与水拌合，经过一系列物理化学反应形成。

3. 二灰混凝土配合比设计要点

由于二灰混凝土配合比试验资料较少，且其强度变化规律较为复杂，建议二灰混凝土配合比设计以普通混凝土配合比为基础，按等和易性、等强度原则，用等量取代法进行计算调整，其设计要点如下：

（1）确定基准混凝土配合比

按照设计要求的混凝土强度等级，设计普通混凝土的配合比，作为基准混凝土（即不掺粉煤灰的水泥混凝土）配合比。其设计计算方法与普通混凝土配合比设计方法相同，得到水泥用量 C_0，用水量 W_0，砂率 S_{po}。然后假定混凝土密度为 2350～2400kg/m³，求得相应细骨料、粗骨粒用量 S_0 和 G_0。

（2）确定 $F/(F+C)$ 的比值

C 为水泥用量，F 为粉煤灰用量。一般可取 $F/(F+C)=45\%$。

（3）确定水泥 C，粉煤灰 F 用量

粉煤灰 $$F=\frac{F}{F+C}\times C_0$$

水泥用量 $C = C_0 - F$

(4) 确定石灰掺量

石灰掺量为粉煤灰掺量的20%～30%之间。

(5) 确定用水量 W

二灰混凝土的用水量，按基准混凝土配合比的用水量 W_0 取用。

(6) 二灰混凝土的细骨料、粗骨料用量

细骨粒和粗骨料用量按基准混凝土的相应值取用，即：$S=S_0$ 和 $G=G_0$。

(7) 适当掺加外加剂，如适当掺加减水剂等

(8) 以后的配合比试配和调整过程与普通混凝土相同

4. 试验内容

在试验区内布置了三种不同桩距，分别为1.2m、1.6m、1.8m，以取得不同置换率下复合地基承载力和变形特性。现场试验包括天然地基、桩间土、单桩、单桩带台复合地基的静载试验。具体试桩规格和内容见表7-2。

现场试验二灰混凝土桩，采用振动沉管法施工。沉管口套30MPa钢筋混凝土预制桩尖，沉管管径为377mm。桩身混凝土设计强度为10MPa，桩长为15m。先振动沉管到设计标高，随后往投料口按充盈系数1.1～1.3计算的混凝土量一次灌足，再先振动后拔管，边振边拔。1994年2月完成试验区成桩施工，同年4月20日开始单桩、复合地基载荷试验。

试验内容 表7-2

项目	数量	桩径(mm)	桩长(m)	桩距(m)	根数	置换率 m (%)	承压板尺寸(m×m)	测试手段
天然地基1、2	2						1.2×1.2	4只百分表
桩间土1、2	2	377	15	1.6			1.2×1.2	4只百分表
复合地基1	1	377	15	1.2	1	7.75	1.2×1.2	4只百分表 4只压力盒
复合地基2	1	377	15	1.6	1	4.36	1.6×1.6	4只百分表 4只压力盒
复合地基3	1	377	15	1.6	1	4.36	1.6×1.6	4只百分表 4只压力盒
复合地基4	1	377	15	1.8	1	3.44	1.8×1.8	4只百分表 4只压力盒
单桩1	1	377	15	1.6	1			2只百分表
单桩2	1	377	15	1.2	1			2只百分表
单桩3	1	377	15	1.6	1			2只百分表

5. 试验结果

试验结果汇总如表7-3所示。

试验结果汇总表 表 7-3

项 目	桩 距 (m)	桩 长 (m)	承压板尺寸 (m×m)	加载最大值 (kPa)	极限承载力值 (kPa)	容许承载力值 (kPa)	备 注
天然地基 1			1.2×1.2	214.4	214.4	107.2	
天然地基 2			1.2×1.2	214.4	200	100	
桩间土 1	1.6		1.2×1.2	309.6	243	121.5	
桩间土 2	1.6		1.2×1.2	309.6	281.4	140.7	
单桩 1	1.6	15		654.4kN	654.4kN	327.2kN	
单桩 2	1.2	15		635.81kN	635.81kN	317.9kN	
单桩 3	1.6	15		869.2kN	721.2kN	360.6kN	
复合地基 1	1.2	15	1.2×1.2	473.0		321	
复合地基 2	1.6	15	1.6×1.6	348.1		278	
复合地基 3	1.6	15	1.6×1.6	384.3		272	
复合地基 4	1.8	15	1.8×1.8	349.4		195	

6. 理论计算和实测值比较

(1) 单桩承载力计算

桩身二灰混凝土强度 10MPa，取轴心抗压折减系数 $\mu=0.64$，$K=2$。由桩体强度，得：

$$R_{pc1}=\mu q_c/K=0.64\times10\times\frac{\pi\times377^2}{4}\times10^{-3}/2=357.2\text{kN}$$

由桩侧摩阻力和端阻力可得：

$$p_{pc2}=\Sigma f_i S_a L_i+A_p R=\pi\times0.377\times(3.6\times0+2.54\times30+1.46\times35+1.8\times20+5.6\times22)+0=399.9\text{kN}$$

所以，单桩承载力 $R_{pc}=\min(R_{pc1}、R_{pc2})=339.3\text{kN}$

实测承载力值如下：

单桩 1：327.2kN

单桩 2：317.9kN

单桩 3：360.6kN

实测单桩承载力的平均值为：355.2kN。

比较计算值和实测值，两者十分接近。

(2) 复合地基承载力计算

复合地基承载力计算结果见表 7-4。在计算复合地基承载力时，单桩容许承载力 p_{pc} 取三组单桩承载力的平均值；由于二灰混凝土桩对桩间土的挤密作用在不同桩距（1.2m、1.6m、1.8m）下的差别不大，因此各桩距下桩间土容许承载力 p_{sc} 均取为两组桩距 1.6m 下桩间土的承载力的均值；根据试验情况，桩土应力比 n 值取 $n=20$；根据对试验结果的分析，桩间土的强度发挥度 λ_2 取 0.9。

复合地基承载力计算表　　表7-4

项　目	桩距 (m)	置换率 m（%）	应力比 n	λ_2	p_{sc} (kPa)	P_{pc} (kN)	桩　数 N	式 (7-12)	实测值 kPa	备　注
复合地基1	1.2	7.75	20	0.9	131.1	335.2	1	341.6	321	
复合地基2	1.6	4.36	20	0.9	131.1	335.2	1	243.8	278	
复合地基3	1.6	4.36	20	0.9	131.1	335.2	1	243.8	272	
复合地基4	1.8	3.45	20	0.9	131.1	335.2	1	217.2	195	

7. 工程应用

铜陵金隆铜业有限公司精矿库平面长300m，宽33m。地面堆载要求20t/m^2。二灰混凝土桩复合地基设计计算如下所示：

二灰混凝土桩身采用10MPa二灰混凝土，其采用配比如下（每立方米用量）：

水泥（32.5级）	145kg
水	190kg
石灰	25kg
粉煤灰	120kg
砂	660kg
碎石	1270kg

二灰混凝土桩采用振动沉管法施工，桩径377mm，桩长取15m。单桩承载力计算如下：

根据桩侧摩阻力和端承力计算，单桩承载力标准值为：

$$
\begin{aligned}
p_p &= (\Sigma f_i S_a L_i + A_p R)/A_p \\
&= (0\times3.6+30\times2.54+35\times1.46+20\times1.8+22\times5.6)\times2\pi r/\pi r^2+0 \\
&= 3039.8\text{kPa}
\end{aligned}
$$

根据桩身材料强度计算单桩承载力为：

$$p_p = \mu q_c/K = 0.64\times10000/2 = 3200\text{kPa}$$

二者中取小值，单桩承载力取3039.8kPa。

现采用正方形布桩，桩中心距初选1.5m。其复合地基置换率$m=0.0496$。复合地基承载力为：

$$
\begin{aligned}
p_c &= mp_p + \lambda_2(1-m)p_s \\
&= 0.0496\times3039.8+(1-0.0496)\times130\times0.9 \\
&= 262.0\text{kPa}
\end{aligned}
$$

设计满足要求。

原精矿库地基加固方案采用灌注桩方案，总造价估算为560万元，现采用二灰混凝土桩复合地基总造价为300万元，节省投资约260万元，取得了良好的经济效益。

7.7 刚性桩复合地基

7.7.1 概念

传统复合地基一般采用砂桩、碎石桩等散体材料组成柱状加固体与桩间土共同承担荷载；受限于桩周土体对桩体的侧限作用，且桩体本身在竖向荷载沿桩身深度方向的传递存在临界桩长（通常较短），传统复合地基竖向承载力提高幅度有限。为了提高桩体有效桩长和单桩的荷载分担作用，可提高桩体强度，譬如在碎石桩中掺入水泥、粉煤灰和石屑，形成粘结强度较高的CFG（Cement Fly ash Grvae）桩。CFG桩是最早应用于复合地基的刚性桩，其他刚性桩还有素混凝土桩、钢筋混凝土灌注桩、钢筋混凝土预制桩等。凡是采用上述刚性桩作为竖向增强体的复合地基，统称为刚性桩复合地基。

管自立（1990）提出‘疏桩基础’的概念，为了使桩间土更加有效地直接承担荷载，他建议将摩擦桩基的桩距变大一些，在计算时考虑桩和土直接承担荷载，以减少用桩量。黄绍铭等（1990）提出的‘减小沉降量桩基础’不仅以减小沉降为目的，而且在计算中考虑了桩和土直接承担荷载。复合桩基概念的提出明确了桩和土直接承担荷载。复合地基的本质是桩和土共同直接承担荷载。刚性桩复合地基的概念比上述‘疏桩基础’，‘减少沉降量桩基’，以及复合桩基概念还要广一些。

7.7.2 加固机理

刚性桩复合地基的单桩具有较高的桩身强度，其刚度与一般桩径不大的桩基础相当，在竖向载荷作用下，单桩桩顶的荷载传递、桩与土的相互作用、桩的破坏模式与一般桩基础中单桩类似。桩土相互作用是刚性桩复合地基区别于柔性柱复合地基的本质，也与褥垫层的设置密切相关。完整的刚性桩复合地基一般均设置褥垫层。

7.7.3 承载力计算

刚性桩复合地基极限承载力 P_{cf} 可采用下式计算：

$$P_{cf}=K_1 m P_{pf}+K_2\lambda(1-m)P_{sf} \tag{7-17}$$

式中 P_{pf}——单桩极限承载力（kPa）；

P_{sf}——天然地基承载力（kPa）；

K_1——复合地基中桩体极限承载力修正值；

K_2——桩间土极限承载力修正值；

λ——复合地基破坏时，桩间土强度发挥度。

刚性桩复合地基承载力 P_C 为：

$$P_C = P_{cf}/K \tag{7-18}$$

式中 K——安全系数。

刚性桩复合地基设计也可采用下述思路进行设计：

（1）桩土固定比例分担荷载

根据工程特性和地区经验人为规定桩土分担比例。例如，桩土各承担80%和20%，或桩土各承担70%和30%等。然后各按桩基础和浅基础设计理论进行设计计算。

（2）先土后桩分担荷载

先充分利用天然地基承载力，不足部分利用桩基础补充。或者先利用一定比例的天然地基承载力（例如60%或50%），不足部分采用桩基础补充。

（3）按沉降量控制设计

当荷载和桩长、桩径确定时，桩数和建筑物沉降量有一一对应关系。按沉降量控制设计时，桩数的选用是根据设计沉降量确定的。确定桩数后再进行刚性桩复合地基的承载力验算。

（4）按变形分担荷载

按变形分担承载力计算应该是比较合理的。下面介绍采用 P-S 曲线来计算地基承载力的思路。

天然地基 P_s-S 曲线和单桩 P_p-S 曲线分别如图7-15和图7-16所示。令取 S_1 时，可由图得到 P_{s1} 和 P_{p1}，当基础总面积为 A，置换率为 m，设复合地基沉降为 S_1，其相应承担荷载量为：

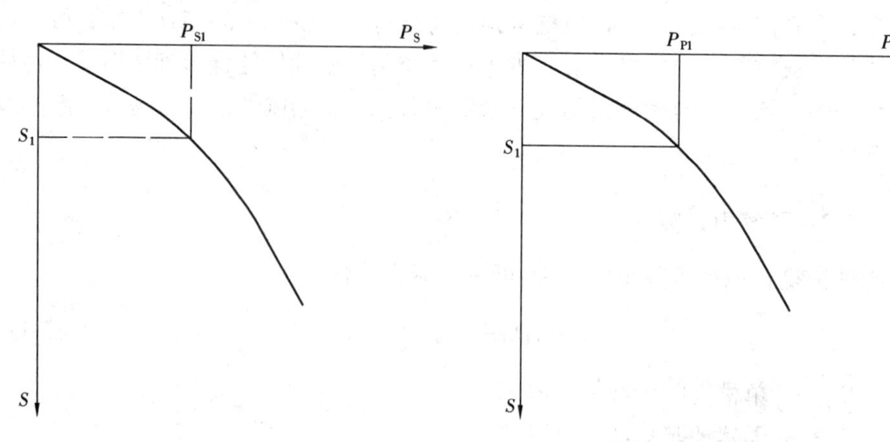

图7-15 天然地基 P_s-S 曲线

图7-16 单桩 P_p-S 曲线

$$P = A[(1-m)p_{s1} + mp_{p1}] \tag{7-19}$$

由上面分析可知，与某一沉降值对应的复合地基承担的荷载是复合地基置换率的函数。设计人员选用合理的沉降值后，则可根据图 7-15 和图 7-16 以及式（7-19）确定复合地基置换率。确定了复合地基置换率也就确定了桩的数量。

7.7.4 沉降计算

刚性桩复合地基沉降一般情况下来自下述四个方面：垫层的压缩量，桩体的压缩量，桩上、下端的刺入量，以及桩下土层的压缩量。

垫层的压缩量一般不大，且大部分发生在施工期，可予以忽略，而且不少桩体复合地基不设垫层。

刚性桩复合地基中的桩体压缩量其值也不大。其上限值也容易计算，可采用弹性理论计算轴向压缩量。

桩的刺入量和桩下土层的压缩量是刚性桩复合地基可能产生较大沉降量的主要原因。若桩下压缩层较厚时，桩下土层压缩量所占比例最大。

实际工程中，刚性桩复合地基中的桩体往往进入较好的土层，以减小桩下土层压缩量。控制了桩下土层的压缩量，也就控制了刚性桩复合地基的沉降量。

刚性桩复合地基桩下土层压缩量可参考一般复合地基加固区下卧层压缩量计算方法计算。

7.7.5 工程实例（根据参考文献［3］编写）

1. 工程概况

浙江医科大学第一附属医院门诊综合楼由 X 形的门诊楼、一字形的医技楼及连接两者的连廊组成。门诊楼、医技楼、连廊间均以沉降缝断开，使三者形成独立的结构单元。门诊楼为多层建筑，医技楼为高层建筑，地面以上结构层数为 21 层、地下一层，最高处标高为 79.2m，地下室层高 5.9m，医技楼建筑面积约 22600m^2。医技楼的上部结构为混凝土框架结构体系，楼层平面为等腰梯形布置，大楼平面、立面均较简洁、匀称。建筑物轴线间最大宽度 17.10m，最大长度 66.40m，由杭州市建筑设计研究院设计。

第一附属医院位于杭州市庆春路中段，据浙江省地矿勘察院《浙医大第一附属医院门诊综合楼工程地质勘查报告》知，场地属第四系全新世冲海相（Q_4）和晚更新世湖河相（Q_3）地层，下伏基岩为侏罗系火山岩。建筑场地较平坦，地面标高在黄海高程 7.90～9.12m 间，地下水位约在地表下 1.50m 处。属中软场地中的Ⅱ类建筑场地。场地地表下各土层属正常沉积、正常固结土，各土层的层面标高起伏不大，其中 7 号土层的层底面绝对标高在－30.90～－32.34m，厚度约为 8～10m。地表下土层的工程地质情况见图 7-17，各土层物理力学指标见表 7-5。

2. 设计

8.49　8.62　8.34　7.90

3.50　1 填土
7.00　2 砂质黏土
3 粉砂
16.70
17.50　4 粉质黏土
5 粉质黏土
26.30
6 粉质黏土
29.55
7 粉质黏土
39.50
41.30　8 砂质黏土混卵石
9 强中风化安山玢岩

图 7-17　工程地质剖面图

土层物理力学指标　表 7-5

层号	土层名称	层厚（m）	E_{s1-2}（MPa）	内聚力 C（kPa）	内摩擦角 φ（°）	f_k（kPa）
1	填土	2.3～3.8				
2	砂质粉土	3.35～4.8	12.3	11.7	11.3	150
3	粉砂	8.80～9.70	12.6	10.3	13.5	200
4	黏质粉土	0.75～1.40	4.6	9.5	9.3	100
5	粉质黏土	8.50～9.70	5.5	19.3	17.3	190
6	粉质黏土	3.30～5.20	5.5	9.3	10.3	170
7	粉质黏土	8.00～10.3	5.5	34.3	17	230
8	粉质黏土混卵层	0.30～5.80	23			300
9	强中风化安山玢岩					

在初步设计阶段，医技楼采用常规的钻孔灌注桩桩基方案，桩长39m，进入强中风化岩层，桩径根据柱荷载大小分别取800mm、1000mm和1200mm三种。上部结构荷载主要通过柱传给桩承台，再传递给桩。嵌岩桩端承力应占很大比例。该工程钻孔灌注桩部分施工费用330万元。在施工图阶段，设计单位经比较改用刚性桩复合地基方案。钻孔灌注桩统一采用直径600mm的桩，桩长31.4m，桩端进入7号粉质黏土层内，且在桩下留有2m左右的粉质黏土，设计人员意图是让桩有一定的沉降。不设桩承台，地下室底板统一加厚至1.8m。经比较分析，原方案中桩承台加地下室底板和复合地基中的地下室底板工程费用相当。前者钢筋用量大一些，后者混凝土用量大一些。桩位平面布置如图7-18。钻孔灌注桩部分施工费用120万元。采用刚性桩复合地基方案比原嵌岩桩方案节

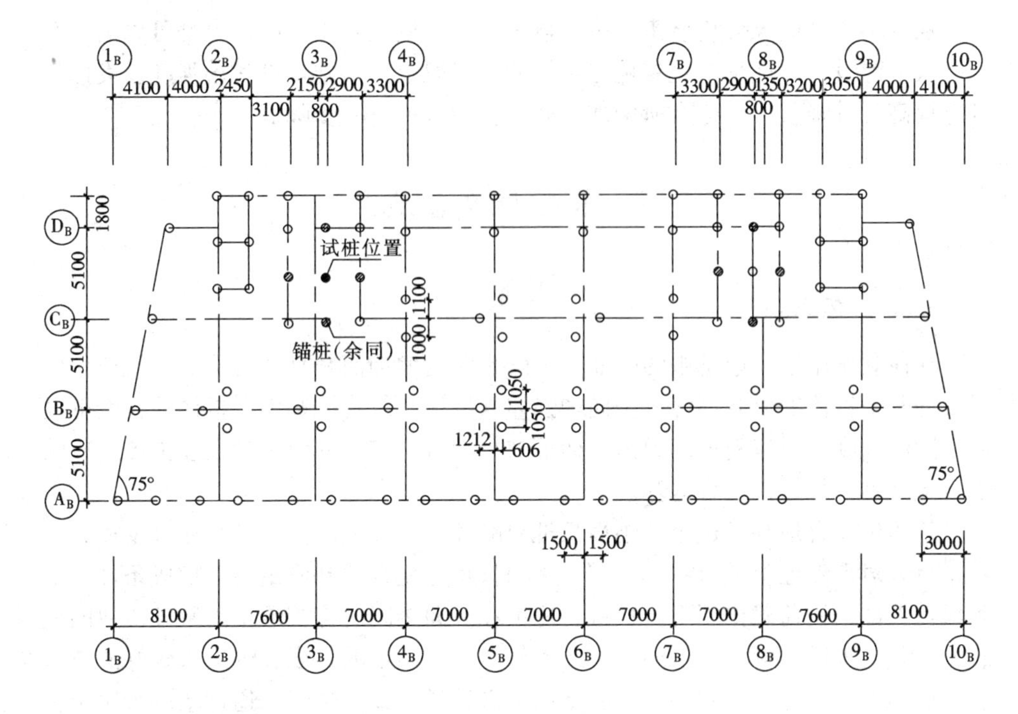

图 7-18 桩基平面布置

约投资 210 万元。

3. 测试

为了了解刚性桩复合地基的工作性状，完善设计理论，对整个施工过程进行了一系列监测。主要监测内容有：土应力、桩顶压力、桩身轴力分布、地下室底板内力、孔隙水压力、沉降等。该工程已投入使用多年，未发现异常现象。

复合地基桩土荷载分担比随楼层荷载而变化的情况如表 7-6 所示。当作用 2 层楼荷载时，桩间土应力为 45.7kPa，单桩荷载为 1040kN，土承担 41%的荷载；随着荷载增加，土承担荷载的比例逐渐减小。当作用 22 层荷载时，桩间土应力为 87.6kPa，单桩荷载为 4050kN，土承担荷载比例为 20%。

桩土荷载分担比随荷载变化情况 **表 7-6**

楼层荷载	2	6	10	14	18	22
桩（%）	59	67	73	76	78	80
土（%）	41	33	27	24	22	20

该楼沉降最大测点沉降为 20.9mm，最小为 13.4mm，平均为 18.1mm，此时沉降速率为 0.0139mm/d，建筑物沉降已达稳定标准。

上面已经提到，实测成果表明桩土分担比随荷载增大而增大，实际上当 22 层荷载作用时桩间土强度发挥度还是很低的，桩土分担比例是八二开。

从现场测试成果分析该工程桩长再短一点，桩数减少一些，也是可以的。在基础板下铺设一柔性垫层效果也会是好的。采取上述措施，桩间土强度及发挥度可能提高，沉降量可能会有所增加，而工程投资可进一步降低。

7.8　长短桩复合地基

7.8.1　概念

在荷载作用下，地基中的附加应力随着深度增加而减小。为了更有效地利用复合地基中桩体的承载潜能，竖向增强体（桩体）复合地基中，桩体的长度可以取不同的长度以适应附加应力由上而下减小的特征。这种由不同长度桩体组成的复合地基称为长短桩复合地基。

长短桩复合地基通过组合刚性长桩与刚性、柔性或散体短桩，充分发挥其各自特点，对天然地基进行综合处理。采用长短桩复合地基应重视其形成条件，要确保在上部结构荷载作用下，长桩、短桩和桩间土同时直接承担由基础传递的荷载。当长桩未进入较好的土层，上述条件是容易满足的。当长桩进入较好的持力层，如砾石层、密实的砂层时，在基础下必须设置柔性垫层。通过垫层来协调长桩、短桩和桩间土的变形，以保证长桩、短桩和桩间土在建筑物工作阶段能同时直接承担荷载。如果由于地基土的蠕变，地下水下降引起地基土固结等因素影响，造成短桩和桩间土不再承受荷载，荷载全由长桩承担，则可能造成基础工程事故，影响建筑物安全使用。这一点在采用长短桩复合地基时应予以充分重视。

长短桩复合地基的形式很多。长桩和短桩可以采用同一种桩型，也可以采用不同的桩型。在工程应用上，长桩常采用刚度较大的桩，这样可以将应力传递给较深的土层。长桩常采用低强度桩、钢筋混凝土桩、钢管桩等桩型。短桩常采用散体材料桩和柔性桩，如碎石桩、水泥土桩、石灰桩等。长短桩复合地基的形式常采用图7-19的布置形式。

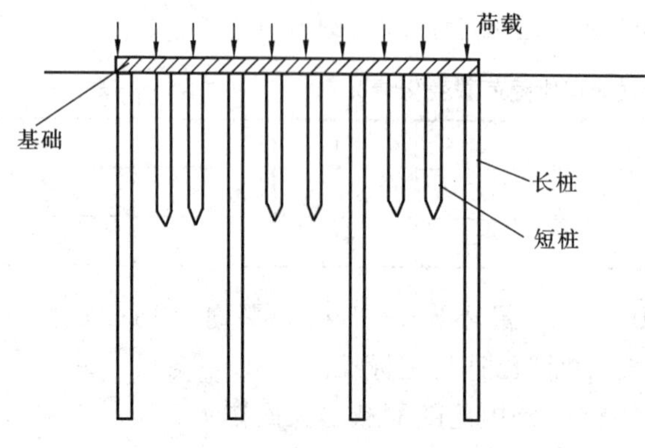

图7-19　长短桩复合地基示意图

长短桩复合地基是一种很有发展潜力的复合地基，特别适用于压缩土层较厚的地基。从复合地基应力场和位移场特性分析可知，由于复合地基加固区的存在，高应力区向地基深度移动，地基压缩土层变深。为了减小沉降，有必要对较深的土层进行处理。采用沿深度变强度和变模量的长短桩复合地基可以有效减小沉降，降低加固成本。在长短桩复合地基中，加固区浅层地基中既有长桩、又有短桩，复合地基置换率高。不仅地基承载力高，而且加固区复合模量大，可以满足加固要求。在加固区深层地基中，附加应力相对较小，只有长桩，也可达到提高承载力，有效减小沉降的要求。可以说长短桩复合地基加固区的特性比较符合荷载作用下地基中应力场和位移场特性。

7.8.2 承载力和沉降计算

长短桩复合地基承载力计算思路同一般复合地基承载力计算思路相同。长短桩复合地基计算思路是分别计算长桩部分的承载力、短桩部分的承载力和桩间土的承载力，然后根据一定的原则叠加形成复合地基承载力。长短桩复合地基极限承载力 P_{cf} 可采用下式表示：

$$P_{cf}=K_{11}\lambda_{11}m_1P_{p1f}+K_{12}\lambda_{12}m_2P_{p2f}+K_2\lambda_2(1-m_1-m_2)P_{sf} \tag{7-20}$$

式中 P_{p1f}——长桩单桩极限承载力（kPa）；

P_{p2f}——短桩单桩极限承载力（kPa）；

P_{sf}——天然地基极限承载力（kPa）；

K_{11}——反映复合地基中长桩实际极限承载力与长桩单桩极限承载力不同的修正系数；

K_{12}——反映复合地基中短桩实际极限承载力与短桩单桩极限承载力不同的修正系数；

K_2——反映复合地基中桩间土极限承载力与天然地基极限承载力不同的修正系数；

λ_{11}——复合地基破坏时，长桩承载力发挥的比例，可称为长桩强度发挥度；

λ_{12}——复合地基破坏时，短桩承载力发挥比例，可称为短桩强度发挥度；

λ_2——复合地基破坏时，桩间土承载力发挥的比例，可称为桩间土承载力发挥度；

m_1——长桩部分置换率；

m_2——短桩部分置换率。

长短桩复合地基的容许承载力 P_{cc} 计算式为：

$$P_{cc}=\frac{P_{cf}}{K} \tag{7-21}$$

式中 K——安全系数。

若采用承载力特征值表示，又能有效地确定复合地基中长桩、短桩和桩间土的承载力特征值，则长短桩复合地基承载力特征值表达式为：

$$f_{ck} = m_1 \frac{R_{k1}}{A_{p1}} + \lambda_1 m_2 \frac{R_{k2}}{A_{p2}} + \lambda_2 (1 - m_1 - m_2) f_{sk} \tag{7-22}$$

式中　f_{ck}——长短桩复合地基承载力特征值（kPa）；

f_{sk}——桩间土承载力特征值（kPa）；

m_1、m_2——分别为长桩和短桩的置换率；

R_{k1}、R_{k2}——分别为长桩和短桩单桩承载力特征值（kN）；

A_{p1}、A_{p2}——分别为长桩和短桩的横截面面积（m^2）；

λ_1、λ_2——分别为短桩和桩间土的强度发挥系数。

其中长桩和短桩的单桩承载力特征值可根据桩的类型采用相应的计算方法计算。

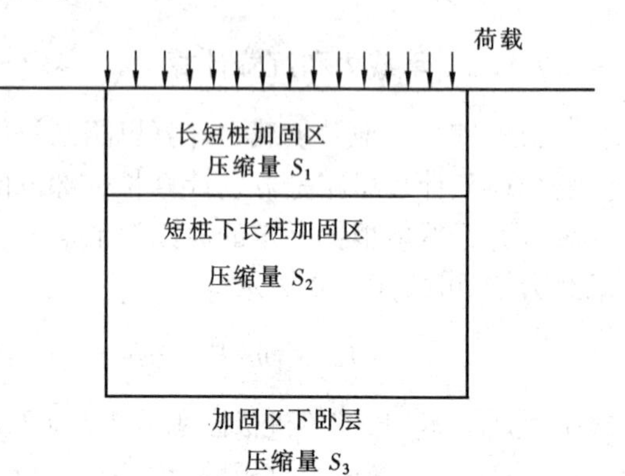

图 7-20　长短桩复合地基沉降计算示意图

式（7-22）表示长短桩复合地基破坏时，长桩先达到极限承载力，此时，短桩和桩间土承载力尚未得到充分发挥。λ_1 和 λ_2 的取值可通过试验资料的反分析和工程实践经验效果估计。

长短桩复合地基沉降计算一般可采用图 7-20 所示的示意图分层计算。总沉降量 S 由三部分组成，短桩加固区内的土层压缩量 S_1，短桩加固区以下的长桩加固区部分土层压缩量 S_2，长桩加固区以下土层压缩量 S_3，即

$$S = S_1 + S_2 + S_3 \tag{7-23}$$

为简化计算，可以采用分层总和法计算土层压缩量，S_1 和 S_2 可采用复合模量计算。对应压缩量 S_1 的复合模量计算式为：

$$E_{cs1} = m_1 E_{p1} + m_2 E_{p2} + (1 - m_1 - m_2) E_s \tag{7-24}$$

式中　E_{p1}——长桩压缩模量；

E_{p2}——短桩压缩模量；

E_s——桩间土压缩模量。

对应压缩量 S_2 的复合模量计算式为：

$$E_{cs2} = m_1 E_{p1} + (1 - m_1) E_s \tag{7-25}$$

若长短桩复合地基设置垫层，还需考虑垫层的压缩量；若垫层压缩量较小，可忽略不计。

以上是长短桩复合地基承载力和沉降计算思路，也是简化算法。长短桩复合地基应力场和位移场实际上很复杂，许多问题值得进一步研究，长短桩复合地基承载力和沉降计算理论有待进一步发展和提高。

7.8.3 设计思路

长短桩复合地基设计包括长桩和短桩桩型的选用，长桩的桩长、桩径、桩距，短桩的桩长、桩径和桩距的确定，有时还包括垫层的设计。长桩和短桩在复合地基中效用是相互影响的。因此长短桩复合地基设计最好采用优化设计思路，以求得到较合理的设计。可采用下述设计步骤进行设计：

1. 长桩和短桩的桩型选用

长桩可采用低强度混凝土桩或钢筋混凝土桩，或预应力管桩。视工程地质条件，尽量使由桩身材料强度提供的承载力与由桩侧摩阻力和端承力提供的承载力两者比较接近，这样有利于充分发挥桩体材料的承载潜能，取得较好的经济效益。

短桩可根据浅部土层性质采用柔性桩或散体材料桩。

2. 长桩和短桩桩长的确定

长桩和短桩桩长的确定主要根据土层分布确定。短桩尽量穿透浅层最软弱土层，长桩除根据软弱土层的厚度外，还要考虑控制沉降的要求。当软弱土层比较深厚时，根据沉降控制设计是主要的。

3. 长桩和短桩桩数的确定

在具体确定长短桩数量时，可先假定一采用短桩的数量，然后计算短桩复合地基的承载力。再根据对长短桩复合地基的要求计算长桩的置换率，确定长桩的具体布置。验算复合地基沉降是否满足要求。如沉降满足要求，则成为一可用的长短桩复合地基设计方案。

改变短桩的数量，重复上述的设计计算可能得到另一可用的长短桩复合地基设计方案。

比较上述两个设计方案的经济性，再根据比较分析结果再改变短桩数量，重复上述设计计算，可能得到另一个可用的长短桩复合地基设计方案。

比较分析上述三个方案，如需要还可得到第四个、第五个可用长短桩复合地基设计方案。

根据对上述可用的设计方案比较，可选用一较为合理的长短桩复合地基方案。

在具体确定长短桩数量时，也可先假定一采用长桩的数量，然后按照上面所述的思路进行优化设计。

4. 垫层设计

根据地基土层性质以及长桩桩端土层性质确定。若长桩进入较坚硬的土层，浅部土层又较弱，需要设置较厚的垫层。

7.8.4 工程实例（根据参考文献［27］编写）

1. 工程概况

蓝盾大厦场地位于太原市侯家巷西端的市公安局大院内，西靠太原市五一副食大楼，北靠公安局礼堂，南临五一广场。蓝盾大厦地面以上15层，地下室一层，总高61.4m。蓝盾大厦要求地基承载力不小于350kPa。天然地基承载力为90kPa，不能满足要求。

原设计采用钻孔灌注桩基础，桩入土深32.0m，实际桩长26.0m，桩径600mm，三根试桩桩长31m，设计要求极限承载力4250kN。试桩结果：两根试桩极限承载力为1800kN，一根试桩为1200kN，不能满足设计要求。后改用长短桩复合地基，长桩采用水泥粉煤灰碎石桩，水泥粉煤灰碎石桩为一种低强度混凝土桩；短桩采用二灰桩。

2. 工程地质条件

该场地地层由第四纪冲积物所构成，自然地表以下12～14m为全新纪（Q_4）地层，14～35m为晚更新纪（Q_3）地层。地基土层由上而下可划分为五层。

第①层，Q_4^1 人工填土为主，局部素填土，层厚2～6m，土的成分较杂，结构松散，均匀性差。

第②层，Q_4^1 粉土，层厚8～10m，褐色—黄褐色，饱和，呈软塑—流塑状态，标贯击数1～4.2击，平均2.4击，属中高压缩性土。

第③层，Q_3 粉土，层厚16～17m，褐黄色—褐灰色，饱和。标贯击数8～16击，平均12击，可塑—硬塑状态，属中等压缩性土。

第④层，Q_3 细砂，层厚1.6m，呈中密状态。

第⑤层，Q_3 中砂，层厚5m，呈中密状态。

水位在自然地坪下5～6m。

3. 设计

(1) 设计要求

该建筑共15层，1～4层为商业用房，4层以上为功能用房，故荷载较大，要求处理后复合地基承载力由原天然地基承载力90kPa提高到不小于350kPa，并消除第2层可能产生的液化。因距离现有建筑物较近，且要求施工过程中不能产生过大振动。

(2) 设计计算

首先通过二灰桩加固使地基承载力由90kPa增加至150kPa，然后设置水泥粉煤灰碎石桩使地基承载力满足不小于350kPa的要求。

1) 二灰桩设计

二灰桩施工成孔直径425mm，成桩直径500mm。设计要求进入③层0.50m，为降低造价减少空桩长度，开挖至−4m后打桩成孔深10.5～11.5m之间，有效桩长为8～9m。

二灰桩承载力取为323kPa，考虑二灰桩施工对桩间土挤密作用，桩间土承载力取1.2×90=108kPa，1.2为桩间土承载力提高系数。由复合地基承载力计算公式求复合地基置换率 m 值，然后按 m 值求桩距。复合地基置换率表达式为：

$$m=\frac{f_{sp,k}-f_{s,k}}{f_{p,k}-f_{s,k}} \tag{7-26}$$

式中 m——复合地基置换率；

$f_{p,k}$——二灰桩承载力，取 323kPa；

$f_{sp,k}$——设计要求二灰桩复合地基承载力，取 150kPa；

$f_{s,k}$——二灰桩处理后桩间土承载力，取 90×1.2=108kPa。

代入数据，得

$$m=\frac{150-108}{323-108}=0.195$$

根据式 $m=\frac{d^2}{d_e^2}$ 可求得一根直径为 d 的二灰桩的等效影响直径 d_e。

于是可得等效直径为：

$$d_e=\sqrt{\frac{d^2}{m}}=\sqrt{\frac{550^2}{0.195}}=1245.5\text{mm}$$

本工程按等边三角形布桩，桩间距 $s=\frac{d_e}{1.05}=1186\text{mm}$，取 1200mm。

2）水泥粉煤灰碎石桩设计

采用 ZFZ 法施工水泥粉煤灰碎石桩，成桩直径 450mm。ZFZ 施工法是使用长螺旋钻机正转成孔，反转填料挤密桩的一种施工方法。

桩长设计要求进入③层 1.5～2m，有效桩长取 10.5m。由下式求得 CFG 桩置换率 m：

$$f_{sp,k}=m\frac{R_k^d}{A_p}+f'_{sp,k}\ (1-m) \tag{7-27}$$

式中 $f_{sp,k}$——长短桩复合地基承载力标准值，取 350kPa；

$f'_{sp,k}$——二灰桩复合地基承载力标准值，取 150kPa；

R_k^d——CFG 桩单桩竖向承载力标准值（kN）；

A_p——CFG 桩的截面积。根据 ZFZ 施工经验，CFG 桩成桩直径不小于 450mm。

水泥粉煤灰碎石桩的单桩承载力 R_k^d 用两种方法计算，一是按桩体强度，一是按桩的摩阻系数和端承力，从中取小值。该工程水泥粉煤灰碎石桩桩体材料配比采用 C12 配合比。

按桩体强度计算：

$$R_k^d=\eta f_{cu,k}A_p \tag{7-28}$$

式中 $f_{cu,k}$——桩体无侧限抗压强度；

η——强度折算系数，取 0.3～0.33。

代入数据，得

$$R_k^d=0.3\times12000\times0.159=572\text{kN}$$

按桩侧摩阻力和端承力计算：

$$R_k^d = (\Sigma q_s U_p L + A_p q_p)/K \tag{7-29}$$

式中　q_s——加固土的平均摩阻力极限值；

U_p——桩周长；

L——桩长；

A_p——桩体横截面积；

K——安全系数；

q_p——桩端地基土的承载力极限值。

q_p、q_s 按桩基规范取值，安全系数 K 取 1.5～1.75。代入数据，得

$$R_k^d = 495.9\text{kN}$$

于是水泥粉煤灰碎石桩的承载力取 490kN。

由以上给定条件求复合地基的置换率 m 值：

$$m = \frac{(f_{sp,k} - f'_{sp,k})A_p}{R_k^d - A_p f'_{sp,k}} = \frac{(350-150)\times 0.159}{490-0.159\times 150} = 0.068$$

由复合地基的置换率 m 值可求出所需水泥粉煤灰碎石桩的桩数：

$$n = \frac{mA}{A_p} \tag{7-30}$$

式中　n——所需的水泥粉煤灰碎石桩的桩数；

A_P——水泥粉煤灰碎石桩桩体的横截面积；

A——处理的基底面积。

代入数据，得

$$n = \frac{mA}{A_p} = \frac{0.068\times 1000}{0.159} = 428 \text{ 根}$$

4. 处理效果分析

处理前对场地进行了详探，处理后对桩间土又进行了标贯、静探、取土样分析，处理前后测试结果见表 7-7。由表 7-7 可见，处理后桩间土含水量降低，密度增加，因而地基承载力提高。

地基处理前后二、三层粉土主要物理力学性质对比　　表 7-7

层数	地基处理	含水量 w (%)	重度 γ (kN/m³)	孔隙比 e	塑性指数 I_p	液性指数 I_L	压缩模量 E_s (MPa)	标量击数 $N_{63.5}$	承载力 f_{SK} (kPa)	液化指数 I_{Le}	液化等级	比贯入阻力 p_s (MPa)
第二层	前	26.7	19.8	0.72	7.3	1.22		2.4	90	31.4	严重	0.96
	后	22.58	20.2	0.634	8.53	0.682	8.52	8.33	140	2.89	轻微	3
第三层	前	22.6	20	0.665	9.4	0.89		12	190			
	后	22.4	20.3	0.618	8.62	0.634	12.4	12.6	190			

（1）载荷试验结果

打完二灰桩和水泥粉煤灰碎石桩后对复合地基做了载荷试验。承压板面积为

1.2m×2.08m=2.49m²，为 2 根 CFG 桩、2 根二灰桩所承担的处理面积。总荷载为设计要求复合地基承载力标准值的 2 倍，即 350kPa×2.49m²×2=1747.2kN，压重 2000kN。每级荷载施加 200kN。

试验结果的 *p*-*S* 曲线如图 7-21 所示。

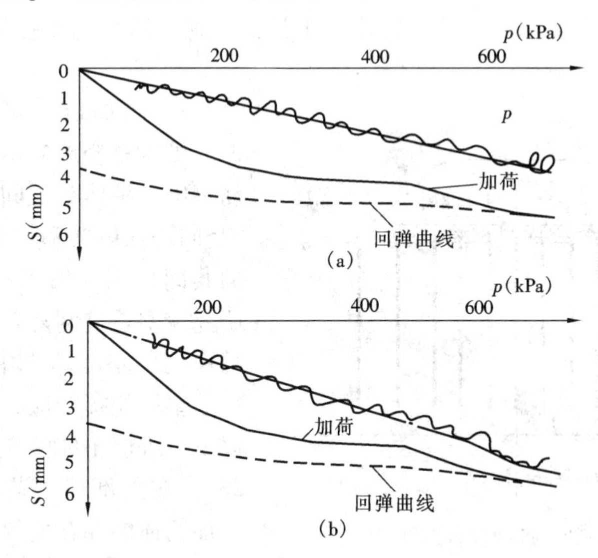

图 7-21 荷载试验 *p*-*S* 曲线

(a) 1 号桩；(b) 2 号桩

(2) 试验结果分析

1 号、2 号点分别加荷至 701.1、705.1kPa 时累计沉降量分别为 5.17 和 4.87mm，承压板周围未出现破坏迹象，沉降量也未出现急剧增大现象。考虑试验平台的安全、稳定性停止加载。从图 7-21 可见 *p*-*S* 曲线未出现极限点，如将最后一级荷载视为极限荷载，并取安全系数为 2 时，则 1 号、2 号点的承载力分别为 350.55 和 352.55kPa。地基承载力满足要求。

设计要求消除土层液化。测试结果液化指数由 31.4 降至 2.89，液化等级由严重降至轻微，可以说基本达到了设计要求。

原设计的钢筋混凝土灌注桩造价为 272 万元，改为长短桩复合地基后工程费用为 86 万元，仅为原方案的 32%，取得了较好的经济效益。

7.9 桩网复合地基和桩承堤

7.9.1 桩网复合地基

1. 概念

桩网复合地基是“桩-网-土”协同工作、共同承担荷载的加筋复合地基体系，其结构从上往下一般由三部分组成（图 7-22）：①上部填土；②中间加筋褥垫层；③下部桩土加固区。桩网复合地基综合“竖向增强体”和“水平向增强体”的功能，能充分调动桩、网、土三者的潜力，兼顾桩体、垫层、排水、挤密、加筋、防护等功效，具有沉降变形小且快、施工质量易于控制、施工方便、工期短等优点。

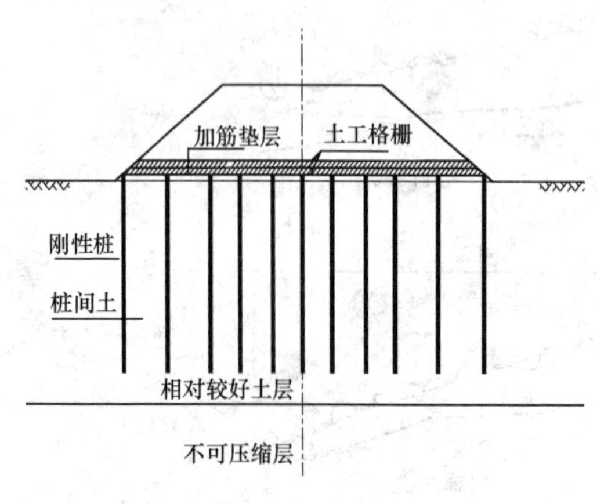

图 7-22　桩网复合地基

2. 加固机理

桩网复合地基由路堤填土、加筋垫层、桩体和桩间土构成，依赖“竖向增强体”和“水平向增强体”的共同作用，加固机理较为复杂。研究表明，桩网复合地基中存在四种作用：路堤填土中的土拱效应、加筋垫层兜提效应、桩土相互作用以及下卧层土体的支承作用（图 7-23）。在上部填土荷载作用下，水平加筋体的存在使得在填土中产生土拱效应，提高桩土荷载分担比；又由于桩与桩间土刚度悬殊，两者将产生差异沉降，加筋体变形受拉产生兜提效应，使得本应由桩间土承担的荷载部分传递给桩体，同时复合地基区域的桩土相互作用使得桩间土承担的一部分荷载通过摩阻力传递给桩体，最终大部分荷载由刚性桩传递到桩端持力层。

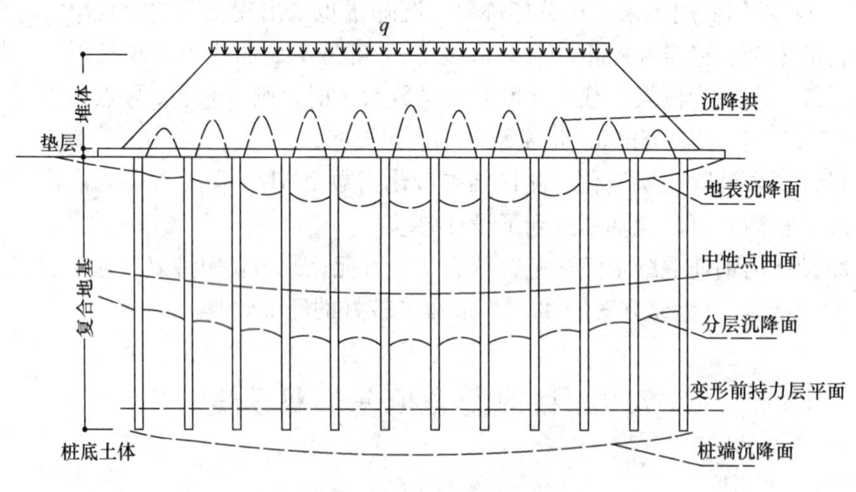

图 7-23　桩网复合地基加固机理示意图

3. 适用范围

桩网复合地基利用“网”分散填土荷载，利用“桩”把荷载传递到承载力较大土层，适用于要求快速施工、对总沉降及不均匀沉降要求严格、硬土层或基岩上有软土以及新填土厚度较大等工况。具体而言，桩网复合地基适用于有较大工后沉降的场地，特别适合于新近填海地区软土、新近填筑的深厚杂填土、液化粉细砂层和湿陷性土层的地基处理，一般用于填土路堤、柔性面层的堆场和机场跑道等构筑物的地基加固，在桥头路基、高速公路、高速铁路和机场跑道等工程中应用广泛。另外，因其沉降快、工期短的特点，用于天然软土地基上快速修筑路堤或堤坝类构筑物时，与其他地基处理方法相比，采用桩网复合地基在经济技术方面具有更大优势。

4. 设计计算

(1) 总则

设计前勘查土层分布情况和基本性质，包括桩侧摩阻力和桩端阻力，并判断土层的固结状态和湿陷性等。桩网复合地基的桩间距、桩帽尺寸、加筋层、垫层及填土层厚度，应根据地质条件、设计荷载和试桩结果综合分析确定。

(2) 桩型、桩径和桩间距

桩型可采用预制桩、现浇灌注素混凝土桩、套管灌注桩等，应根据施工可行性、经济性等因素综合比较确定桩型；并通过试桩绘制 $p \sim S$ 曲线确定桩竖向抗压承载力，作为设计依据。

桩径取 200～500mm，加固土层厚、软土性质差时取较大值。

桩宜按正方形布置，桩间距应根据设计荷载、单桩竖向抗压承载力计算确定，初步设计时可取桩径或边长的 5～8 倍。

(3) 桩帽设计

采用正方形布桩时，可采用正方形桩帽，桩帽面积与单桩处理面积之比宜取 15%～25%，并在桩帽上边缘设置 20mm 宽 45°倒角。采用钢筋混凝土桩帽时，混凝土强度等级不应低于 C25，且钢筋净保护层厚度宜取 50mm。桩帽以上填土高度，应根据垫层厚度、土拱计算高度确定。荷载基本组合下，应对桩帽进行抗弯和抗冲剪强度验算。

(4) 土拱设计

采用正方形布桩和正方形桩帽时，土拱高度可按下式计算：

$$h = 0.707(S - a)/\tan\varphi \tag{7-31}$$

式中 h——土拱高度；

S——桩间距；

a——桩帽边长；

φ——填土摩擦角，黏性土取综合摩擦角（°）。

(5) 加筋体设计

加筋体应选用蠕变性低、耐老化的土工格栅类材料，平行于布桩的纵横方向布置于桩帽顶部。当桩与地基土共同作用形成复合地基时，桩帽上部加筋体性能应按边坡稳定要求确定。当处理松散填土层、欠固结软土层、自重湿陷性土等有明显工后沉降的地基时，应对加筋体抗拉强度进行如下验算：

$$T \geqslant \frac{1.35\gamma_{cm}h(S^2-a^2)\sqrt{(S-a)^2+4\Delta^2}}{32\Delta a} \tag{7-32}$$

式中　T——加筋体抗拉强度设计值；

γ_{cm}——桩帽以上填土的平均重度；

Δ——加筋体下垂高度（取桩间距的1/10，最大不宜超过0.2m）。

铺设双层加筋体时，两层加筋体应选用同种材料，且加筋体之间铺设垫层，铺设时竖向间距宜取0.1～0.2m，其加筋体的抗拉强度宜按下式计算：

$$T = T_1 + 0.6T_2 \tag{7-33}$$

式中　T——双层加筋体抗拉强度设计值；

T_1、T_2——分别为桩帽以上第一层、第二层加筋体的抗拉强度设计值。

（6）复合地基承载力计算

桩网复合地基承载力特征值应通过复合地基竖向抗压载荷试验或综合桩体竖向抗压载荷试验和桩间土地基竖向抗压载荷试验，结合工程实践经验综合确定。当处理松散填土层、欠固结软土层、自重湿陷性土等有明显工后沉降的地基时，应根据单桩竖向抗压载荷试验结果，计入桩侧负摩阻力影响，确定复合地基承载力特征值。初步设计时可按下式计算：

$$f_{spk} = \beta_p mR_a/A_p + \beta_s(1-m)f_{sk} \tag{7-34}$$

式中　m——复合地基置换率，$m=A_p/A$；

A_p——桩的截面面积；

A——单桩承担的处理面积；

f_{sk}——桩间土地基承载力特征值；

β_p——桩体竖向抗压承载力修正系数（一般可取1.0）；

β_s——桩间土地基承载力修正系数（对于端承型桩，β_s可取0.1～0.4，对于摩擦型桩，β_s可取0.5～0.9，当处理对象为松散填土层、欠固结软土层、自重湿陷性土等有明显工后沉降的地基时，β_s可取0）。

（7）沉降计算

桩网复合地基沉降（s）由加固区复合土层压缩变形量（s_1）、加固区下卧土层压缩变形量（s_2）以及桩帽以上垫层和土层的压缩变形量（s_3）组成：

$$s = s_1 + s_2 + s_3 \tag{7-35}$$

加固区复合土层压缩变形量s_1一般按下式计算（采用刚性桩时可忽略不计）：

$$s_1 = \psi_{s1} \sum_{i=1}^{n} \frac{\Delta p_i}{E_{spi}} l_i \tag{7-36}$$

$$E_{spi} = mE_{pi} + (1-m)E_{si} \tag{7-37}$$

式中 Δp_i——第 i 层土的平均附加应力增量；

l_i——第 i 层土的厚度；

ψ_{s1}——复合地基加固区复合土层压缩变形量计算经验系数，根据复合地基类型、地区实测资料及经验确定；

E_{spi}——第 i 层复合土体的压缩模量；

E_{pi}——第 i 层桩体压缩模量；

E_{si}——第 i 层桩间土压缩模量，按当地经验取值，如无经验，可取天然地基压缩模量。

加固区下卧土层压缩变形量 s_2 可按下式计算：

$$s_2 = \psi_{s2} \sum_{i=1}^{n} \frac{\Delta p_i}{E_{si}} l_i \tag{7-38}$$

式中 Δp_i——第 i 层土的平均附加应力增量；

l_i——第 i 层土的厚度；

E_{si}——基础底面下第 i 层土的压缩模量；

ψ_{s2}——复合地基加固区下卧土层压缩变形量计算经验系数，根据复合地基类型地区实测资料及经验确定。

桩土共同作用形成复合地基时，桩帽以上垫层和填土层的变形 s_3 在施工期已完成，在计算工后沉降时可忽略不计。处理松散填土层、欠固结软土层、自重湿陷性土等有明显工后沉降的地基时，桩帽以上的垫层和土层的压缩变形量（s_3），可按下式计算：

$$s_3 = \frac{\Delta(S-a)(S+2a)}{2S^2} \tag{7-39}$$

7.9.2 桩承堤

1. 概念

与桩网复合地基类似，桩承堤类似于由竖向增强体和水平向增强体组成的地基加固体系；一般认为桩承堤与桩网复合地基不同之处在于桩承堤中桩体直接支承于不可压缩层，属于端承型桩；桩承堤中，上部荷载通过填土土拱作用和加筋垫层兜提作用传递到刚性桩上，桩间土不直接参与承担荷载，荷载全部由刚性桩承担（图 7-24）。

2. 设计计算

桩承堤的设计包括桩帽设计、土拱设计、加筋体设计和刚性桩设计，具体材料选用和设计过程与桩网复合地基类似，不予赘述。

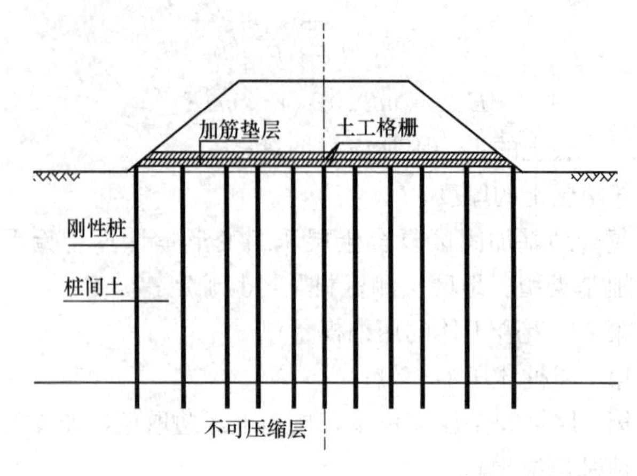

图 7-24 桩承堤

承载力和沉降计算时，可将桩承堤视为桩网复合地基的特例，即 $\beta_s=0$ 的情况，采用上述式（7-34）和式（7-35）计算。

思考题与习题

1. 简述加筋土垫层加固地基的机理。

2. 试分析采用加筋土垫层加固路堤地基可能产生的破坏形式。

3. 试分析加筋土挡墙的施工过程。

4. 试分析锚杆支护与土钉支护的异同之处。

5. 分析锚定板挡土结构的加固原理和施工过程。

6. 什么是低强度桩复合地基，刚性桩复合地基，以及长短桩复合地基？分析三者之间的共同之处以及各自的优缺点。

7. 试分析桩网复合地基与桩承堤的异同之处。

第8章　既有建筑物地基加固

8.1 概　　述

当已建成的建筑物（包括构筑物）产生下述情况时需要对已建成的建筑物的地基基础进行加固。

（1）建筑物沉降或沉降差超过有关规定，建筑物出现倾斜、裂缝，影响正常使用，甚至危及建筑物安全；

（2）既有建筑物需要加层，或使用荷载增加，原建筑物地基不经加固不能满足荷载增加对地基的要求；

（3）地下工程、基坑工程等岩土工程施工对既有建筑物地基产生不良影响，可能危及已有建筑物安全；

（4）古建筑物地基基础需要补强加固。

在进行既有建筑物地基加固前应对既有建筑物设计、施工竣工资料，工程地质条件，沉降发展情况，上部结构有无倾斜，有无产生裂缝，周围环境条件等情况作全面了解，并对产生上述不正常现象的原因以及发展趋势作出合理的分析和判断，在此基础上进行既有建筑物地基加固设计。

建筑物产生沉降和沉降差源自地基土体的变形。但是上部结构、基础和地基是一个统一的整体，在考虑加固措施时，应将上部结构、基础和地基作为一个整体统一考虑。有时不仅需要对地基基础进行加固，还需要对上部结构进行补强。当地基变形已经稳定，有时只需要考虑对上部结构进行补强加固。既有建筑物地基加固需要应用岩土工程与结构工程的知识，有时需要岩土工程师与结构工程师协同努力，共同完成。

既有建筑物地基加固技术又称为托换技术。托换技术可分为下述五类：①基础加宽技术；②墩式托换技术；③桩式托换技术；④地基加固技术；⑤综合加固技术。

基础加宽技术是通过增加建筑物原有基础的底面积，减小作用在地基上的接触压力，降低地基土中的附加应力水平，达到减小建筑物的沉降量或满足承载力要求的目的。

墩式托换技术是通过在原基础下设置墩式基础，并使墩式基础座落在较好的土层上，这样就将荷载直接传递给较好土层，达到满足承载力和减小建筑物沉降量要求的目的。

桩式托换技术是通过在原基础下设置桩，使新设置的桩承担或桩与地基共同承担上部结构的荷载，达到满足提高承载力和减小建筑物沉降量要求的目的。桩式托换技术又可分为静压桩托换、树根桩托换以及其他桩式托换。静压桩托换又可分锚杆静压桩技术和坑式静压桩技术两种。

地基加固技术是通过地基处理改良原地基土体或地基中部分土体，达到满足提高承载力、减小沉降要求的目的。在既有建筑物地基加固中应用得较多的地基处理方法是灌浆法和高压喷射注浆法。

综合加固技术是指综合应用上述四种方法中的两种或三种方法，对既有建筑物地基进行加固。如基础加宽和桩式托换相结合，或桩式托换和地基加固技术相结合等。

既有建筑物地基加固常用技术分类如下所示：

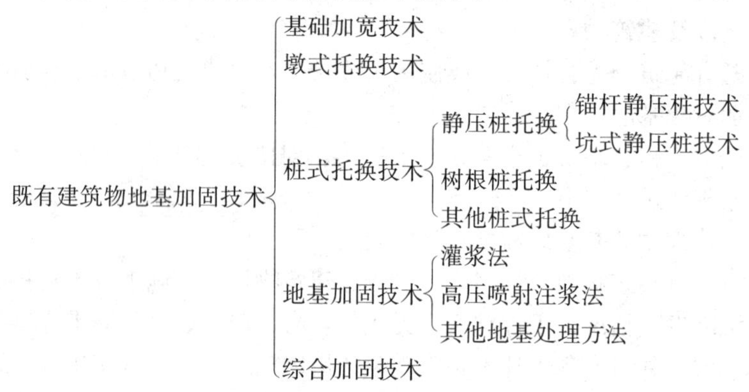

对上述托换技术，下面分别加以介绍。

8.2　基础加宽技术

采用加宽基础，扩大既有建筑物基础底面积，通过减小基底压力，减小地基中附加应力密度，达到地基加固目的，称为基础加宽技术。例如：原筏板基础面积为16m×30m＝480m^2，若四周各加宽1.0m，则基础底面积扩大为576m^2。如果原基底平均接触压力为200kPa，基础加宽后基底平均接触压力减小为167kPa。由该例可以看出，基础加宽对减小基底接触压力效果明显。基础加宽费用低，施工也方便，有条件采用时应优先考虑。但在不少情况下基础加宽会遇到困难，如：周围场地是否允许基础加宽。若基础埋置较深，加宽基础需要进行较大土方量的开挖，而且土方开挖将对周围环境产生不良影响。另外，需要重视的是基础加宽将增加荷载作用的影响深度。对深厚软土地基上的建筑物采用基础加宽技术，由于增加了压缩层厚度，加宽基础往往达不到减小沉降的目的。对深厚软土地基上的建筑物慎用基础加宽技术减小沉降。

基础加宽加固应重视加宽部分与原有基础部分的连接。通常通过钢筋锚杆将加宽部分与原有基础部分连接，并将原有基础凿毛、浇水湿透、使两部分混凝土较好地连成一体。采用基础加宽技术对刚性基础和柔性基础都要进行计算。刚性基础应满足刚性角要求，柔性基础应满足抗弯要求。钢筋锚杆应有足够的锚固长度，有条件可将加固筋与原基础钢筋焊牢。采用基础加宽技术有时也可将柔性基础改为刚性基础，将条形基础扩大成片筏基础。图 8-1 表示几种基础加宽示意

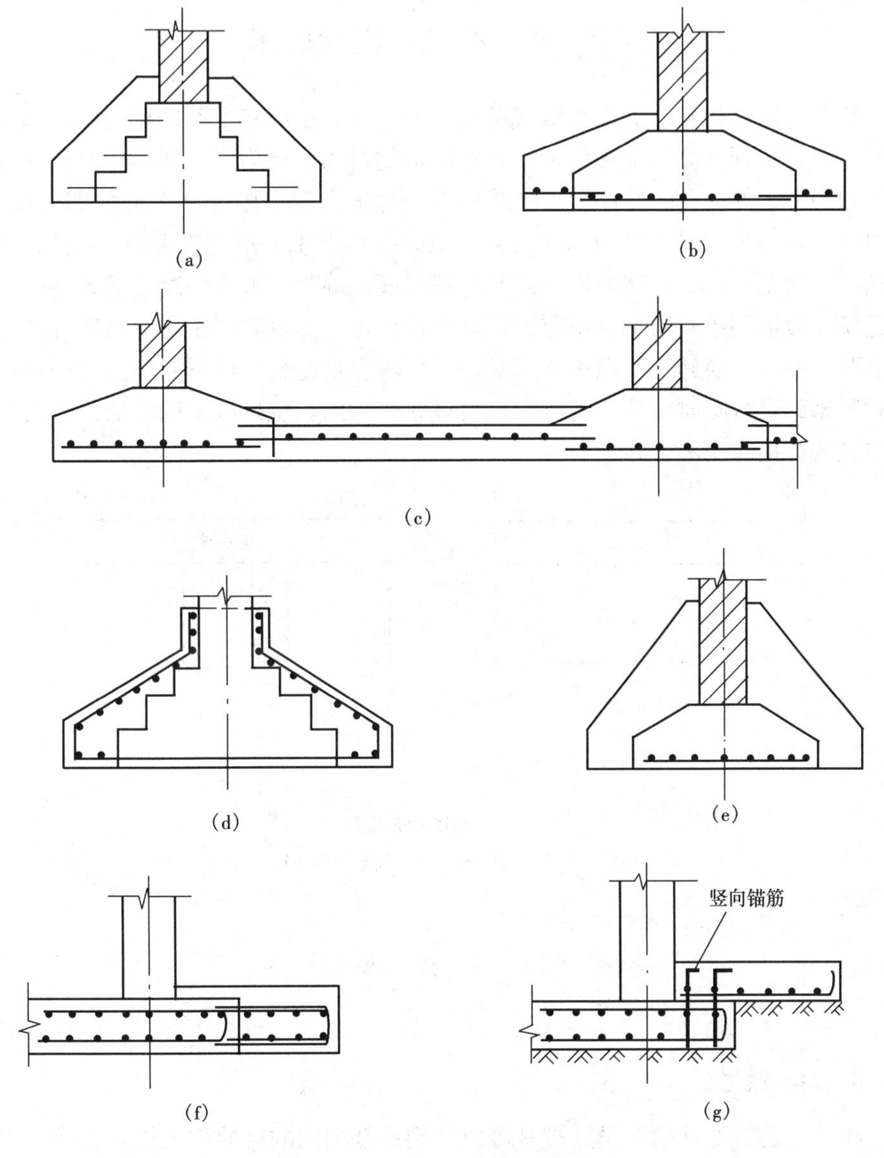

图 8-1 几种基础加宽示意图

(a) 刚性条形基础加宽；(b) 柔性条形基础加宽；(c) 条形基础扩大成片筏基础；(d) 柱基础加宽；(e) 柔性基础加宽改为刚性基础；(f) 片筏基础加宽 (1)；(g) 片筏基础加宽 (2)

图。其中图 8-1（a）表示刚性条形基础加宽；图 8-1（b）表示柔性条形基础加宽；图 8-1（c）表示条形基础扩大成片筏基础；图 8-1（d）表示柱基础加宽；图 8-1（e）表示柔性基础改为刚性基础；图 8-1（f）和图 8-1（g）表示片筏基础加宽。图 8-1（g）中基础加宽部分底面高度与原基础顶面高度一致，其优点是可减小挖土深度，减小基础加宽施工过程中对原地基土的影响。

8.3 墩式托换技术

在既有建筑物基础下设置墩式基础，通过墩式基础将上部结构荷载传递给较好的土层，达到提高地基承载力、减小沉降的目的，称为墩式托换。墩式托换示意图如图 8-2 所示。在既有建筑物基础下局部地段存在厚度不大的软弱土层时，采用墩式托换可取得较好的加固效果。墩式托换施工一般先在基础近侧挖导坑，再横向扩展至基础下，在基础下成孔，然后灌注混凝土形成混凝土墩式基础。墩式托换一般适用于软弱土层不厚、地基水位较低，而且软弱土层下有较好持力层的情况。墩式托换施工要重视施工顺序，分段分批挖孔置墩。施工过程中往往需要对原基础进行临时支撑。混凝土墩可以是连续的，也可以是间断的。在实际工程中墩式托换应用不多。

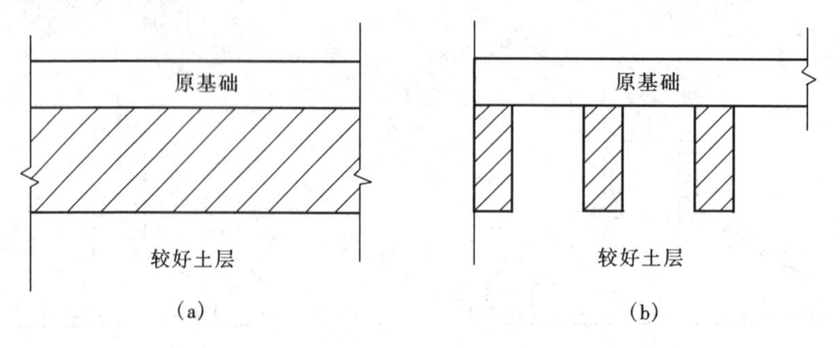

图 8-2　墩式托换示意图

（a）连续混凝土墩；（b）间断混凝土墩

8.4 桩式托换技术

8.4.1 概述

在既有建筑物基础下设置桩基础以达到地基加固的目的称为桩式托换，桩式托换技术是既有建筑物地基加固最常用的加固技术。既有建筑物基础是浅基础，通过桩式托换形成桩基础或桩体复合地基达到提高地基承载力，减小沉降的目的。原基础是桩基础，通过桩式托换可使桩的数量增加，或增加部分长桩，达到提高桩基础承载力。原建筑物采用复合地基，通过桩式托换可用桩基础取代复合地基，或使原复合地基加强。

桩式托换形式很多，但在工程中常用的有：锚杆静压桩托换技术、树根桩托换技术和坑式静压桩托换技术，下面对这三种桩式托换技术分别加以介绍。

8.4.2 锚杆静压桩技术

将压桩架通过锚杆与建筑物基础连接，利用建筑物自重荷载作为压桩反力，用千斤顶将桩逐段压入地基中，完成在地基中设置桩，称为锚杆静压桩技术。锚杆静压桩施工装置示意图与压桩孔和锚杆位置示意图分别如图 8-3（a）、（b）所示。锚杆静压桩施工流程如图 8-4 所示。

锚杆静压桩施工步骤及各阶段注意事项说明如下：

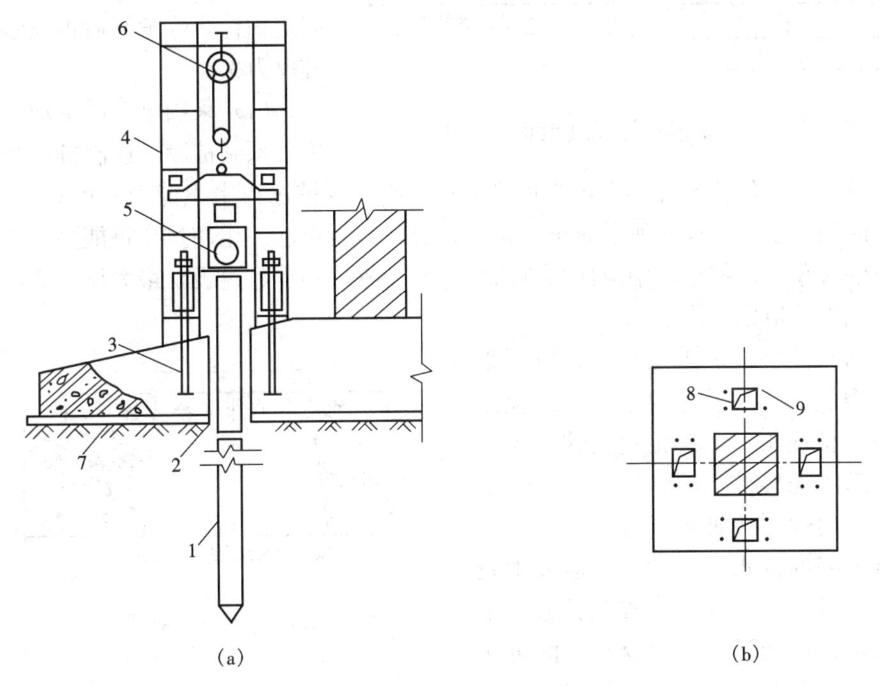

图 8-3 锚杆静压桩装置示意图及压桩孔和锚杆位置图

（a）锚杆静压桩装置示意图；（b）压桩孔和锚杆位置图

1—桩；2—压桩孔；3—锚杆；4—反力架；5—千斤顶；6—电动葫芦；7—基础；8—压桩孔；9—锚杆孔

（1）清除既有建筑物基础面上的覆土，并将地下水位降低至基础面以下，以保证提供干的作业面。若原建筑物基础面积小，难以布置压桩架位和桩位，应先将原基础加宽。基础加宽设计施工要求同 8.2 节中所述。

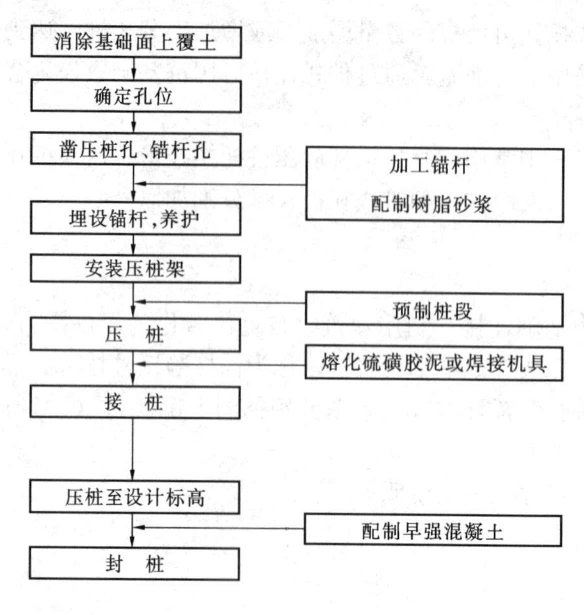

图 8-4 锚杆静压桩施工流程示意图

（2）按加固设计图放线定桩孔位和固定锚杆孔位。压桩孔可凿成上小下大的棱锥形（图 8-5）。当压桩结束，桩与基础连接后，棱锥形压桩孔有利于基础承受冲剪。根据压桩力大小确定锚杆直径、锚固深度。压桩孔和固定锚杆孔凿孔可采用风动凿岩机，也可采用人工凿孔。

（3）凿孔完成后，锚杆孔应认真清渣，再采用树脂砂浆固定锚杆，养护好后再安装压桩反力架。

（4）采用电动或手动千斤顶压预制桩段。预制桩段长度根据反力架及施工环境确定，常取 2.0m 左右。压桩过程中不能中途停顿过久。间歇时间过长，往往使所需压桩力提高，有时甚至可能发生超过压桩能力而被迫中止的现象。压桩过程中应保持桩段垂直，压桩力不能超过设计最大压桩力，避免基础上抬造成结构破坏。

（5）接桩一般采用焊接，也可采用硫磺胶泥，视设计要求确定。硫磺胶泥接桩成本低，接桩速度快，但采用硫磺胶泥接桩，桩体抗水平力性能差。采用焊接接桩效果好，并可使桩具有较好的抗水平力性能，但成本较高。有时在桩上部采用焊接接桩，下部采用硫磺胶泥接桩。这样，既可满足抵抗水平力的要求，又可节省投资。

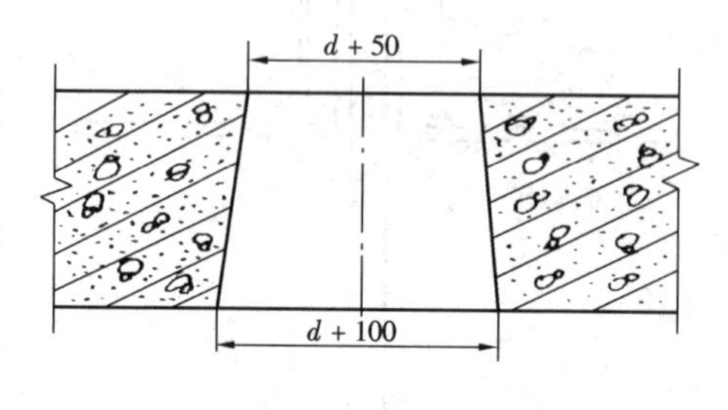

图 8-5 桩孔示意图

（6）压桩一般采用双控制，即压桩至设计深度和达到设计压桩力，并以压桩力控制为主。压桩深度达到要求后，可进行封桩。在进行封桩前应将压桩孔内杂物清理干净，并排除积水。

（7）封桩前先将基础中原有主筋尽量补焊上，并在桩顶用钢筋与锚杆对角交叉焊牢，然后再浇筑早强高强度混凝土进行封桩。

（8）压桩施工过程中应加强沉降监测，注意施工过程中产生的附加沉降。通过合理安排压桩顺序可减小施工期间附加沉降及其影响。

锚杆静压桩施工机具简单、施工作业面小、施工方便灵活、技术可靠、效果明显、对在原有建筑物里人们的生活或生产秩序影响较小。锚杆静压桩技术适用范围广，可适用于黏性土、淤泥质土、杂填土、黄土等地基。由于具有上述优点，锚杆静压桩技术在我国各地得到广泛的应用。

锚杆静压桩技术除应用于既有建筑物地基加固外，还应用于新建建筑物的基础工程。在闹市区旧城改造中，限于周围交通条件难以运进打桩设备时，或施工场所很窄，难于进行常规打桩施工时，可采用锚杆静压技术进行桩基施工；在施工设备短缺地区，无打桩设备时，也可采用锚杆静压桩技术进行桩基施工。原建筑物采用桩基础，但因施工质量等原因未能满足设计要求时，也可采用锚杆静压桩进行补桩加固。对上述应用于新建建筑物，在基础施工时可按设计预留压桩孔和预埋锚杆，待上部结构施工至3～4层时，再开始锚杆静压桩压桩施工。此时，建筑物自重可承担压桩反力，而且天然地基承载力发挥度也已较高，需要通过在地基设置桩以提高地基承载力。

锚杆静压桩加固设计包括下述内容：

(1) 桩及桩位布置设计。

单桩与桩段长度的设计主要根据加固要求、场地工程地质条件以及施工作业空间条件而定。锚杆静压桩截面边长一般为180～250mm。对于边长为200mm的方桩，主筋采用不小于4Φ10的钢筋，在桩段两端箍筋需加密布置。混凝土强度一般不小于C30级。桩段长度根据施工净空条件确定，一般取1.5～2.0m。桩段的尺寸还应考虑接桩搬运方便，不能太重。单桩承载力取决于地基土层情况。根据地层条件，锚杆静压桩可能是端承桩，也可能是摩擦桩。对摩擦桩一般可考虑桩土共同作用。单桩承载力可由压桩试验确定：

$$P=\frac{P_{压}}{K} \tag{8-1}$$

式中　P——设计单桩承载力值（kN）；

$P_{压}$——最终入土深度时压桩力（kN）；

K——压桩力系数。与地基土性质、压桩速度、桩材及桩截面形状有关。在黏性土地基中，当桩长小于20m时，K值可取1.5；在黄土和填土中K值可取2.0。

锚杆静压桩桩位宜靠近墙体或柱子，以利于荷载的传递。凿压桩孔往往要截断底板钢筋，桩孔尽量布置在弯矩较小处，并使凿孔时截断的钢筋最少。

(2) 锚杆及锚固深度设计。

根据所需最大压桩力进行固定桩架的锚杆设计。如：当所需最大压桩力小于400kN时，可采用M42锚杆。锚杆可用螺纹钢和光面钢筋制作，也可在端部墩粗或加焊钢筋。锚杆锚固深度一般取10～12倍锚杆直径。

(3) 采用锚杆静压桩加固应对原有基础进行抗冲切、抗弯和抗剪能力验算。

如不能满足要求，应将原基础结构进行补强以满足压桩加固要求。

8.4.3 树根桩托换

树根桩实质上是一种小直径钻孔灌注桩，其直径通常为100～300mm，有时也有采用300mm以上的桩径。这种小直径钻孔灌注桩可以竖向、斜向设置，网状布置如树根状，故称为树根桩。在既有建筑物基础下设置树根桩以达到地基加固的目的，称为树根桩托换。树根桩施工过程和施工工艺随施工单位不同而稍有差异，大致过程如下：先利用钻机钻孔成孔，当桩孔深度满足设计要求后，放入钢筋或钢筋笼，同时放入注浆管，用压力注入水泥浆或水泥砂浆而成桩。也有成孔后，放入钢筋或钢筋笼，同时放入注浆管，然后再灌入碎石，先注入清水清洗，再注入水泥浆或水泥砂浆而成桩。

树根桩技术主要用于既有建筑物地基加固、桥梁工程的地基加固，有时也用于岩土边坡稳定加固等。几类工程采用树根桩加固示意图如图8-6所示。

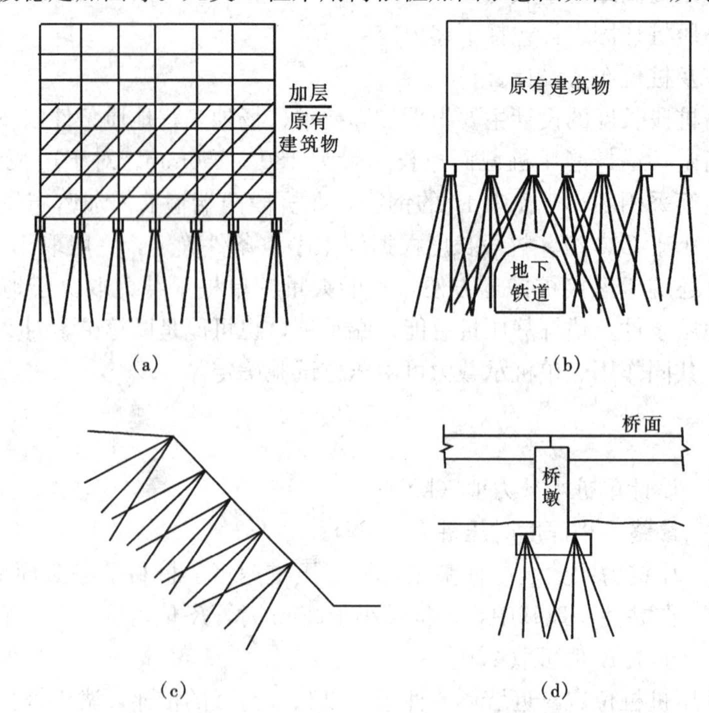

图8-6 树根桩加固示意图

(a) 建筑物加层工程树根桩托换；(b) 建筑物地基中修建地下铁道树根桩托换；(c) 边坡稳定加固；(d) 桥墩基础树根桩托换

常用树根桩施工流程如下：

1. 成孔

根据设计要求和场地工程地质条件选择钻机。视土质条件和基础底板情况合理选用钻头。在穿过软弱土层或流砂层时，可设置套管，以保护孔壁。在地基中钻孔时，一般需在孔口处设置1.0～2.0m长的套管，以防止孔口处土方坍落影响成孔质量。

钻孔时可采用泥浆或清水护壁。钻孔到设计要求后，应进行清孔。合理控制清孔注水压力的大小，观察钻孔泥浆溢出情况，直到孔口溢出清水为止。

2. 放置钢筋或钢筋笼

清孔结束后，按设计要求放置钢筋或钢筋笼。钢筋笼外径应小于设计桩径40～50mm。钢筋笼制作时每节长度基本取决于作业空间，节间钢筋搭接应错开，搭接长度应满足有关规定。

3. 放置压浆管

压浆管放在钢筋笼或钻孔中心位置，常采用直径20mm无缝铁管。放置就位后即可压入清水继续清孔。

4. 投入细石子

将冲洗干净的细石子（粒径5～15mm）缓缓投入钻孔内，套管拔除再补灌细石子，直到满灌。此时，压浆管继续压入清水冲洗，直到溢出清水为止。

5. 注浆

注浆时让水泥浆从钻孔底部逐渐向上升。采用分段注浆，分段提注浆管的方式。当水泥浆从孔口溢出时，可停止注浆。根据设计要求进行浆液配制，浆液可采用水泥和水泥砂浆两种。常用强度等级32.5R及以上水泥，砂料需过筛。为提高水泥浆的流动性和早期强度，可适量加入减水剂及早强剂。纯水泥浆的水灰比一般采用0.4～0.5，水泥砂浆一般采用水泥∶砂∶水＝1.0∶0.3∶0.4的配比。注浆采用一次性注浆。

树根桩技术具有机具简单、施工场地小、施工时振动和噪声小、施工方便等优点。树根桩适用于黏性土、砂土、粉土、碎石土等各种不同的地基。树根桩不仅可承受竖向荷载，还可承受水平向荷载。压力注浆使桩的外侧与土体紧密结合，使桩具有较大的承载力。树根桩一般为摩擦桩，与地基土体共同承担荷载，可视为刚性桩复合地基。对于网状树根桩，可将其与土体视为加筋复合土体。

树根桩加固地基设计计算内容与树根桩在地基加固中的效用有关，应视工程情况区别对待。下面分别加以介绍：

1. 单桩承载力

单桩承载力可根据单桩载荷试验确定。树根桩一般是摩擦桩，其桩端阻力一般不计。由于树根桩是采用压力注浆而形成桩的，其桩侧摩阻力大于一般钻孔灌注桩和预制桩的桩侧摩阻力。

树根桩长径比较大，在计算树根桩单桩承载力时，应考虑其有效桩长的影响。

树根桩与桩间土共同承担荷载，树根桩承载力的发挥还取决于建筑物所能承受的容许最大沉降值。容许最大沉降值愈大，树根桩承载力发挥度高；容许最大沉降值愈小，树根桩承载力发挥度低。承担同样的荷载，当树根桩承载力发挥度较低时，则要求设置较多的树根桩桩数。

2. 树根桩复合地基

树根桩一般为摩擦桩。采用树根桩加固地基，桩与地基土可共同承担上部荷载，桩与土形成复合地基。树根桩复合地基一般属于刚性桩复合地基。

树根桩托换基础极限承载力可按下式计算：

$$P_f = \alpha n P_{pf} + \beta F_s \tag{8-2}$$

式中　P_f——承台基础极限承载力（kN）；

P_{pf}——树根桩单桩极限承载力（kN）；

n——承台下树根桩桩数；

a——树根桩承载力发挥系数；

F_s——承台下地基土极限承载力（kN）；

β——承台下地基土承载力发挥系数。

8.4.4　坑式静压桩技术

直接在既有建筑物基础下挖坑，依靠建筑物自重作为压桩反力，利用千斤顶逐段将预制桩压入地基中置桩，坑式静压桩施工示意图如图8-7所示。在既有建筑物基础下直接挖坑，一般需要对原基础或对建筑物进行临时支撑。坑式静压桩技术一般适用于黄土地区，以及地下水位较深的地基。

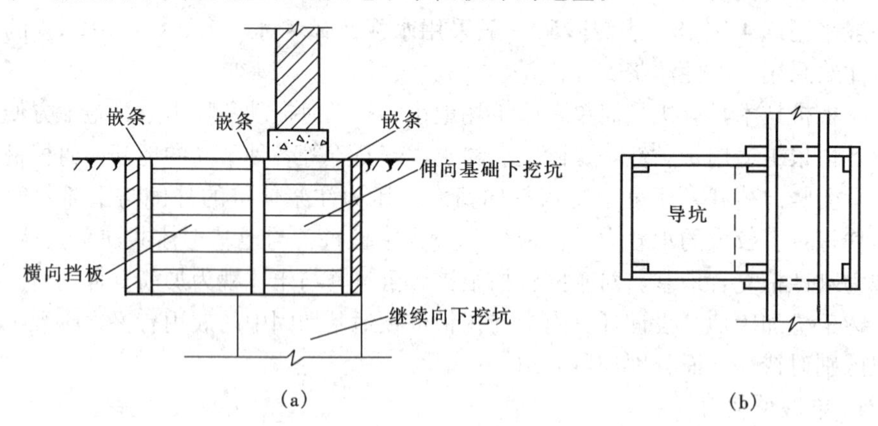

图8-7　坑式静压桩施工示意图

(a) 剖面图；(b) 平面图

坑式静压桩托换施工过程如下：

(1) 先在基础外侧挖导坑，一般比原基础深1.5m左右，挖坑前需验算是否需要预先进行临时支撑加固。

（2）再将导坑横向扩展至原基础下面，形成压桩空间。

（3）利用千斤顶压预制桩段，逐段把桩压至地基中。桩端连接同锚杆静压桩。压桩采用双控压桩直至设计压桩深度和达到设计压桩力，并以压桩力控制为主。

（4）封桩，回填压桩坑。

坑式静压桩的设计思路基本上同锚杆静压桩的设计思路。

8.4.5 工程实例（根据参考文献［2］编写）

杭州某住宅楼位于杭州市西部开发区内，土层厚度及各土层静力触探指标如表 8-1 所示。住宅楼为 7 层砖混结构，基础采用 Φ377 灌注桩基础。在施工过程中对沉降进行监测，测点位置如图 8-8 所示。当上部结构至第 5 层（1995 年 10 月 2 日），测点 21、24、26、28 的累计沉降分别为 3mm、3mm、1mm、1mm。在施工至屋顶楼面时（1995 年 10 月 30 日），上述四点累计沉降分别达到 48mm、42mm、11mm、23mm，住宅楼产生了不均匀沉降。室内装饰工程及竣工后住宅楼的沉降与不均匀沉降继续发展，21、24、26 和 28 点沉降（1995 年 12 月 22 日）分别达到 120mm、112mm、38mm、46mm。住宅楼的最大不均匀沉降达 84mm，沉降发展趋势如图 8-8 所示，此时沉降与不均匀沉降还在继续发展。

地基土层静力触探指标 **表 8-1**

层序	土层名称	厚度（m）	重度（kN/m³）	压缩模量（MPa）	锥尖阻力（kN）	侧壁摩擦力（kN）	摩阻力（kN）
1	杂填土	2.00～2.70			803	20	2.5
2	淤泥质粉质黏土	6.00～8.10	17.7	1.6	330	6	1.8
3-1	粉质黏土	1.40～2.30	18.8	8.0	1846	57	3.1
3-2	黏土	1.80～4.20	19.7	10.0	2755	83	3.0
4-1	黏土	2.40～4.40	20.0	12.0	3860	112	2.9
4-2	粉质黏土	未穿	19.9	10.0	2913	85	2.9

注：本表引自工程勘察报告。

为制止沉降与不均匀沉降进一步发展，在沉降较大一侧采用锚杆静压桩地基加固。桩位布置如图 8-9 所示。锚杆静压桩的截面为 200mm×200mm，桩长取 16.0m，桩段长为 2.0m、1.5m 和 1.0m 不等。采用硫磺胶泥接桩。设计单桩承载力为 200kN。锚杆采用 Φ28 螺纹钢制作，锚固长度 300mm。锚杆静压桩自 1996 年 1 月 12 日开始压桩，2 月 12 日压桩结束，共压桩 65 根。由图 8-8 可以

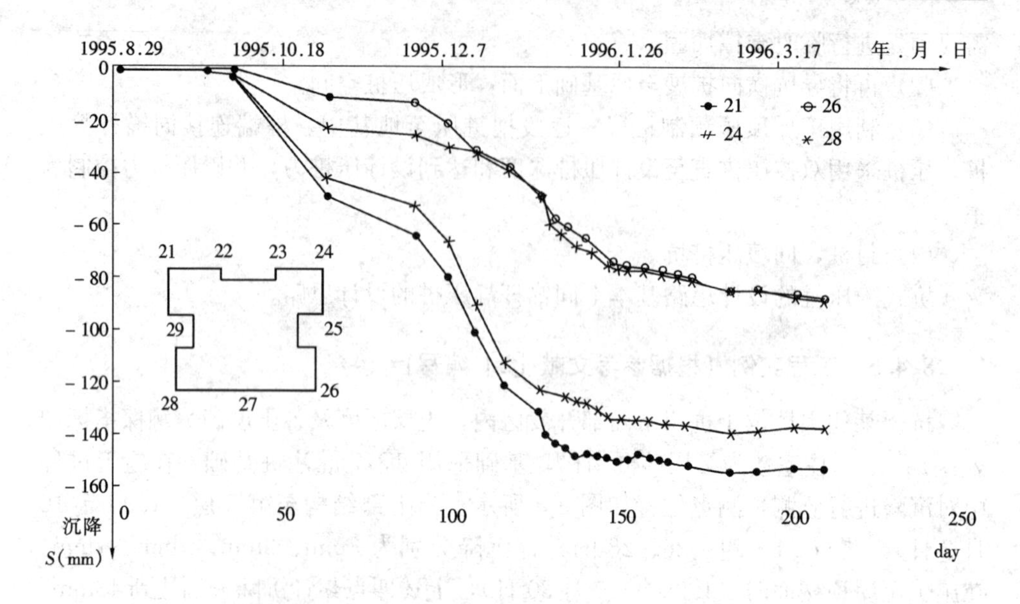

图 8-8　杭州某住宅楼沉降-时间曲线

看出压桩结束后沉降与不均匀沉降得到控制，加固效果是好的。

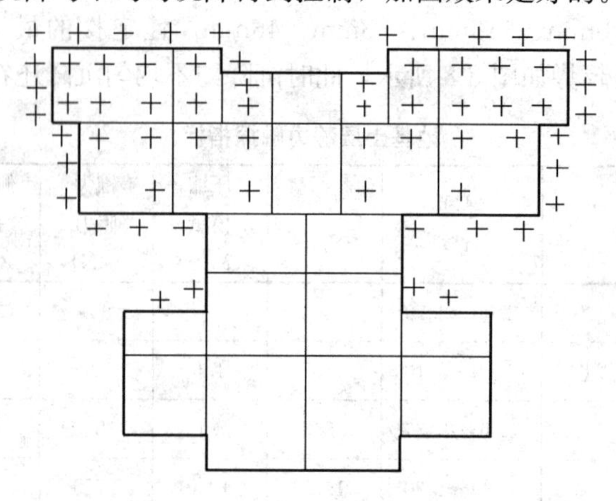

图 8-9　锚杆静压桩桩位图

8.5　地基加固技术

对既有建筑物地基进行加固也可采用下述地基加固方法进行：注浆法、高压喷射注浆法、灰土桩法、石灰桩法等。在上述地基加固方法中以注浆法和高压喷射注浆法应用较多。

在采用注浆法加固既有建筑物地基时，应根据工程地质条件和建筑物情况合理选用注浆形式和注浆压力。对砂性土地基、杂填土地基可以采用渗入性注浆加固。采用的注浆压力和注浆速度以不能对建筑物产生不良影响为控制标准。对饱和软黏土地基，采用注浆法加固效果不好。在注浆过程中地基土体中产生超孔隙水压力，注浆产生的注浆力很容易抬升建筑物造成不良后果。而且注浆完成后，饱和软黏土地基中超孔隙水压力消散，将造成较大的工后沉降。

注浆加固还可应用于补偿性加固。在既有建筑物周围开挖基坑或进行地下工程施工，基坑开挖或地下工程施工形成的土体侧向位移可能使建筑物产生不均匀沉降。通过在建筑物外侧地基中进行补偿性注浆加固可减小周围土体侧移造成对该建筑物的不良影响。补偿性加固也适用于保护地基中市政管线免受周围施工扰动的影响。另外，地下水位下降，特别是井点降水造成地下水位差异可能引起对建筑物的影响也可以通过补偿性注浆来减小。

采用高压喷射注浆法加固是在既有建筑物地基下设置旋喷桩，通过形成水泥土桩复合地基以提高地基承载力、减小地基沉降。在采用高压旋喷桩加固既有建筑物地基时在高压旋喷形成的水泥土桩未达到一定强度时，地基强度是降低的，因此应重视施工期间可能产生的附加沉降。

8.6 综合加固技术

综合加固技术是指采用两种或多种地基加固技术对既有建筑物进行加固。现通过一工程实例说明注浆法和高压喷射注浆法的综合应用。

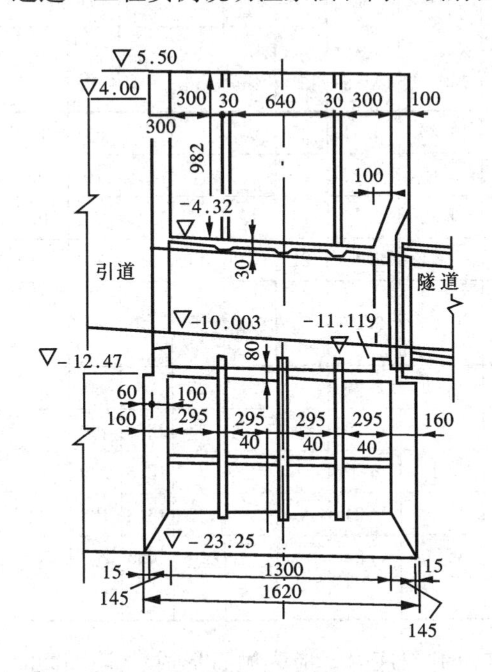

图 8-10 竖井纵剖面图

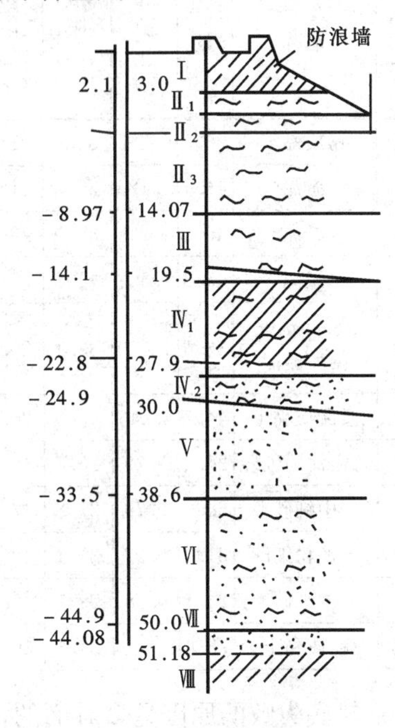

图 8-11 地质柱状图

某过江隧道竖井作为隧道集水井与通风口，位于隧道沉管与北岸引道连接处。竖井上口尺寸为15m×18m，下口尺寸为16.2m×18m，深度为28.5m，竖井纵剖面见图8-10。

竖井采用沉井法施工。工程地质柱状图和地基各土层主要物理力学指标分别如图8-11和表8-2所示。图8-12为竖井封底设计图。竖井刃脚设计标高为－23.25m，坐落在含淤泥粉细砂层或中细砂层上。从图8-12中可以看到原设计竖井封底采用水下混凝土封底，混凝土层厚为260cm。然后抽水再铺垫265cm的石渣垫层，最后现浇M-250的钢筋混凝土底板。但在抽出沉井内积水时，由于沉井水下混凝土封底没有成功，致使由抽水造成井内外水头差较大，使竖井刃脚处砂层液化，在底板混凝土部位出现冒水渗砂现象，并使沉井产生不均匀超沉、倾斜与位移。停止抽水后，井内外水位趋于相同，沉井保持平衡与稳定，但后期工程难于继续。超沉后的竖井刃脚标高为－23.46～－23.84m，各角点标高如图8-13所示，比设计标高超沉了0.21～0.59m，对角线最大不均匀沉降为0.38m，相对沉降为1.57%。井内水位为42.5m，井内水下封底混凝土的厚度各处不一，按实际刃脚标高计算，混凝土厚度为3.26～4.87m，超过设计厚度0.96～2.57m，混凝土顶面标高相差达1.95m。

各土层主要物理力学指标　　**表8-2**

土层编号	土层名称	天然含水量(%)	孔隙比	液限(%)	塑限(%)	塑性指数(%)	压缩系数(MPa^{-1})	压缩模量(MPa)	固结快剪		快剪		承载力推荐值	
									c(kPa)	φ(°)	c(kPa)	φ(°)	σ_n(kPa)	τ(kPa)
Ⅰ	粉质黏土	30.5	0.856	32.1	21.2	10.9	0.29	5.91	25	25			100	30
Ⅱ$_1$	淤泥	41.4	1.125	34.3	21.3	13.0	0.65	3.12					70	20
Ⅱ$_2$	淤泥	46.5	1.249	39.9	23.5	16.4	0.98	2.46	16	13	18	5.6	70	10
Ⅱ$_3$	淤泥	48.8	1.552	44.5	25.0	19.5	0.91	2.43	21	12.9	17	19	70	10
Ⅲ	砂、粉砂夹薄层淤泥	38.5	1.070	33.1	20.2	12.9	0.59	3.27	20	15.5			90	40
Ⅳ$_1$	淤泥质黏土	44.7	1.243	49.5	26.0	23.5	0.75	2.85			25	28	80	15
Ⅳ$_2$	含淤泥粉细砂	26.6	0.79	26.4	16.3	10.1	0.27	6.59			23	16.7	100	40
Ⅴ	中细砂	28.0	0.79	27.8	17.1	10.7	0.37	6.1			20	18.5	200	50
Ⅵ	含泥粉细砂	31.4	0.92	29.1	18.3	10.8	0.59	5.34			23	16.8	100	40
Ⅶ	中细砂	24.1	0.88	29.7	19.6	10.1	0.50	5.91			28	26.5	200	55
Ⅷ	粉质黏土	28.4		34.5	20.0	14.5							100	40

封底失败的原因是多方面的，通常在沉井封底时，应先抛石形成一定厚度的块石垫层，再浇筑水下混凝土。此外，根据沉井底面积的大小，应采用足够数量

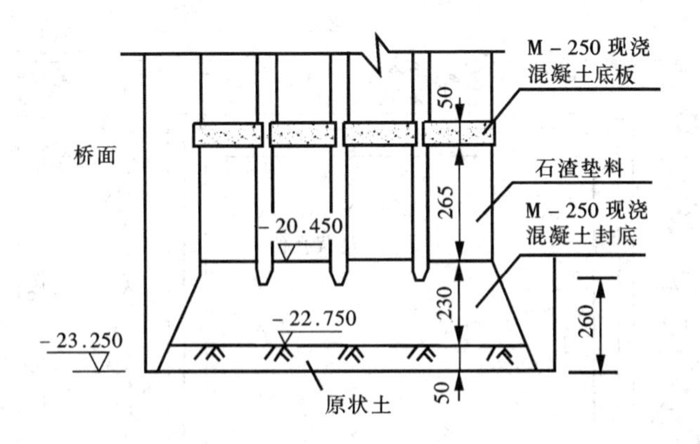

图 8-12 竖井封底设计图

的混凝土导管，连续作业浇筑混凝土。为了使封底混凝土不出现夹泥层，在浇捣封底混凝土的导管应逐渐上提，但管口不应脱离混凝土。在上述两方面设计和施工均考虑欠周。

加固方案的基本思路是通过高压喷射注浆（旋喷和定喷）在竖井外围设置围封墙，隔断竖井与河中水的联系。然后在竖井封底混凝土底部通过静压注浆封底。注浆封底完成后进行抽水，然后凿去多余封底混凝土，并进行混凝土找平。最后再现浇钢筋混凝土底板。竖井四周地基中围封墙有两个作用：一作为防渗墙，隔断河水与地下水渗入沉井底部；二可以限制静压注浆的范围，保证注浆封底取得较好效果。为了完成防渗墙的作用，要求围封墙插入相对不透水土层中。

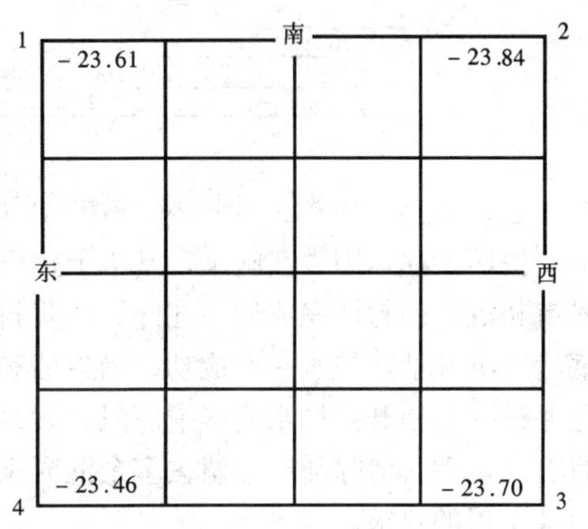

图 8-13 超沉后竖井刃脚各角点高程

围封墙通过高压喷射注浆（旋喷和定喷）形成。其高压喷射注浆孔孔位布置及围封墙位置如图 8-14 所示。围封墙底部插入透水性较差的土层Ⅳ中 2m，高程为－35.5m，从地面起算深度为 40.6m，围封墙顶面与地面平。旋喷桩直径 1.0m，围封墙厚度为 30cm。水泥土强度大于 5MPa。这样水泥土围封墙形成了止水系统。围封墙也为采用静压注浆封底创造了良好的条件。

围封墙施工完成后，再采用静压注浆封底。注浆孔布置如图 8-14 所示。每个注浆孔内进行多次注浆，直至完成封底为止。

完成灌浆封底后，再抽出沉井内积水，进行清底，凿去多余封底混凝土，找平，浇筑钢筋混凝土底板。

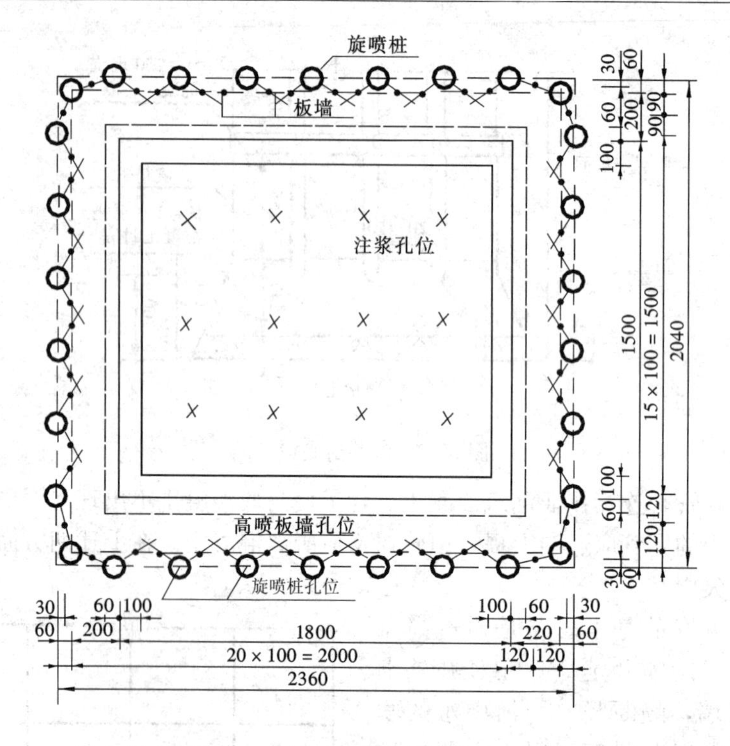

图 8-14　围封墙、高压喷射注浆孔、静压注浆孔位置图

按照上述加固方案施工，基本上达到预期目的。在围封体施工过程中，竖井稍有超沉。围封体完成后，在静压注浆封底过程中，竖井稍有抬升。静压注浆封底后，沉井抽除积水一次成功，围封墙和注浆封底达到预期效果。在抽水过程中竖井进一步抬升。抽水完毕清底时，发现原封底混凝土底板不完整，高低不平，且有大量砂。清除涌砂，凿去多余混凝土后，浇筑混凝土底板。处理结果满足了后续工程的要求。

实践表明，上述加固方案是成功的。

思考题与习题

1. 为什么要对既有建筑物地基进行加固？如何合理选用地基加固技术？
2. 简要介绍锚杆静压桩托换的施工过程及注意事项。
3. 简要介绍树根桩托换的施工过程及注意事项。
4. 比较分析锚杆静压桩托换和树根桩托换的优缺点。

第9章 纠倾和迁移

9.1 概 述

建筑物产生不均匀沉降，将导致上部结构产生倾斜，有时建筑物的上部结构还会产生裂缝，严重的可导致上部结构破坏，甚至产生建筑物地基整体失稳破坏。当建筑物倾斜超过有关规定值，影响其安全使用时，应对建筑物进行纠倾或拆除。

我国《建筑地基基础设计规范》GB 50007—2011 规定的建筑物的地基变形允许值如表 9-1 所示。表 9-1 所示的允许值是对设计控制变形允许值提出的要求。建筑物实际发生的倾斜值超过表 9-1 规定的允许值后，应加强对建筑物变形的监测。是否需要对建筑物进行纠倾和加固应视是否影响安全使用。

建筑物的地基变形允许值 **表 9-1**

变形特征	地基土类别	
	中、低压缩性土	高压缩性土
砌体承重结构基础的局部倾斜	0.002	0.003
工业与民用建筑相邻柱基的沉降		
（1）框架结构	$0.002l$	$0.003l$
（2）砌体墙填充的边排柱	$0.0007l$	$0.001l$
（3）当基础不均匀沉降时不产生附加应力的结构	$0.005l$	$0.005l$
单层排架结构（柱距为 6m）柱基的沉降量（mm）	(120)	200
桥式吊车轨面的倾斜（按不调整轨道考虑）		
纵向	0.004	
横向	0.003	
多层和高层建筑的整体倾斜 $H_g \leqslant 24$	0.004	
$24 < H_g \leqslant 60$	0.003	
$60 < H_g \leqslant 100$	0.0025	
$H_g > 100$	0.002	
体型简单的高层建筑基础的平均沉降量（mm）	200	
高耸结构基础的倾斜 $H_g \leqslant 20$	0.008	
$20 < H_g \leqslant 50$	0.006	
$50 < H_g \leqslant 100$	0.005	
$100 < H_g \leqslant 150$	0.004	
$150 < H_g \leqslant 200$	0.003	
$200 < H_g \leqslant 250$	0.002	

续表

变 形 特 征		地基土类别	
		中、低压缩性土	高压缩性土
高耸结构基础的沉降量（mm）	$H_g \leqslant 100$	400	
	$100 < H_g \leqslant 200$	300	
	$200 < H_g \leqslant 250$	200	

注：表中括号适用于中压缩性土；l 为相邻柱基的中心距离（mm）；H_g 为自室外地面起算的建筑物高度（m）。

对产生倾斜的既有建筑物是否需要进行加固和纠倾，通常认为需要考虑下述三个方面的情况，综合分析后再做决定。

（1）既有建筑物的倾斜度和上部结构裂缝发展情况

一般认为建筑物倾斜超过1%时需要对倾斜建筑物进行纠倾，但也不能一概而论。是否需要对倾斜建筑物进行纠倾和加固应以是否影响安全使用为准则。建筑物的不均匀沉降可能引起上部结构产生裂缝，所产生裂缝的分布及性质对于是否需要纠倾至为重要；如存在结构性裂缝，应对上部结构进行补强。

（2）建筑物沉降和裂缝的发展趋势

应详细研究和分析倾斜建筑物产生的沉降和裂缝的现状以及发展趋势，重点分析建筑物沉降稳定性；对于沉降还未稳定的建筑物，分析不采取加固、纠倾措施其达到稳定所需时间，以及最终沉降和不均匀沉降大小。还需对建筑物上部结构裂缝的发展趋势进行深入分析。建筑物沉降是否稳定对于纠倾的判别具有重要影响。

（3）原设计和施工质量是否存在隐患

应仔细审查倾斜建筑物的有关资料，主要包括工程地质勘察报告、设计文件和施工记录及验收报告等，分析建筑物产生不均匀沉降的原因。如必要，可在建筑物四周对地基进行补勘。

通过对上述三方面情况的综合分析，确定该倾斜建筑物是否需要纠倾，上部结构和地基是否需要补强和加固，是否应该拆除。

建筑物产生过大不均匀沉降主要有下述原因：

（1）对建设场地工程地质情况了解不全面

建筑物产生倾斜过大的工程事故多数是由于设计人员对建设场地的工程地质情况了解不全面造成；了解不全面的原因主要来自于客观因素，如：勘探孔分布密度未能满足全面监测地基土层性质变异情况的需求，导致工程地质勘察报告未能准确反映地基中软土土层分布情况，但亦有可能存在人为因素，如：设计人员未认真阅读工程地质勘察报告。

（2）设计经验和设计能力不足

建筑物产生倾斜过大的另一方面原因是设计人员对非均质地基上建筑物地基

设计经验不足。对于地基土层分布不均匀，特别是存在暗浜、古河道，以及建筑物上部荷载分布不均匀等情况，设计人员未能足够重视并做认真处理是建筑物产生不均匀沉降的主要原因之一。另外，设计人员对软土地基上建筑物基础的设计，只重视地基承载力的验算，不重视或忽略控制建筑物的沉降，也会造成建筑物倾斜过大。

（3）施工质量方面原因

有一些建筑物产生过大倾斜是施工质量未能满足设计要求造成的。近年来，施工质量方面的原因造成的工程事故比例呈现增多的趋势。

对倾斜建筑物进行纠倾的方法主要有两类：一类是通过对沉降少的一侧进行促沉以达到纠倾的目的，称为促沉纠倾；另一类是通过对沉降多的一侧进行顶升来达到纠倾的目的，称为顶升纠倾。促沉纠倾又可分为掏土促沉、加载促沉、降低地下水位促沉、湿陷性黄土地基浸水促沉等方法；顶升纠倾又可分为机械顶升、压浆顶升等方法。

对倾斜建筑物进行纠倾是一项技术难度较大的工程，需要详细了解倾斜建筑物的结构、基础和地基，以及相邻建筑物的情况。对倾斜建筑物进行纠倾需要综合岩土工程、结构工程以及施工工程知识，需要岩土工程和结构工程技术人员的合作，对技术人员的综合分析能力具有较高要求。在建筑物纠倾过程中，建筑物结构的应力和位移有一个不断调整的过程。因此对倾斜建筑物进行纠倾不能急于求成，应有组织、有计划地进行。在对倾斜建筑物进行纠倾的过程中需要对建筑物及地基沉降进行监测，实现信息化施工。在对倾斜建筑物实施纠倾前，多数情况下需要对倾斜建筑物的地基进行加固。

另外，有时因规划需要，需要将既有建筑物移动位置；如：旧城改造和道路拓宽工程日益增多，使得一些具有使用价值或具有保留价值的建筑物面临被拆除的威胁，若对这些建筑物实施整体移位，使其得以保留，将具有重大的经济效益和社会效益。将既有建筑物移动位置称为建筑物迁移，或称移位。建筑物移位技术在欧美等发达国家已有较成熟的发展历史，在我国应用还较少；本章最后一节对建筑物迁移的思路和基本步骤进行详细介绍，以期起到抛砖引玉的作用。

9.2 加载纠倾技术

9.2.1 概念

通过在倾斜建筑物沉降较少的一侧的地面上加载，迫使地基土体产生变形、建筑物产生沉降，达到倾斜建筑物纠倾目的的纠倾技术称为加载纠倾技术。加载纠倾技术中最常用的加载手段是堆载。在倾斜建筑物沉降较少的一侧堆放重物，如钢锭、砂石及其他重物，使地基产生沉降以减小倾斜建筑物的不均匀沉降，达到纠倾的目的，如图 9-1 所示。堆载加压纠倾法适用于刚度较好、跨度不大的倾斜建筑物，以及深厚软黏土地基。堆载加压纠倾过程应保证堆载对倾斜建筑物周围的其他建筑物不会产生不良影响。

对倾斜建筑物进行加载纠倾也可通过锚桩加压开展。锚桩加压纠倾是在倾斜建筑物沉降较小的一侧地基中设置锚桩，修建与建筑物基础相连接的钢筋混凝土悬臂梁，通过千斤顶加荷系统加载，促使建筑物基础产生沉降，达到纠倾的目的，如图 9-2 所示。锚桩加压纠倾一般可多次加荷：施加一次荷载后，地基产生变形，待土体产生应力松弛时减小荷载；一次加载变形稳定后，再施加第二次荷载；如此重复，荷载可逐次提高，地基变形也逐次增大，直至达到纠倾的目的。

对倾斜建筑物进行加载纠倾，可在室内进行，如在地下室中堆放重物进行加载纠倾。

加载纠倾一般历时较长，有时可能对周围环境和建筑物造成不良影响，因此在工程中应用较少。

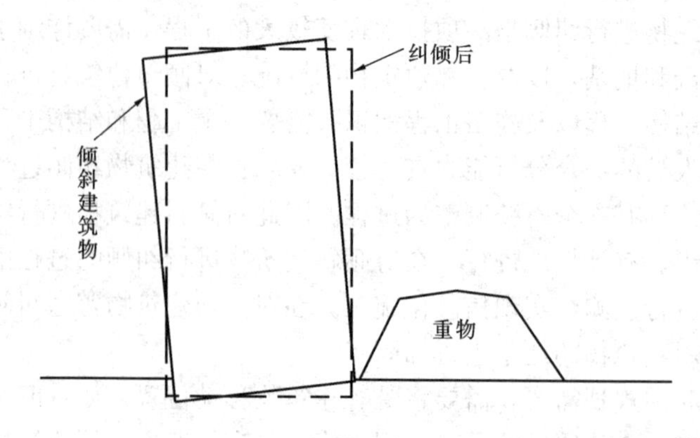

图 9-1　堆载加压纠倾示意图

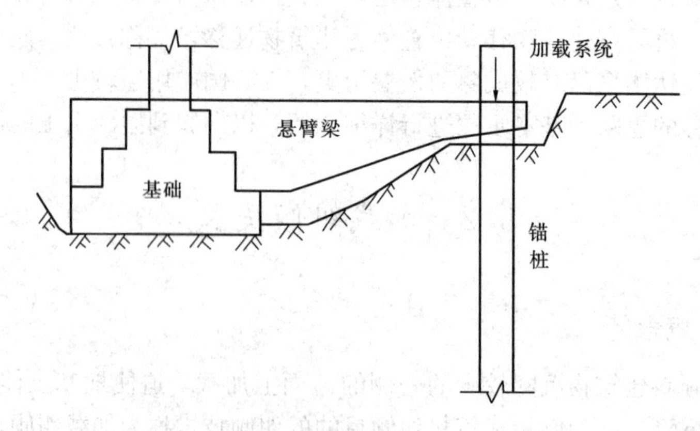

图 9-2　锚桩加压纠倾示意图

9.2.2 设计施工

加载纠倾应根据工程规模、基底附加压力的大小及土质条件，确定施加的荷载量、荷载分布位置和分级加载速率。设计时应考虑地基土的整体稳定，控制加载速率，施工过程应严格进行沉降观测，及时绘制荷载—沉降—时间关系曲线，以确保施工安全。

加载纠倾法适用范围相对较小，因为建筑物在荷载下的沉降量不大，且时间较长，因此其单独应用较少，应用时一般与掏土纠倾方法相结合。施工时主要考虑加载位置选择。当加载堆放在原结构上时应计算原结构构件的承载力。

9.2.3 工程实例（根据参考文献［36］编写）

（1）工程概况

某水上别墅群位于浙江省湖州市北郊旅游景区内，水上占地面积为 2370 m^2。湖面水位绝对标高一般为＋2.0～＋4.6m，根据工程地质勘察报告，场地地基土从上往下土层分布为淤泥质粉质黏土、粉土和淤泥质粉质黏土。该工程由 11 幢别墅组成，均为 12 层豪华水上度假村，框架结构，隔墙采用加气混凝土轻型材料。各层楼板及屋盖为钢筋混凝土现浇板，建筑高度为 68m。图 9-3 给出了典型别墅的桩基础布置图。

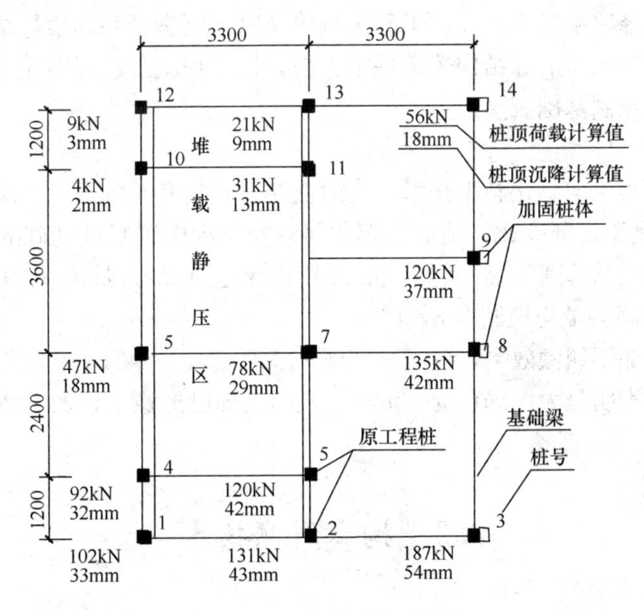

图 9-3 桩基础布置图

（2）设计方案

对别墅群沉降的监测表明，最大沉降高达 126.5mm，最大倾斜量达 18.6‰，其中有4幢别墅在纵向或横向的倾斜量超过了4‰的控制要求，影响了别墅的正常使用，需采取纠倾措施。

桩基础入土深度较大，桩体受力集中，且是水上施工，如何在施工工期较紧的情况下合理控制纠倾迫降速率，减小纠倾施工对别墅结构的影响，达到纠倾目的，成为该工程的难题。

经方案比对，拟采用堆载静压与扰动纠倾相结合的纠倾方式，堆载静压位置及方式见图9-3，在别墅沉降较小一侧堆加适量荷载，加大该侧工程桩沉降。由于结构本身强度及别墅内堆载高度限制，堆载量难以满足纠倾的需要，在堆载静压的同时，扰动桩侧土，以达到纠倾目的。

（3）施工

为了减小桩基础加固施工拖带沉降，对于需加固别墅轮流施工，控制压桩加固速率，先进行加固施工，待加固桩体休止一定时间后，在别墅另一侧进行堆载结合扰动法纠倾。在加固施工时，利用别墅圈梁作为反力装置，在施工过程中监测周围桩体及圈梁的变形，根据监测结果控制加固桩体的压入深度。

在堆载结合扰动迫降法纠倾过程中，对别墅基础沉降进行全程监测。先分级堆载，堆载量及分级堆载时间根据百分表及水准仪监测的基础沉降量确定，该工程最大加载量为284kN。待堆载一定量，且沉降稳定后采用扰动法纠倾，轮流扰动沉降小一侧工程桩，扰动次数与深度根据沉降观测确定。在纠倾过程中，如被扰动单桩沉降速率过大，周边工程桩难以及时下沉满足基础梁与结构变形协调要求，可能对基础与上部结构造成一定损伤，该工程施工过程中通过适量卸载及荷载转移，以控制基础沉降速率。

（4）监测

施工过程实施信息化施工技术，实时监测建筑物和基础沉降情况，得到如图9-4所示典型别墅沉降变化，由该图知加固纠倾过程中别墅桩基础的沉降速率得到很好控制，最终别墅基础完好，最大纠倾量达19‰，最大工程桩下沉量达134mm，别墅倾斜量均控制在3‰以内。

为了验证加固纠倾效果，分别于纠倾竣工后3个月和15个月测量了别墅沉降情况，结果表明最大沉降仅为18mm，表明沉降已经稳定，加固纠倾效果十分显著。

9.3　掏土纠倾技术

9.3.1　概念和原理

掏土法是指掏土（砂）、钻孔取土、穿孔取土纠倾等方法的技术总称，其基本原理是进行有控制的地基应力释放，在建筑物倾斜相反的一侧，根据工程地质

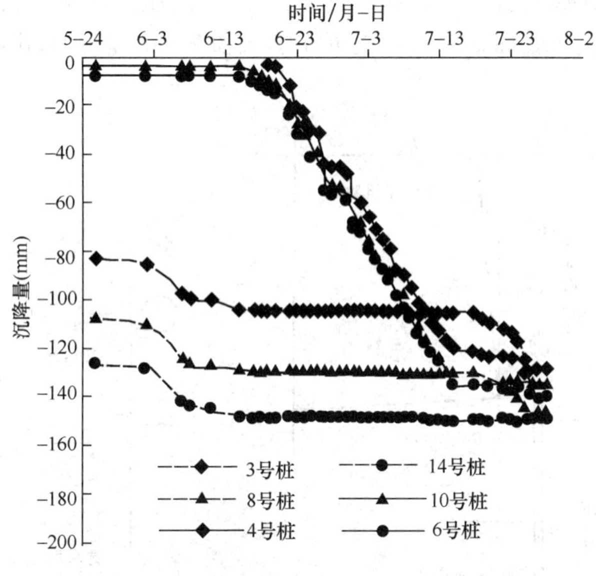

图 9-4 加固纠倾过程中典型别墅基础沉降变化曲线

情况，设计挖孔取土，使地基侧应力解除，地基反力得以重新分布，从而调整建筑物的差异沉降，达到纠偏的目的。

掏土纠倾技术是在倾斜建筑物沉降较小的一侧地基中掏土、钻孔取土、穿孔取土，迫使该侧地基应力重分布、地基产生沉降，达到对倾斜建筑物进行纠倾目的的纠倾技术。根据掏土部位的不同，掏土纠倾技术又可分为在建筑物基础下掏土和在建筑物基础外侧地基中掏土两种，以下分别予以介绍。

9.3.2 在建筑物基础下地基中掏土纠倾技术

直接在倾斜建筑物沉降较小的一侧地基中掏土，可迫使该侧建筑物产生沉降，达到减小不均匀沉降完成纠倾的目的。建筑物沉降对直接在基础下地基中掏土反应敏感，因此需要严格控制掏土引起沉降对建筑物上部结构的影响。在掏土纠倾过程中，一定要做好监测工作，利用监测结果及时调整掏土施工顺序及掏土量，确保纠倾过程中倾斜建筑物的安全。在倾斜建筑物基础下掏土纠倾方法有直接掏土法、水冲掏土法和斜钻孔取土法等。一般应根据倾斜建筑物地基的工程地质条件和对倾斜建筑物各方面的情况综合分析后确定具体的掏土方法。

在深厚软黏土地基中进行掏土纠倾较多采用沉井水冲掏土纠倾技术。沉井水冲掏土技术的施工工艺过程如下：一般在倾斜建筑物沉降较小的一侧的外侧地基中设置若干个沉井；沉井常用钢筋混凝土圆形沉井，并在沉井壁按设计要求留孔；将沉井沉至设计标高后，通过沉井中的预留孔，将高压水枪朝向倾斜建筑物的基础下地基中进行深层射水，并使地基中的泥浆从沉井预留孔流出，完成在建筑物基础下地基中掏土，达到纠倾的目的。沉井高压冲水掏土纠倾示意图如图9-5所示。若建筑物底面积较大，也可在建筑物基础底板上钻孔，埋套管取土，如图9-6所示。

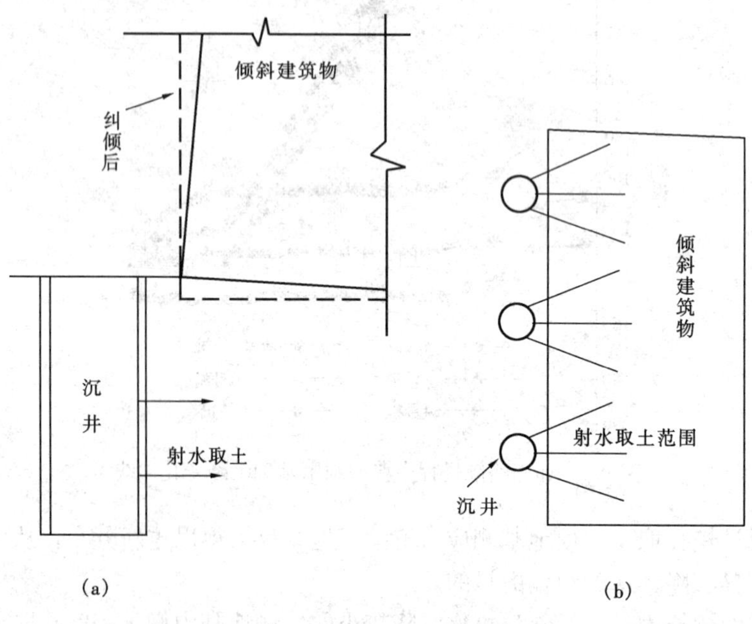

图9-5　沉井射水取土纠倾示意图

(a) 剖面；(b) 平面

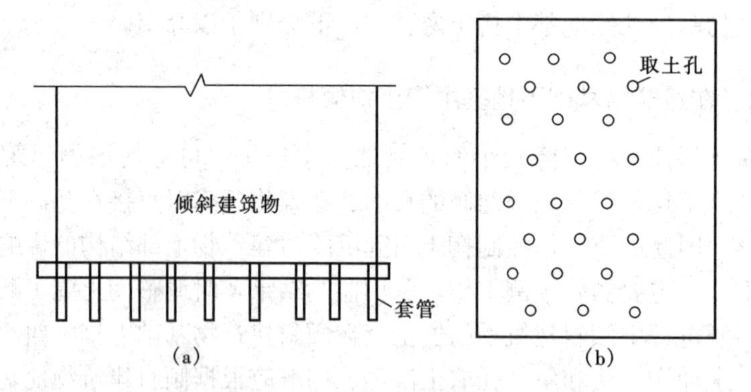

图9-6　基础底板下钻孔取土纠倾示意图

(a) 剖面；(b) 平面

在建筑物基础下地基中掏土也可采用斜钻孔取土技术。由于难以控制斜钻孔掏土过程中建筑物沉降的速率，采用斜钻孔取土进行纠倾的成功率难以保证，应谨慎使用。

直接在建筑物基础下地基中取土难以控制掏土过程中建筑物沉降速率，应谨慎使用。

9.3.3 在建筑物基础外侧地基中掏土纠倾技术

在倾斜建筑物沉降较小一侧的建筑物外侧地基中设置一排密集钻孔，在靠近地面处用套管保护，在适当深度通过钻孔取土，使建筑物下地基土发生侧向位移，增大建筑物在该侧的沉降量，达到纠倾的目的，如图 9-7 所示。该法也称为应力释放纠倾法。在倾斜建筑物外侧钻孔取土纠倾过程中，如需要加密钻孔，也可使在建筑物外侧地基中的钻孔连贯形成一条深沟，在深沟中取土纠倾。在建筑物基础外侧地基中掏土纠倾施工过程大致可分为定孔位、钻孔、下套管、掏土，以及最后拔管回填等阶段。有时需进行孔内排水。钻孔孔位（孔距）根据楼房平面形式、倾斜建筑物的倾斜率、房屋结构特点以及地基土层情况确定。钻孔直径一般采用 ϕ400mm 左右，孔深和套管长根据掏土部位和地基土层情况确定。掏土常使用大型麻花钻掏土。根据对倾斜建筑物倾斜情况和纠倾施工过程中的监测资料的分析确定和调整掏土顺序、深度、次数、间隔时间等。孔内排水可采用潜水泵，孔内排水也可促进纠倾。最后拔管也应间隔进行，并及时回填土料。

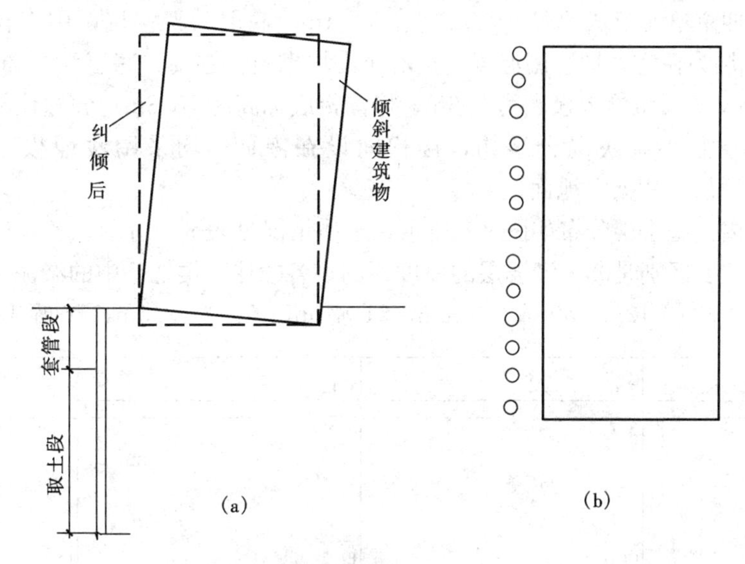

图 9-7 基础外侧地基中的土纠倾示意图

（a）剖面；（b）平面

在建筑物基础外侧地基中掏土纠倾过程中，建筑物的沉降往往滞后于掏土，在施工控制中应予以重视。

无论是在建筑物地基下还是在建筑物场外侧地基中掏土纠倾，严格控制建筑物沉降速率均十分重要。一般情况应控制每天不超过 4mm 的沉降量。在纠倾过程中建筑物上部结构中的内力会产生调整，因此在纠倾过程中应尽量使建筑物产生平面转动，以减少结构中次应力的产生。

9.3.4　工程实例

1. 工程概况

某住宅小区49幢、50幢、51幢、52幢、56幢等五幢6层半到7层住宅楼，于1993年1月开工兴建，同年12月竣工。1997年发现该五幢住宅沉降明显，住宅楼实际沉降最大值在500mm以上。同时发现住宅楼发生严重倾斜，根据1997年8月15日实测资料，住宅楼实际倾斜值均超过7‰，并且每幢楼均有不同程度的墙体裂缝出现。

49幢和50幢两幢住宅，均由四个单元组成，长55.8m，底层宽13.3m，二层及以上宽为10.5m。51幢住宅为一个单元，长15.6m，底层宽13.3m，二层及其以上宽为10.5m。49～51幢三幢住宅总体呈一字形排列，底层北面为商业用房，采用单层双跨框架结构，底层南面为厕所等辅助房间，混凝土空心小砌块承重，2～7层为住宅，采用混凝土空心小砌块砌筑。层高：底层为4.2m，2～6层为2.8m，7层至檐沟板底为2.6m，檐沟板底标高为20.8m。52幢和56幢住宅均为由四个单元组成，长55.8m，宽11.1m。底层为架空层，用作自行车库等，2～7层为住宅，均采用混凝土空心小砌块砌筑。层高：底层为2.2m，2～6层为2.8m，7层至檐沟板底为2.6m，檐沟板底标高为18.8m。五幢住宅结构均为混凝土空心小砌块混合结构，楼梯间设在南面，均采用浅埋板基，板厚300mm，底层采用架空地面。

场地内典型土层分布如图9-8所示，土质情况见表9-2所示。各幢楼地基土层分布的主要区别是③$_{-3}$淤泥层的厚度不同。各幢住宅楼地基中的淤泥土层的厚度分别为：49幢12m，50幢6～12m，51幢6m，52幢13.5m，56幢13～14m。

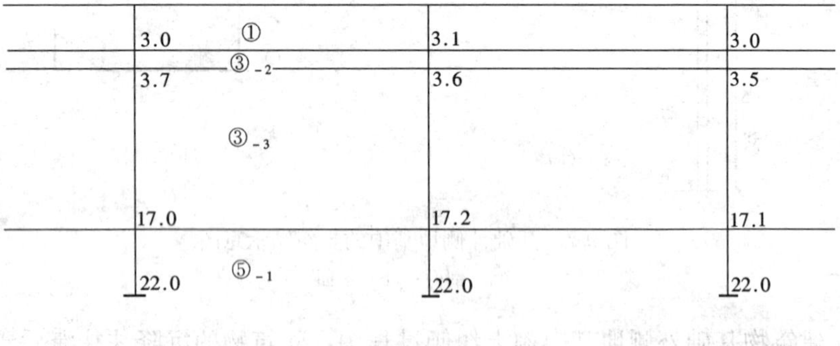

图9-8　52幢南侧土层剖面图

地基土物理力学指标　　　　**表9-2**

层号	层厚	土层名称	γ (kN/m^3)	w (%)	e_0	w_L (%)	w_p (%)	$a_{1\text{-}2}$ (MPa^{-1})	E_s (MPa)	f_k (kPa)
①	1.7	素填土	17.3	40.4	1.357	44.4	24.5	1.006	2.5	70

续表

层号	层厚	土层名称	γ (kN/m³)	w (%)	e_0	w_L (%)	w_p (%)	a_{1-2} (MPa⁻¹)	E_s (MPa)	f_k (kPa)
②-1	1.2	粉质黏土	18.6	34.3	0.970	37.3	22.9	0.454	4.3	130
③-2	1.0	淤泥质黏质黏土	17.9	40.5	1.141	37.8	24.4	0.586	3.7	80
③-3	14.0	淤泥	16.9	52.8	1.480	45.0	22.6	1.597	1.5	65
⑤-1	4.5	黏土	19.2	29.9	0.863	39.7	20.4	0.129	6.5	185

2. 纠倾加固方案

由于淤泥层比较深厚，竣工后产生了较大的沉降，并且沉降还未稳定，沉降速率在 0.1～0.2mm/d 之间。为制止沉降与不均匀沉降进一步发展，须对该五幢住宅进行地基加固，促使建筑物的沉降稳定。由于该五幢住宅楼均住满了居民，工程要求在住户不搬迁的情况进行纠倾和加固，并尽量减小对居民生活的影响。综合考虑各种因素，确保纠倾和加固成功和安全，最后选择锚杆静压桩进行地基加固，并把锚杆静压桩的桩位布置在房屋四周。52 幢和 56 幢两幢住宅楼的锚杆静压桩的桩位如图 9-9 所示，49～51 幢的桩位布置图从略。由于该五幢住宅的竖向倾斜均超过了 7‰，须进行纠倾。经综合考虑后选择沉井冲水掏土法进行房屋纠倾。

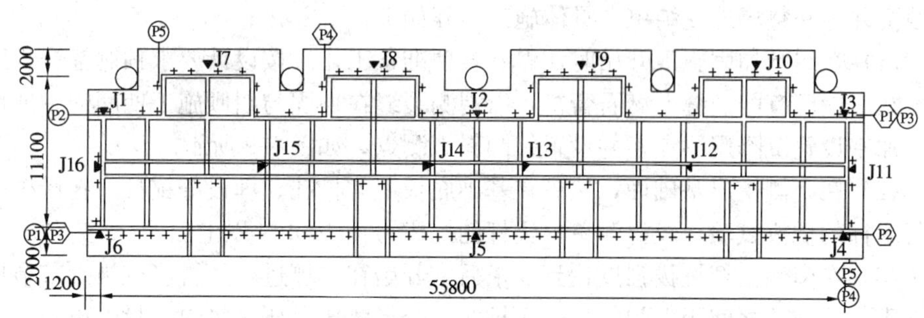

图 9-9 52 幢、56 幢桩位图

锚杆静压桩断面尺寸采用 200mm×200mm，桩身混凝土强度等级采用 C30，配 4 Φ 12 钢筋，根据现场条件确定桩的分段预制长度为 1.8m，并预制一些短桩。第一节桩尖做成锥形，其余桩段的两端均预埋 L40×4 角钢，采用焊接接桩。

设计锚杆静压桩桩长由压桩力和进入持力层深度双重控制，以压桩力控制为主。锚杆静压桩要求进入⑤$_{-1}$持力层深度大于 0.8m，压桩入土深度根据地质情况设计。设计锚杆静压桩桩长，49 幢为 17.5m、50 幢为 12.0m、51 幢为 10.0m、52 幢为 19.0m、56 幢为 19.8m。压桩力经现场试验确定为送桩面的压桩力大于160kN后送桩。

工程要求经纠倾后房屋的倾斜率必须在4‰以内。在沉降较大的一侧（南侧）所有锚杆静压桩压桩结束后，先进行封桩，然后在沉降较少一侧（北侧）设置沉井，沉井位置如图9-9所示。沉井外径为1.5m，内径为1.2m。根据淤泥土层的深度，沉井深度定为7m，并在离井底1.5m处预留5～8个成扇形的冲水孔。通过井壁预留孔，用高压水枪伸入基础下$③_{-3}$淤泥层中进行深层冲水，泥浆水流通过沉井排出，促使沉降产生。当房屋倾斜纠到4‰以内时，迅速进行北侧静压桩的压桩和封桩施工，并回填沉井，完成地基的加固和房屋的纠倾工作。考虑到住宅楼较长，整体刚度较弱，在进行纠倾施工时沉井冲水掏土在纵向同时进行，以避免或减小纵向的附加不均匀沉降。由于住宅内居民未搬出，为确保安全，工程要求冲水纠倾期间沉降速率不大于2.0mm/d。

纠倾加固工程从1997年12月开始，先进行52幢、57幢的施工，该两幢住宅的纠倾加固工作于1998年5月结束。49幢～51幢三幢楼同时进行冲水掏土纠倾，并于1998年10月全部结束。

3. 纠倾加固施工

纠倾加固施工的工作流程是：开工→在沉降大的南侧凿桩孔、压桩、封桩→北侧挖沉井→北侧沉井冲水纠倾，其间凿好北侧桩孔→纠倾至6‰左右时开始在北侧压桩→压桩完毕后视倾斜值确定是否再冲水纠倾→纠倾至4‰以内时封桩→封填沉井→修整场地→结束。具体施工步骤如下：

（1）在纠倾加固施工开始时，做好各项准备工作。按设计要求预制锚杆静压桩，在房屋已有的裂缝上做石膏饼，以观测裂缝在加固与纠倾施工期间的发展情况，加密设置沉降观测点，并设置好倾斜观测点，如图9-9所示。

（2）在南侧挖出基础面，然后在基础底板上凿桩孔、埋设好锚杆。在压桩前进行锚杆的抗拔试验，经检测单根锚杆的抗拔力在100kN以上。

（3）在南侧锚杆抗拔强度达到要求后，开始在一侧进行压桩。桩被一节节压入土中，节与节之间用电焊焊接。压桩实行分批跳压，压一批封一批，以减小因压桩产生的附加沉降。封桩用C30微膨胀早强混凝土，并用2Φ12钢筋交叉焊接在锚杆上进行加强。

（4）在南侧锚静压桩都封完毕后，开始在北侧挖沉井，沉井为现浇钢筋混凝土沉井，挖1m左右浇一段沉井，井深为7m，离地面5.5m处凿好冲水孔，每个沉井凿5～8个冲水孔。

（5）在沉井都做好后，开始冲水掏土纠倾。根据每天所需沉降量，计算确定每只沉井及每个孔的冲水时间。在纠倾过程中加强沉降观测，观测频率为一天1～2次，以监测沉降量、控制冲水时间和频率，并从实践中掌握了冲水掏土与沉降间的滞后效应。在冲水期间，凿好北侧的桩孔，以备压桩。

（6）根据沉降观测和倾斜观测资料分析，当房屋纠倾至6‰左右时开始在北侧进行压桩施工，压桩完毕后视倾斜值确定是否继续冲水纠倾。

（7）纠倾至4‰以内时开始北侧封桩，随后用原土封填好沉井，修理场地，纠倾加固工程结束。

锚杆静压桩质量检验主要有：桩身混凝土强度等级必须达到设计要求；桩的垂直度要求控制在1.5%以内；桩段接桩须满焊，焊缝饱满；终止压桩时压桩力达到设计要求；封桩时桩孔须清洗干净等。

冲水时间必须严格控制，根据每天的沉降观测结果调整冲水时间。

4. 纠倾加固效果

为检验纠倾加固的效果，对每幢住宅都加密设置了沉降观测点，设置了南北向、东西向的倾斜观测点，52幢和56幢两幢的观测点布置如图9-9所示，49幢～51幢的观测点布置从略，并在原有裂缝上设置了石膏观测。

（1）锚杆静压桩试验

为了解锚杆静压桩的容许承载力值，并检验最终压桩力与实际极限承载力的关系，本工程共进行了12组单桩静载试验。静载试验在压桩后一个月时进行，试验参照GBJ 10—1—90、JGJ 94—94标准规范，采用快速维持荷载法，以静压桩架为试桩的反力架，并用分级加载进行试验。试验结果见表9-3。

试桩结果统计表 **表9-3**

编号	桩径（mm）	有效桩长（m）	最终压桩力 P（kN）	最大试验荷载 P_u（kN）	P_u/P
1	200×200	17.30	141	263	1.87
2	200×200	16.70	141	310	2.20
3	200×200	18.00	154	351	2.28
4	200×200	9.60	174	260	1.49
5	200×200	19.80	234	344	1.47
6	200×200	14.40	242	400	1.65
7	200×200	19.80	196	335	1.71
8	200×200	10.80	188	330	1.76
9	200×200	10.34	173	340	1.97
10	200×200	16.20	230	360	1.57
11	200×200	18.00	215	360	1.67
12	200×200	18.00	206	360	1.75

（2）纠倾效果

通过边观测、边冲水，在冲水纠倾期间，严格控制纠倾速率。纠倾速率控制在2mm/d左右，并且在纵向同一排上控制各沉降点的沉降基本上相同，在横向各观测点的沉降量成比例，说明整幢房屋均匀的回倾。

各阶段倾斜观测数据如表9-4所示。由表9-4可以看出，东西向的倾斜观测数据表明，在纠倾前后东西向的倾斜率基本保持不变。

各阶段倾斜观测点向南倾斜率　　**表9-4**

幢号点号	最初起始值		开始冲水时值		封桩时值		最新值		纠倾量
	时间	‰	时间	‰	时间	‰	时间	‰	‰
56-1	1998.1.4	12.68	1998.1.4	12.68	1998.5.4	2.44	1999.8.14	1.92	10.76
56-2		13.14		13.14		3.08		2.80	10.34
56-3		11.51		11.51		2.58		2.42	9.09
52-1	1998.2.4	11.59	1998.2.19	10.66	1998.5.4	1.87	1999.8.14	1.70	9.89
52-2		12.86		11.7		3.08		2.80	10.06
52-3		12.13		10.84		2.90		2.75	9.38
49-1	1998.3.5	12.80	1998.7.21	10.37	1998.10.8	1.88	1999.8.14	1.26	11.54
49-2		13.30		11.1		2.05		0.68	12.62
50-1	1998.6.22	12.81	1998.7.14	12.02	1998.10.19	1.77	1999.8.14	0.51	12.3
50-2		14.46		12.93		2.39		1.54	12.92
51-1	1998.6.22	9.45	1998.8.5	5.81	1998.10.8	0.74	1999.8.14	0.37	9.08
51-2		10.88		7.35		2.42		1.54	9.34

（3）加固效果

由封桩前后的沉降观测数据表明，在全部静压桩封桩后，各观测点的沉降减小，并趋于稳定。根据观测资料，在封桩后的一段时间内，沉降仍会发生一些，随着时间的推移，沉降速率逐渐减小。在封桩三个月后，各沉降观测点的沉降速率均小于0.025mm/d，说明经锚杆静压桩加固后，建筑物的沉降已经稳定，达到了预期的目的。

5. 结语

（1）在建筑物内部不允许压桩的条件下，在住宅楼四周进行锚杆静压桩加固是行之有效的方法，对居民生活影响小。

（2）沉井冲水纠倾是安全、可靠、有效的纠倾技术。可通过冲水时间的长短来控制纠倾速度。采用沉井冲水纠倾是可控的。

（3）采用深层冲水进行纠倾安全性好，整幢房屋能均匀的回倾，不影响上部结构的安全。

（4）对于本工程类似的地质条件，锚杆静压桩尺寸为200mm×200mm，其极限承载力值是最终压桩力的1.5倍以上。

（5）对于本工程相类似的地质条件，在布桩适宜的情况下，封桩三个月后沉降趋于稳定，达到沉降稳定标准。

9.4 顶升纠倾技术

9.4.1 概述

顶升纠倾是将既有建筑物上部结构和它的基础沿某一特定位置进行分离，在分离区设置若干个支承点，通过安装在支承点上的顶升设备，使建筑物沿某一直线或某点作平面转动，达到对建筑物进行纠倾的目的。建筑物顶升纠倾的示意图如图9-10所示。为确保上部结构分离体的整体性和较好的刚度，可通过分段置换，在支承点上形成全封闭的顶升支承梁体系。另外，如上部结构的刚度不能满足纠倾要求，在进行顶升纠倾前应对上部结构进行加固。

顶升过程是一种地基沉降差异快速逆补偿的过程，也是地基附加应力瞬时重新分布的过程，使原沉降较小处附加应力增加。当地基土的固结度达80%以上，地基沉降接近稳定时，可通过顶升纠倾来调整剩余不均匀沉降。

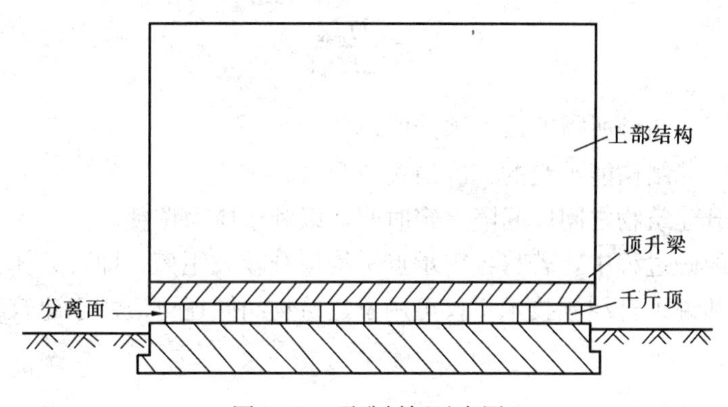

图9-10 顶升纠倾示意图

9.4.2 适用范围

(1) 顶升纠倾适用的结构类型有：砖混结构、钢筋混凝土框架结构、工业厂房以及整体性完好的混合建筑。

(2) 适用于整体沉降及不均匀沉降较大，造成标高过低的建筑。不适用于采用迫降纠倾的各类倾斜建筑（包括桩基础建筑）。

(3) 对于新建工程设计时有预先设置可调措施的建筑，这类建筑预先设置好顶升梁及顶升洞，根据建筑使用情况出现的不均匀沉降或整体沉降，采用预先准备好的顶升系统，将建筑物恢复到原来的位置。

(4) 适用于建筑本身功能改变需要顶升，或者由于外界周边环境改变影响正常使用而需要顶升的建筑。

9.4.3　设计

对倾斜建筑物进行顶升纠倾的设计包括下述内容：

1. 顶升支承系体系的设计

根据具体工程情况，确定纠倾前是否需要对建筑物地基进行加固。若需要对建筑物地基进行加固，应先完成地基加固工程。根据待纠倾建筑物的结构情况，确定分离区。然后根据上部结构分离体重量和荷载、结构特性及平面形状，确定支承点。根据支承点和上部结构重量和荷载，设计顶升梁。

2. 确定每一支承点的顶升量

根据对倾斜建筑物进行纠倾的要求，并要求在纠倾过程中倾斜建筑物产生平面转动的要求计算每一支承点的顶升量。

3. 确定顶升频率

顶升的频率应根据建筑物的结构类型以及它所能承受的抵抗变形的能力确定。顶升次数 n 为：

$$n=\frac{H_{\max}}{\Delta H_{\max}} \tag{9-1}$$

式中　$H_{\max}$——纠倾所需的最大顶升值；

$\Delta H_{\max}$——结构能承受的一次最大顶升量。

两次顶升建筑物之间应间隔一定时间，以利于应力调整。

在顶升纠倾过程中，若将各支承点平均顶升较大距离，即可整体提高建筑物标高。换句话说顶升纠倾技术不仅可用于建筑物纠倾还可应用于建筑物的整体顶升。

9.4.4　工程实例（根据参考文献［31］编写）

1. 工程概况

该工程水塔为钢筋混凝土结构，水塔总高29.5m，其筒体高24.0m，水箱高5.5m，容积为100m^3，基础为钢筋混凝土圆形杯口基础，直径7.0m，高度0.35m，基础下地基采用深层水泥搅拌桩处理，搅拌桩直径0.50m，长度15.0m，桩体抗压强度2.0MPa，搅拌桩平面布置如图9-11所示。

水塔建成后，沉降稳定。后在水塔边建一6层住宅，住宅采用置于天然地基上的浅埋式平板基础；住宅基础边缘离水塔基础边缘仅2.0m，受住宅荷载影响，水塔逐步产生向住宅方向的倾斜。根据观测，1993年8月水塔已产生6.8‰的倾斜，并且倾斜仍在发展，无收敛迹象。根据计算，水塔倾斜的进一步发展将影响其稳定，须对其进行纠倾处理。水塔处工程地质情况见表9-5。

2. 纠倾方案

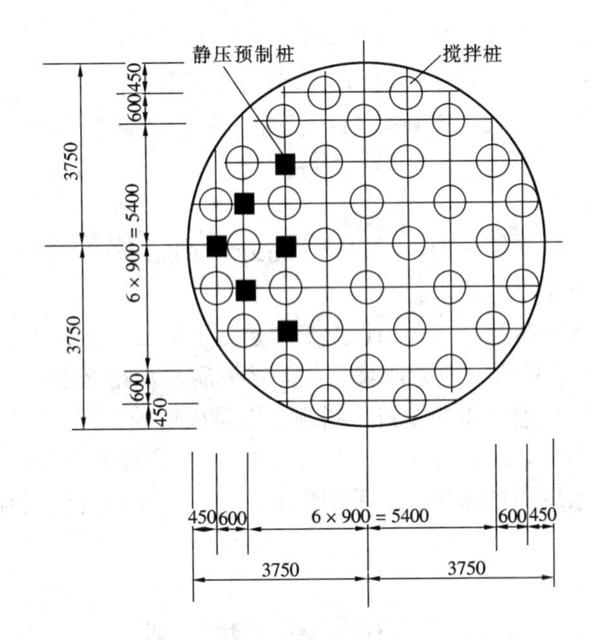

图 9-11 搅拌桩及静压桩平面布置（单位：mm）

工程地质情况 **表 9-5**

土层编号	土层名称	f_k（kPa）	E_s（kPa）	q_p（kPa）	q_s（kPa）
1	耕植土				
2a	粉质黏土	100	3.9		12
2b	粉质黏土	105	5.1		14
2c	淤质粉质黏土	75	2.4		9
2d	黏质黏土	140	8.0		20
3a	淤质粉质黏土	65	2.0		8
$3_{夹}$	黏质粉土	90	3.8		10
3b	淤质黏土	70	2.1		8
4a	黏　土	170	6.5		24
4b	粉质黏土混碎石	250	12.0	4000	45

顶升纠倾方案如下：在沉降大的一侧基础底板上开凿六个孔，通过这六个孔，逐根压入边长为200mm的方形预制桩，在六根桩全部压入地基达到一定的承载力后，在每一根桩上各安装一个抬升架，共计六个。抬升架通过锚杆与基础连接，通过千斤顶与桩头连接。然后在统一指挥下，同时顶升六个千斤顶；千斤顶的顶升带动抬升架的抬升，抬升架的顶升又通过锚杆带动一侧基础的抬升，当抬升量达到恢复水塔原位的要求时，即可停止。在基础与地基的脱空段，灌注水泥浆使其充满脱空区域。水泥浆硬化后，逐个拆除反力架，封好基础上所凿桩

孔，以使桩头与基础连成一体，使基础的荷载传递给桩。

在顶升过程中，基础将逐步地与一部分搅拌桩脱离，其余搅拌桩的受力状态将产生变化。对抬升过程中基础底板的抗冲切及抗弯进行了验算，亦可满足要求。

3. 实施纠倾

纠倾前，先放空水箱中的水，以减少抬升力及搅拌桩的受力。

严格按纠倾方案进行施工。

工程纠倾实施时间约40天，其中顶升过程为两天。分10次顶升，每次顶升后间隔1～2h，让水塔进行应力调整。纠倾结束后，水箱充水的试验表明，充水后水塔稳定，未产生进一步的倾斜，纠倾工作是成功的。

4. 结语

本工程针对水塔的具体特点，采用集阻沉与纠倾于一身的纠倾方法，取得了良好的效果。

9.5 迁移技术

将既有建筑物整体移位到另一位置，称为迁移。下面通过一工程实例说明建筑物整体迁移的思路和步骤。

某城市7幢建筑物因规划变动要求需要进行整体迁移。迁移前后建筑物的平面图如图9-12所示。迁移前建筑物错落有序地分布在山坡上。现场地形南高北低，建筑物高差不一，其室内±0.000最大相对高差为1.61m。需要迁移的7幢建筑均为三层半砖混结构，底层为半地下室，层高2.20m；一、二层为生活用房，层高3.30m，三层为楼阁，坡层顶层高3.30m。其中A型建筑楼长为26.20m，宽为14.00m，B型建筑楼长为22.10m，宽为12.80m。

建筑物基础为毛石基础。

该场地属山前冲积扇首部，以第四系中更新统黏土为主，下伏白垩系闪长石，局部有第四系上更新统黏土出露，但厚度极小。设计地基承载力为160kPa。

建筑物迁移步骤如下：

(1) 在某一平面将建筑物的上部结构与地基基础切断，将待移的建筑物转变成一个可移动的结构。

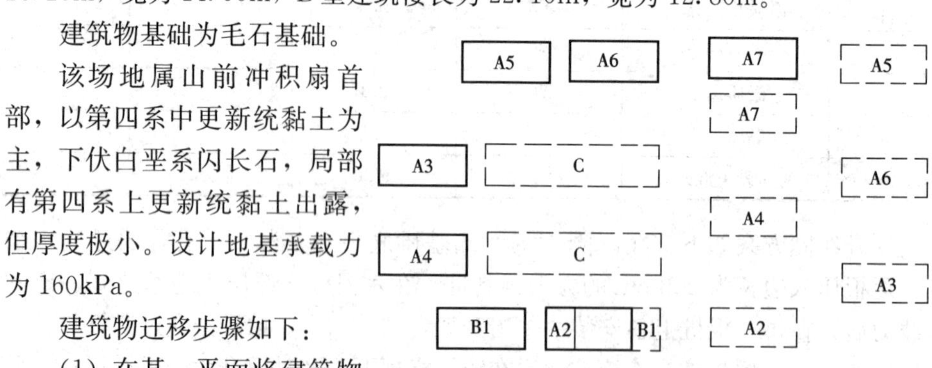

图9-12 迁移前后建筑物平面图

(2) 在切断平面处设置托换梁系统，形成一个可移动托架。托换梁同时可用作迁移时的上轨道梁。对托换梁系统应进行强度设计。

（3）在建筑物迁移计划路线上设置行走基础。原建筑物的基础和新设置的行走基础为建筑物迁移时的下轨道梁。行走基础应按承载力和变形控制设计。

（4）在迁移就位处设置建筑物的新基础。建筑物的新基础应按承载力和变形控制进行设计。

（5）在上、下轨道梁间安置行走机构。

（6）施加预推力将建筑物迁移至新基础处。顶推力需进行计算。迁移速度需加以控制，本次迁移最大速度为6m/h。

（7）迁移到新基础处后，拆除行走机构，对上部结构与基础进行连接。

（8）验收。

上述7幢建筑累计平移距离689m，换向9次，其中3号楼平移196m，换向3次，其最大速率100mm/min。各幢建筑迁移情况如表9-6所示。

迁移情况统计表　　表9-6

楼　号	1	2	3	4	5	6	7	累　计
平移距离（m）	29	48	196	127	123	138	128	689
换向次数	1	1	3	2	0	1	1	9
顶升高度（mm）	450	450	420	480	1010	400	0	3210

思考题与习题

1. 如何确定一倾斜建筑物是否需要进行纠倾？
2. 纠倾技术有哪几类？试分析其纠倾原理。
3. 简述建筑物迁移的步骤。

参 考 文 献

[1] 龚晓南主编. 地基处理手册. 第三版. 北京：中国建筑工业出版社，2008

[2] 龚晓南. 地基处理新技术. 西安：陕西科学技术出版社，1997

[3] 龚晓南. 复合地基理论及工程应用. 北京：中国建筑工业出版社，2002

[4] 殷宗泽，龚晓南主编. 地基处理工程实例. 北京：中国水利水电出版社，2000

[5] 叶书麟，叶观宝. 地基处理. 北京：中国建筑工业出版社，1997

[6] 阎明礼，张东刚. CFG桩复合地基技术及工程实践. 北京：中国水利水电出版社，2001

[7] 龚晓南主编. 深层搅拌法设计与施工. 杭州：浙江大学出版社，1993

[8] 龚晓南主编. 复合地基设计与施工指南. 北京：人民交通出版社，2003

[9] 龚晓南主编. 地基处理技术发展与展望. 北京：中国水利水电出版社，2004

[10] 龚晓南. 地基处理技术及其最新发展. 土木工程学报，第30卷，第6期，1，1997

[11] 龚晓南. 复合地基发展概况及其在高层建筑中应用. 土木工程学报，第32卷，第6期，1，1999

[12] 龚晓南. 土钉和复合土钉支护若干问题. 土木工程学报，第36卷，第10期，80，2003

[13] 龚晓南. 21世纪岩土工程发展展望. 岩土工程学报，第22卷，第2期，2000

[14] 龚晓南. 地基处理技术与复合地基理论. 浙江建筑，第1期，35，1996

[15] 龚晓南，卢锡璋，乐子炎. 南京南湖地区软土地基处理方案比较分析. 地基处理，第5卷，第1期，16，1994

[16] 侯伟生. 张天宇. 建筑群远距离整体平移工作实例. 地基处理工程实例. 北京：中国水利水电出版社，2000

[17] 王钊，王协群. 土工合成材料加筋地基的设计. 岩土工程学报，第22卷，第6期，731，2000

[18] 龚晓南等. 低强度混凝土桩复合地基处理通道地基试验. 浙江大学岩土工程研究所研究报告，2002

[19] 龚晓南. 地基处理技术发展展望. 地基处理，第11卷，第1期，1，2000

[20] 陈佑文，张孔修. 强夯置换加固淤泥质粉质粘土地基试验研究. 地基处理，第3卷，第3期，1992

[21] Geddes，J. D. stresses in Foundation soils due to vertical subsurface load，Geotechnique，Vol. 16，231，1966

[22] 刘玉刚. 强夯法在麦德龙厦门商场地基处理中的应用. 北京：人民长江出版社，第34卷，第3期

[23] 曾昭礼. 地基处理工程实例. 北京：中国水利水电出版社，2000

[24] 滕文川. 复合地基设计与施工指南. 北京：人民交通出版社，2003

[25] 彭大用，张觉生. 地基处理手册. 第二版. 北京：中国建筑工业出版社，2002

[26] 郑俊杰，袁内镇，刘志刚. 石灰桩在荷载不均建筑物软基处理中的应用. 第四届全国

地基处理学术讨论会论文集. 杭州：浙江大学出版社，1995

[27] 秦普邦. 石灰桩+CFG桩与桩间土形成三元复合地基，刊地基处理工程实例. 北京：中国水利水电出版社，2000

[28] 吴肖茗. 锚固技术，刊地基处理技术发展与展望. 北京：中国水利水电出版社，2003

[29] 龚晓南，卞守中，王宝玉，宋黄梅雨迺中. 竖井纠偏加固工程，刊岩土力学与工程. 北京：中国铁道出版社，1993

[30] 龚晓南等. 混凝土二灰桩复合地基技术研究. 浙江大学岩土工程研究所研究报告，1996

[31] 龚晓南，章胜南，卞守中. 一种新的顶升纠倾方法——某水塔工程的纠倾，刊地基处理工程实例. 北京：中国水利水电出版社，2000

[32] 唐羿生. 真空联合堆载预压加固软土地基实验研究[A]. 第五届全国土力学及基础工程学术会议论文，厦门，1987.

[33] 刘凤松，刘耘东. 真空-电渗降水-低能量强夯联合软弱地基加固技术在软土地基加固中的应用. 中国港湾建设，第157卷，第5期，43-47，2008.

[34] 连峰. 桩网复合地基承载机理及设计方法. 杭州：浙江大学，2009.

[35] GB/T 50783—2012复合地基技术规范. 北京：中国计划出版社，2012.

[36] 龚晓南. 地基处理技术及发展展望. 北京：中国建筑工业出版社，2014.

高校土木工程专业指导委员会规划推荐教材(经典精品系列教材)

征订号	书名	定价	作者	备注
V28007	土木工程施工(第三版)	78.00	重庆大学、同济大学、哈尔滨工业大学	"十二五"国家规划教材 教育部普通高等教育精品教材
V28456	岩土工程测试与监测技术(第二版)	36.00	宰金珉 王旭东 等	"十二五"国家规划教材
V25576	建筑结构抗震设计(第四版)(赠送课件)	34.00	李国强 等	"十二五"国家规划教材
V22301	土木工程制图(第四版)(含教学资源光盘)	58.00	卢传贤 等	"十二五"国家规划教材
V22302	土木工程制图习题集(第四版)	20.00	卢传贤 等	"十二五"国家规划教材
V27251	岩石力学(第三版)	32.00	张永兴 许明	"十二五"国家规划教材、
V20960	钢结构基本原理(第二版)	39.00	沈祖炎 等	"十二五"国家规划教材
V16338	房屋钢结构设计	55.00	沈祖炎、陈以一、陈扬骥	"十二五"国家规划教材 教育部普通高等教育精品教材
V24535	路基工程(第二版)	38.00	刘建坤、曾巧玲 等	"十二五"国家规划教材
V20313	建筑工程事故分析与处理(第三版)	44.00	江见鲸 等	"十二五"国家规划教材 教育部普通高等教育精品教材
V13522	特种基础工程	19.00	谢新宇、俞建霖	"十二五"国家规划教材
V28723	工程结构荷载与可靠度设计原理(第四版)	37.00	李国强 等	"十二五"国家规划教材
V28556	地下建筑结构(第三版)(赠送课件)	55.00	朱合华 等	"十二五"国家规划教材 教育部普通高等教育精品教材
V28269	房屋建筑学(第五版)(含光盘)	59.00	同济大学、西安建筑科技大学、东南大学、重庆大学	"十二五"国家规划教材 教育部普通高等教育精品教材
V28115	流体力学(第三版)	39.00	刘鹤年	"十二五"国家规划教材
V12972	桥梁施工(含光盘)	37.00	许克宾	"十二五"国家规划教材
V19477	工程结构抗震设计(第二版)	28.00	李爱群 等	"十二五"国家规划教材
V27912	建筑结构试验(第四版)(赠送课件)	35.00	易伟建、张望喜	"十二五"国家规划教材
V21003	地基处理(第二版)	22.00	龚晓南	"十二五"国家规划教材
V20915	轨道工程	36.00	陈秀方	"十二五"国家规划教材
V28200	爆破工程(第二版)	36.00	东兆星 等	"十二五"国家规划教材
V28197	岩土工程勘察(第二版)	38.00	王奎华	"十二五"国家规划教材
V20764	钢一混凝土组合结构	33.00	聂建国 等	"十二五"国家规划教材

续表

征订号	书　名	定价	作　者	备　　注
V19566	土力学(第三版)	36.00	东南大学、浙江大学、湖南大学苏州科技学院	"十二五"国家规划教材
V24832	基础工程(第三版)(赠送课件)	48.00	华南理工大学	"十二五"国家规划教材
V28155	混凝土结构(上册)——混凝土结构设计原理(第六版)(赠送课件)	42.00	东南大学 天津大学 同济大学	"十二五"国家规划教材 教育部普通高等教育精品教材
V28156	混凝土结构(中册)——混凝土结构与砌体结构设计(第六版)(赠送课件)	58.00	东南大学 同济大学 天津大学	"十二五"国家规划教材教育部普通高等教育精品教材
V28157	混凝土结构(下册)——混凝土桥梁设计(第六版)	52.00	东南大学 同济大学 天津大学	"十二五"国家规划教材 教育部普通高等教育精品教材
V11404	混凝土结构及砌体结构(上)	42.00	滕智明 等	"十二五"国家规划教材
V11439	混凝土结构及砌体结构(下)	39.00	罗福午 等	"十二五"国家规划教材
V25362	钢结构(上册)——钢结构基础(第三版)(含光盘)	52.00	陈绍蕃	"十二五"国家规划教材
V25363	钢结构(下册)——房屋建筑钢结构设计(第三版)	32.00	陈绍蕃	"十二五"国家规划教材
V22020	混凝土结构基本原理(第二版)	48.00	张　誉　等	"十二五"国家规划教材
V25093	混凝土及砌体结构(上册)(第二版)	45.00	哈尔滨工业大学、大连理工大学等	"十二五"国家规划教材
V26027	混凝土及砌体结构(下册)(第二版)	29.00	哈尔滨工业大学、大连理工大学等	"十二五"国家规划教材
V20495	土木工程材料(第二版)	38.00	湖南大学、天津大学、同济大学、东南大学	"十二五"国家规划教材
29372	土木工程概论(第二版)	28.00	沈祖炎	"十二五"国家规划教材
V19590	土木工程概论(第二版)	42.00	丁大钧 等	"十二五"国家规划教材 教育部普通高等教育精品教材
V20095	工程地质学(第二版)	33.00	石振明 等	"十二五"国家规划教材
V20916	水文学	25.00	雒文生	"十二五"国家规划教材
V22601	高层建筑结构设计(第二版)	45.00	钱稼茹	"十二五"国家规划教材
V19359	桥梁工程(第二版)	39.00	房贞政	"十二五"国家规划教材
V19338	砌体结构(第三版)	32.00	东南大学 同济大学 郑州大学 合编	"十二五"国家规划教材 教育部普通高等教育精品教材